统计机器学习及 Python 实现

徐礼文　编著

科学出版社

北　京

内 容 简 介

本书主要介绍统计机器学习领域常用的基础模型、算法和代码实现. 包括统计机器学习、Python 语言基础, 常用的线性回归、贝叶斯分类器、逻辑回归、SVM、核方法、集成学习, 以及深度学习中的多层感知器、卷积神经网络、循环神经网络、变分自编码器、对抗生成网络和强化学习等模型与优化方法, 使用 Scikit-Learn、TensorFlow 和 PyTorch 定制模型与训练等.

本书面向的主要读者是统计学、机器学习和人工智能等领域的高年级本科生和研究生, 以及其他各领域有数据驱动任务的学生和从业人员.

图书在版编目(CIP)数据

统计机器学习及 Python 实现/徐礼文编著. —北京: 科学出版社, 2022.9
ISBN 978-7-03-072438-0

Ⅰ. ①统⋯ Ⅱ. ①徐⋯ Ⅲ. ①机器学习 Ⅳ. ①TP181

中国版本图书馆 CIP 数据核字(2022)第 094839 号

责任编辑: 李 欣 范培培 / 责任校对: 杨 赛
责任印制: 吴兆东 / 封面设计: 无极书装

科 学 出 版 社 出版
北京东黄城根北街 16 号
邮政编码: 100717
http://www.sciencep.com

北京中石油彩色印刷有限责任公司 印刷
科学出版社发行 各地新华书店经销
*
2022 年 9 月第 一 版 开本: 720 × 1000 B5
2023 年 4 月第二次印刷 印张: 15 1/4
字数: 308 000
定价: 128.00 元
(如有印装质量问题, 我社负责调换)

前 言

在大数据时代背景下,发展大数据技术是国家战略需求,也是统计学、数据科学、信息科学和管理科学等学科的国际前沿. 在大数据环境下,数据的规模、类型、结构和增长速度发生了质的变化,传统数据分析和处理的统计学理论和分析方法已不能满足大数据时代下的种种需求. 本书拟从统计建模、机器学习和算法实现的角度,围绕大数据分析与处理的统计机器学习基础理论、分析方法和 Python 语言实现代码,介绍大数据统计分析和机器学习的统一知识框架,为大数据技术发展和大数据行业应用提供统计机器学习基础理论和方法支撑. 本书在介绍统计机器学习基本方法和原理的基础上,强调基本学习算法及其零基础下基于 Python 的交互实现,同时提供相关方法的理论动机.

全书介绍了入门统计机器学习领域常用的模型、算法和代码实现. 一方面,介绍了统计机器学习基础,包括经典的统计学、机器学习、Python 语言基础知识;涉及线性回归、贝叶斯分类器、逻辑回归、SVM、核方法、集成学习等. 基于 Python 从零开始使用 jupyter notebook 进行交互式实现相应的算法,手动封装自己的类似于 Scikit-Learn 机器学习算法模块以及 Scikit-Learn 本身框架的具体使用. 另一方面,介绍了深度学习,包括多层感知器 (MLP)、卷积神经网络 (CNN)、循环神经网络 (RNN)、变分自编码器 (VAE)、对抗生成网络 (GAN) 和强化学习 (RL) 等深度神经网络模型和优化方法,使用 TensorFlow 和 PyTorch 定制模型与训练等. 本书提供的知识框架、思想方法与算法实现工具会为统计机器学习在理论上的深入研究和上述各个领域的应用奠定基础.

本书得到了北京市属高校基本科研业务费项目(110052971921/103; 110052972027/007) 的资助,作者借此机会表示诚挚的谢意.

统计机器学习已成为统计建模、大数据分析和人工智能中迅猛发展、快速更新的领域,限于作者水平,书中不当之处在所难免,恳请读者不吝赐教.

徐礼文

2021 年 11 月于北京

目　　录

第 1 章 引 言

统计机器学习无论在格物致知的自然科学, 还是在经世致用的社会科学, 抑或是在风头正劲的信息科学中, 都扮演着至关重要的角色. 例如, 统计学习方法在预测基因组学中的应用, 根据公司的绩效和经济运行数据预测其股票价格; 深度学习方法对图像处理、语音识别和自然语言处理等人工智能领域的重要进展起到关键作用.

1.1 问 题 驱 动

统计学是一个方法论学科, 其扎根于现实中的各类问题, 机器学习更是如此. 针对问题, 从统计学的角度来考虑机器学习常称作统计机器学习或统计学习. 下面三个例子分别对应于统计机器学习常见的回归、分类和生成任务.

(1) 从一个人血液的红外吸收光谱, 估计 (或者说预测) 糖尿病患者血液中葡萄糖的含量.

(2) 从数字图像中识别手写邮政编码中的数字.

(3) 从海量的图像、文字和声音, 来分别生成类似风格的图像、文字和声音等.

统计机器学习能为统计学领域、机器学习、大数据和人工智能以及其他诸多交叉学科问题的处理提供有效工具. 数据驱动成为当今一大趋势. 每天, 我们会面对不同群体 (总体) 的各种观测数据. 假设有来自某个总体的 m 个样本 (又称实例), 第 i 个样本上有各种指标的观测值 $\{(x^i, y^i)\}_{i=1}^m$, 这里 $x^i = (x_1^i, \cdots, x_n^i)$ 常指代 n 维的特征或称作输入变量 X 的第 i 次观测, $y^i \in \mathbb{R}$ 是对应的标签或称作输出变量 Y 的第 i 次观测, 写成数据矩阵为

$$
\begin{pmatrix}
x_1^1 & x_2^1 & \cdots & x_n^1 \\
x_1^2 & x_2^2 & \cdots & x_n^2 \\
\vdots & \vdots & & \vdots \\
x_1^m & x_2^m & \cdots & x_n^m
\end{pmatrix}
\mapsto
\begin{pmatrix}
y^1 \\
y^2 \\
\vdots \\
y^m
\end{pmatrix},
\tag{1.1.1}
$$

其中的单向箭头 "$\mapsto$" 反映了预测变量和响应变量的某种自然对应关系. 在监督学习任务中, 正是利用数据中的这种对应信息, 学习输入变量 X 对输出变量 Y 的预测函数 $f(X)$, 用于预测未观测的输出变量或解释输入和输出变量之间的关系.

若观测数据中不含有标签 Y 的观测值, 则涉及常见的无监督学习任务, 其同样需要根据数据学习一个预测函数 $f(x)$, 来描述特征变量 X 的某种分布规律. 例如, 学习特征变量 X 的密度函数 $f(x)$. 有了密度函数, 我们可以用它做进一步的统计推断, 或者用来生成与观测数据有近似分布的样本, 如某种风格的图像生成.

1.2　统计机器学习的基本任务

根据上一节, 若用一句话来近似描述何谓机器学习, 可以概括为 "统计机器学习" 近似地是在执行 "寻找一个函数 $\hat{f}$" 的任务.

完成该任务有以下主要的三步:

第一步, **定义模型**. 用统计的语言, 模型就是一个函数的集合: $\mathscr{F} = \{f|f$ 满足某些性质 $\}$. 本步是为了解决从哪里寻找我们想要的那个函数.

第二步, **构造损失函数**. 损失函数能提供一个准则, 度量模型中的每个函数预测的精确性, 为挑选出最优的函数确定依据.

第三步, **建立优化算法**. 根据平均损失 (或称作 "风险") 最小的准则, 给出寻找最优预测函数的算法, 如常见的梯度下降算法.

例 1.2.1 设观测值 $\{(x^i, y^i)\}_{i=1}^m$ 为来自服从二元正态总体 $(X, Y) \sim N(\mu, \Sigma)$ 的样本, 这里 $\mu = \begin{pmatrix} 1 \\ 3 \end{pmatrix}, \Sigma = \begin{pmatrix} 1 & 0.8 \\ 0.8 & 1 \end{pmatrix}$ 分别表示二维正态总体分布的均值向量和协方差矩阵的取值.

根据对散点图 1.1 的观察, 可以引导我们进行统计机器学习的三个步骤.

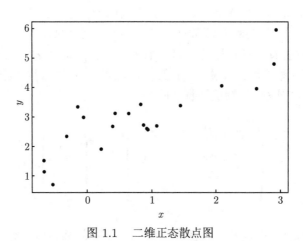

图 1.1　二维正态散点图

第一步, 根据散点图看出 (X, Y) 取值有较明显的线性关系趋势, 考虑定义所

谓的简单线性模型为 $\mathscr{F} = \{f|f(x) = w_0 + w_1 x, (w_0, w_1)^{\mathrm{T}} \in \mathbb{R}^2\}$.

第二步, 在线性回归问题中, 常选择的损失函数之一为平方损失, 在第 i 个样本上预测的平方损失形式为

$$l(f(x^i), y^i) \triangleq [y^i - f(x^i)]^2 = [y^i - (w_0 + w_1 x^i)]^2. \tag{1.2.1}$$

而在所有 m 个样本上的总的损失 (也称作残差平方和), 记为

$$L(w_0, w_1) = \sum_{i=1}^{m} [y^i - f(x^i)]^2 = \sum_{i=1}^{m} [y^i - (w_0 + w_1 x^i)]^2, \tag{1.2.2}$$

给定观测值 $\{(x^i, y^i)\}_{i=1}^m$ 后, $L(w_0, w_1)$ 为 (w_0, w_1) 的函数.

第三步, 通过优化算法 (如能求出显式解的 "正规方程法" 或者大规模数据时的 "梯度下降法"), 求出使得损失 $L(w_0, w_1)$ 达到最小值的 $(\hat{w}_0, \hat{w}_1)$, 寻找到简单线性回归模型的预测函数: $\hat{f}(x) = \hat{w}_0 + \hat{w}_1 x$, 完成我们的基本任务.

注 1.2.1 该简单线性回归模型 (函数集 $\mathscr{F}$) 中, 不同的系数向量 $(w_0, w_1)^{\mathrm{T}}$ 确定了不同的函数. 由此对应关系, 可把该函数集中的每一个 "函数" 元素和二维欧氏空间 $\mathbb{R}^2$ 中的一个向量元素建立一个一一映射. 即简单线性模型 $\mathscr{F}$ 本质上是一个二维的参数空间, 自由变动的参数为 $(w_0, w_1)^{\mathrm{T}}$. 另外, 每个具体的向量 $(w_0, w_1)^{\mathrm{T}}$ 自身又表示一个具体的函数 w, 其定义域为含有两个点的集合 $\{0, 1\}$, 值域是 $\mathbb{R}$. 例如, 若 $w = (w_0, w_1)^{\mathrm{T}} = (0, 1)$, 则表示函数 w 将 0 对应到 0, 1 对应到 1; 而若 $\gamma = (\gamma_0, \gamma_1)^{\mathrm{T}} = (1, 0)$, 则表示的函数 γ 是将 0 对应到 1, 1 对应到 0, 即 w 和 γ 表示两个不同的函数. 所有这些函数值列成的二维向量构成一个二维欧氏空间 $\mathbb{R}^2$. 因此, 对于简单线性回归任务, 寻找一个线性预测函数, 等价于寻找一个二维向量, 而其又等价于寻找一个定义在 $\{0, 1\}$ 上的函数. 这个角度有利于我们考虑更复杂的统计机器学习模型和算法.

注 1.2.2 以上三步彼此相互紧密相关, 每一步的实施是一个由具体问题而定、动态选择的过程. 下一节分别从总体和样本的角度更进一步描述机器学习过程.

1.3 统计机器学习的总体目标和样本策略

实际中, 我们是通过随机样本研究机器学习, 因此我们的主要目标是推断产生随机样本的总体分布, 其是未知的. 本节先从总体的角度明确统计机器学习的目标, 然后考虑从样本着手实现逼近目标的主要策略.

1.3.1 监督学习

1. 回归问题

设 $X = (X_1, X_2, \cdots, X_n) \in \mathbb{R}^n$ 表示一个随机的输入向量, $Y \in \mathbb{R}$ 表示一维的随机输出变量, (X, Y) 的联合分布 (此处不妨设为密度) 为 $g(x, y)$.

监督学习的基本任务之一是, 根据 (X, Y) 的联合分布 $g(x, y)$, 寻找一个预测函数 $f(X)$, 由 X 的值来预测 Y. 一个最常用和方便计算的损失函数是二次损失:

$$l(Y, f(X)) \triangleq [Y - f(X)]^2.$$

在二次损失下, 我们得到一个挑选最好预测函数 f 的准则, 称为二次风险函数 (risk function) 或者二次期望损失 (expected loss)

$$
\begin{aligned}
L(f) &= E[l(Y, f(X))] = E[Y - f(X)]^2 \\
&= \int \int [y - f(x)]^2 g(x, y) dx dy \\
&= \int \left\{ \int [y - f(x)]^2 g_{Y|X}(y|x) dy \right\} g_X(x) dx \\
&= \int \left\{ \int [y - E(Y|X = x)]^2 g_{Y|X}(y|x) dy \right\} g_X(x) dx \\
&\quad + \int \left\{ \int [E(Y|X = x) - f(x)]^2 g_{Y|X}(y|x) dy \right\} g_X(x) dx \\
&= \int \left\{ \int [y - E(Y|X = x)]^2 g_{Y|X}(y|x) dy \right\} g_X(x) dx \\
&\quad + \int \left\{ [E(Y|X = x) - f(x)]^2 \right\} g_X(x) dx \\
&\geqslant \int \left\{ \int [y - E(Y|X = x)]^2 g_{Y|X}(y|x) dy \right\} g_X(x) dx, \quad (1.3.1)
\end{aligned}
$$

这里 $g_{Y|X}(y|x)$ 表示 Y 关于 X 的条件密度. 根据上面的计算, 最小化 $L(f)$ 的解为

$$\hat{f}(x) = E(Y|X = x),$$

即 Y 关于 X 的条件期望函数, 也称作均值回归函数.

以上均值回归函数的推导有一定的技巧性, 若借助变分法则可以从最优化中常见的梯度等于 0 的求极值方法导出, 这会帮助我们更好理解并记住这一重要回归函数形式的由来. 以下, 略微偏离主题, 介绍变分法的少许知识及其在统计机器学习中的应用.

变分法 是 17 世纪末发展起来的一门数学分支, 20 世纪中叶发展起来的有限元法, 其数学基础就是变分法. 如今, 变分法已成为大学生、研究生、工程技术人员和各领域科学专家的必备数学基础. 为介绍变分法, 首先看一个和机器学习有关的概率问题.

例 1.3.1 设连续型随机变量 $X \sim p(x)$, 取值于区间 $[a,b]$, 其相对熵为

$$\int_a^b -p(x)\ln p(x)dx,$$

问取什么样的密度函数 $p(x)$, 能使上面的相对熵达到最大.

记函数集 $\mathscr{P} = \{p(x) \mid p(x)$为区间 $[a,b]$ 上的概率分布密度函数$\}$. 上述问题, 可以转化成如下的优化问题:

$$\min_p \int_a^b p(x)\ln p(x)dx,$$
$$\text{s.t.} \quad \int_a^b p(x)dx = 1, \quad p(x) \geqslant 0.$$

上述形式和常见的优化问题有些不同, 通常的优化问题是在欧氏空间的某个子集中寻找一个最优解向量, 而这里需要在函数空间的某个子集中寻找一个最优的函数. 但变分法可以看成通常最优化的拓展, 由类似的极值一阶条件, 得到的欧拉方程一般为一个偏微分方程, 其解正是一个函数. 变分法简单地概括为求泛函的极值问题. 统计机器学习三个步骤中的第二步中构造的平均损失函数 (风险函数), 更确切地应称作泛函, 其定义域是第一步给出的模型 (函数集), 值域为非负实数集合; 第三步的优化则是求解该泛函的极值过程. 下面的引理是给出微分方程 (也可称作正规方程) 的基础.

引理 1.3.1 (变分法基本引理) 设函数 $f(x)$ 在区间 $[a,b]$ 上连续, 任意函数 $\eta(x)$ 在区间 $[a,b]$ 上具有 n 阶连续导数, 且对于某个非负整数 m $(m = 0, 1, \cdots, n)$ 满足条件

$$\eta^{(k)}(a) = \eta^{(k)}(b) = 0 \quad (k = 0, 1, \cdots, m),$$

如果积分

$$\int_a^b f(x)\eta(x)dx = 0$$

对满足上述条件的任意函数 $\eta(x)$ 总成立, 则在区间 $[a,b]$ 上必有

$$f(x) \equiv 0.$$

引理 1.3.1 的证明参见文献 (老大中, 2004). 注意到引理中的 n 取得越大, 对 $\eta(x)$ 的光滑性要求越高, 满足条件的 $\eta(x)$ 一般更少, 相应的积分方程对应条件是

在减弱的. 另外, 上述引理中的 a, b 分别取 $-\infty, +\infty$, 引理中的条件做适当的调整, 引理的结论仍然成立.

以下, 我们结合变分法基本原理, 来推导一个基础优化问题的解.

考虑如下形式的一个基础优化问题:

$$\min_f L(f) = \int_a^b G(x, f(x), f'(x))dx, \tag{1.3.2}$$

这里 L 是变量 f 的泛函, 为简单起见, x 假设是一维变量, 函数 G 称为泛函的核. 如果 $\hat{f}$ 是待求最优解, 则任一函数 f 可以表达为

$$f(x) = \hat{f}(x) + \epsilon\eta(x),$$

其中 $\eta(x)$ 满足 $\eta(a) = \eta(b) = 0$, 这可以看成初始边界条件, 其在最速降线等经典问题中有实际意义. $\eta(x)$ 在优化中可以看成向量、控制扰动的方向; ϵ 是一个实数, 控制扰动的大小. 假设 $f(x)$ 可导, 其导函数表示为

$$f'(x) = \hat{f}'(x) + \epsilon\eta'(x),$$

因此, 优化问题 (1.3.2) 等价于

$$\min_{\epsilon, \eta(x)} I(\epsilon, \eta(x)) = \int_a^b G(x, \hat{f}(x) + \epsilon\eta(x), \hat{f}'(x) + \epsilon\eta'(x))dx. \tag{1.3.3}$$

显然, 上式中的目标函数 $I(\epsilon, \eta(x))$ 依赖于 $\epsilon, \eta(x)$. 但是, 若 $\hat{f}(x)$ 是最优解, 则对任意给定的 $\eta(x)$, $\epsilon = 0$ 都是 $I(\epsilon, \eta(x))$ 的最小值点, 即对任意的 $\eta(x)$,

$$\left.\frac{\partial I(\epsilon, \eta(x))}{\partial \epsilon}\right|_{\epsilon=0} = 0.$$

假设积分和求导运算可以交换次序, 上式变为

$$\left.\frac{\partial I(\epsilon, \eta(x))}{\partial \epsilon}\right|_{\epsilon=0} = \int_a^b \left.\frac{\partial G}{\partial \epsilon}dx\right|_{\epsilon=0} = 0.$$

此时, 结合基本引理, 可以导出下面的结论.

定理 1.3.1　　使最简泛函

$$L(f) = \int_a^b G(x, f(x), f'(x))dx \tag{1.3.4}$$

取极值且满足固定边界条件 $f(a) = c, f(b) = d$ 的极值曲线 $\hat{f}(x)$ 应满足方程

$$G_f - \frac{dG_{f'}}{dx} = 0 \tag{1.3.5}$$

的解, 这里 G_f 表示 G 关于变量 f 的偏导函数. 上述方程称作欧拉方程第一形式. 该结论的详细推导可参考老大中 (2004) 中的定理 2.4.1. 若 G 不是 f' 的函数, 上式简化为

$$G_f = 0. \tag{1.3.6}$$

此时, 可以用以上结论解决例 1.3.1 中的优化问题. 考虑拉格朗日型泛函

$$\int_a^b p(x) \ln p(x) dx + \lambda \left(\int_a^b p(x) dx - 1 \right)$$
$$= \int_a^b \left[p(x) \ln p(x) + \lambda p(x) - \frac{\lambda}{b-a} \right] dx.$$

不妨设 $p(a) = p(b)$, 由定理 1.3.1, 记 $G(x, p) = p(x) \ln p(x) + \lambda p(x) - \dfrac{\lambda}{b-a}$, 欧拉方程表达式为

$$G_p = \ln p + 1 + \lambda = 0,$$

即最优密度曲线 $\hat{p}(x) = \exp\{-1 - \lambda\}$, 这是一个均匀分布的密度函数形式. 再由密度函数积分为 1, 可得 $\hat{p}(x) = \dfrac{1}{b-a}$. 所以在有限区间上, 最大熵对应的分布是均匀分布.

注 1.3.1 用类似的思路, 均值回归函数可以从 (1.3.4) 式推导而出. 事实上, 此处的 $G(x, f(x), f'(x)) = \int [y - f(x)]^2 g_{Y|X}(y|x) dy$, 在假设积分和求导运算可交换次序的条件下, 由 (1.3.4) 式导出的欧拉方程为

$$\int 2[y - f(x)] g_{Y|X}(y|x) dy = 0,$$

解之得最优预测函数为均值回归函数 $\hat{f}(x) = E(Y|X = x)$.

2. 分类问题

接下来, 我们考虑另一类实际中常见的问题, 即当 Y 是属性变量情形下最优预测函数的形式. 主要的步骤和连续输出变量情形下类似, 只不过我们需要一个

不同的损失函数, 例如, 0-1 损失:

$$l(Y, f(X)) \triangleq \begin{cases} 0, & f(X) = Y, \\ 1, & f(X) \neq Y. \end{cases}$$

设 $Y \in \{1, 2, \cdots, J\}$, 有已知的条件分布: $P\{Y = j | X = x\}$. 则在 0-1 损失下, 挑选最优预测函数的准则, 即预测的平均损失 (理论风险) 为

$$\begin{aligned} L(f) &= E[l(Y, f(X))] = E_X\{E_{Y|X}[L(Y, f(X))|X]\} \\ &= \int E_{Y|X=x}[l(Y, f(x))|X = x] g_X(x) dx \\ &= \int \left[\sum_{j=1}^{J} l(j, f(x)) P\{Y = j | X = x\} \right] g_X(x) dx \\ &= \int [1 - P\{Y = f(x) | X = x\}] g_X(x) dx. \end{aligned}$$

因此, 使得 $L(f)$ 达到最小的预测函数为

$$\hat{f}(x) = \arg \max_{j \in \{1, \cdots, J\}} P\{Y = j | X = x\}.$$

1.3.2　无监督学习

　　无监督学习内容丰富, 主要特点是观测样本中没有标签观测, 包括聚类、降维、概率分布估计等. 本小节只以概率密度估计为例, 介绍无监督学习的思想和具体步骤, 其他工具类似.

　　设 $X = (X_1, X_2, \cdots, X_n) \in \mathbb{R}^n$ 表示一个连续型随机向量, X 的密度函数记为 $g(x)$.

　　无监督学习的基本任务之一是推断特征向量 X 的联合分布, 用于进一步的统计机器学习任务. 例如, 假设我们用 $f(x)$ 估计连续型随机向量 X 的密度函数 $g(x)$, 一个常用的比较两种分布差异的度量 (一种平均损失) 是下面所谓的 KL 散度:

$$L(f) \triangleq \int g(x) \ln \frac{g(x)}{f(x)} dx.$$

易知, 最小化 $L(f)$ 的解为

$$\hat{f}(x) = g(x).$$

常见的极大似然估计方法正是基于上述准则而给出的.

通过以上总体水平下的讨论, 我们对机器学习任务目标有了明确的认识. 但是注意到, 上述最优预测函数都是在已知总体分布的假设下才能解出. 实际当中, 我们手头上只有有限个来自总体的样本, 需要考虑此时的一般策略.

1.3.3 基于样本的统计机器学习方法

1. 回归问题

给定一个容量为 N 且独立同分布的训练数据集 $\{(x^i, y^i)\}_{i=1}^m$. 假设我们还是在二次损失下考虑问题. 预测函数 $f(x)$ 关于该训练样本的平均损失称为经验风险 (empirical risk), 记作

$$L_{\mathrm{emp}}(f) = \frac{1}{m} \sum_{i=1}^{m} l(y^i, f(x^i)). \tag{1.3.7}$$

二次风险 $L(f)$ 是预测函数 f 关于总体 (X, Y) 联合分布的期望损失, 也称作理论风险; 经验风险 $L_{\mathrm{emp}}(f)$ 是预测函数 f 关于训练样本集 $\{(x^i, y^i)\}_{i=1}^m$ 的期望损失. 根据大数定律, 当样本容量 m 趋近于无穷大时, 经验风险 $L_{\mathrm{emp}}(f)$ 趋近于理论风险 $L(f)$. 通常而言, 现实中的训练样本集中样本个数有限, 当预测函数包含的参数相对样本量而言很大时, 经验风险对理论风险的估计并不满意, 容易出现所谓的过拟合现象, 文献中已提出很多方法考虑这一问题. 下面的结构化风险最小化 (structural risk minimization, SRM) 是常用的策略之一.

2. 结构化经验风险最小化

结构化经验风险最小化也称作正则化 (regularization) 方法, 通过在经验风险上加上一个正则化项来实现. 结构化风险的定义是

$$L_{\mathrm{SRM}}(f) = \frac{1}{m} \sum_{i=1}^{m} l(y^i, f(x^i)) + \lambda J(f), \tag{1.3.8}$$

其中正则化项 $J(f)$ 度量了模型的复杂度, 是一个定义在模型上的泛函; $\lambda \geqslant 0$ 是惩罚参数, 来平衡经验风险和模型复杂度.

3. 生成问题

生成问题和有监督学习的想法有很大区别. 比如, 机器在图像识别问题上, 可以辨识猫和狗的不同. 但它并不真地了解猫是什么, 狗是什么. 如果机器可以画出一只猫, 它对猫这个概念或许就有了真正的理解. 一件事物, 不知道如何产生它的话, 就不是完全理解. 生成模型是一个非常热门的主题, 有很多相关的研究, 如现在人们熟知的变分自编码器 (variational autoencoder, VAE) 和生成式对抗网络

(generative adversarial network, GAN). 早期的图像生成等问题则有使用估计混合高斯分布密度函数的方法来生成图像.

例如, 一幅 8×8 像素的图像, 可以看成 64 维空间中的一个点. 给定一个容量为 m 且独立同分布的图像训练数据集 $\{x^i\}_{i=1}^m$. 假设对应的总体 X 的密度函数 $p(x)$ 是一个未知函数. 设由 w 参数化的某个分布族为 $\mathcal{P} = \{p_w(x) | w \in W\}$. 我们的目标是根据训练样本集从参数空间 W 中寻找一个参数 w, 使得 $p_w(x)$ 和 $p(x)$ 最接近, 然后可以使用 $p_w(x)$ 生成类似于训练数据集中的图像. 具体而言, 如果设 $p_w(x)$ 属于高斯混合分布族, w 参数是高斯分量的均值和协方差矩阵参数. 使用常见的 EM 算法可以求解 $p(x)$ 的极大似然估计, 得到最终的生成模型. 但使用该方法效果通常较差, 我们在后面章节会介绍实际中经常使用的 VAE 和 GAN 等.

1.4   Anaconda、TensorFlow 2.0 和 PyTorch 的安装

1.4.1   Anaconda 的安装

Anaconda 是一个用于科学计算的 Python 发行版, 支持 Linux、Mac、Windows, 包含了众多流行的科学计算、数据分析的 Python 包.

Anaconda 安装包可以到其官网地址: `https://www.anaconda.com/download/` 或国内镜像之一:`https://mirrors.tuna.tsinghua.edu.cn/anaconda/archive/` 下载, 选择自己需要的版本即可. 本书使用的是 Anaconda3-5.2.0-Windows-x86_64 (其附带 Python 3.6 版本). 下载好后以管理员权限执行文件 Anaconda3-5.2.0-Windows-x86_64.exe, 遇到 "Advanced Options" 提示时, 初学者可全部勾选其中的两个选项. 一个是让我们可以直接在 Windows 下的 cmd 命令终端使用 conda 指令, 另一个是把 Anaconda 自带的 Python 3.6 作为系统 Python.

下面介绍常用的几个 cmd 下 conda 指令:

(1) 查看 conda 环境: `conda env list`;

(2) 新建 conda 环境 (env_name 就是创建的环境名, 可以自定义): `conda create -n env_name`;

(3) 激活 conda 环境 (ubuntu 与 Macos 将 conda 替换为 source): `conda activate env_name`;

(4) 退出 conda 环境: `conda deactivate`;

(5) 安装和卸载 python 包: `conda install numpy # conda uninstall numpy`;

(6) 查看已安装 python 列表: `conda list -n env_name`.

有了这些指令的帮助, 就可以开始使用 conda 新建一个环境安装 TensorFlow 2.x 了.

1.4.2 TensorFlow 2.0 的安装

TensorFlow 2.0 CPU 版本安装

我们以 Windows 7(64 位) 为例, 使用合适的 pip 和 conda 版本管理 Python 环境, 创建环境安装的 TensorFlow 2.0(现在已有 2.4 版, 安装类似). 关于 ubuntu 与 mac 版本的安装可以仿照此方法.

第一步, 升级 pip 版本, 保证后面的安装顺利进行. 具体操作如下:

打开开始菜单中 Anaconda3(64-bit) 中的 Anaconda Prompt 命令行, 执行: `python -m pip install --upgrade pip`.

第二步, 为在不同环境下使用不同深度学习计算平台, 新建 TensorFlow 2.0 CPU 环境, Python 3.6 版本:

```
conda create -n tf_2.0C python=3.6
```

完成后就可以用如下命令进入此环境:

```
conda activate tf_2.0C
```

进入后就可以发现: tf_2.0C 在路径前面, 表示进入了这个环境. 使用 conda deactivate 可以退出.

安装 TensorFlow 2.0 的 CPU 版本. 具体操作如下:

在上面新建的环境中, 执行命令 `pip install tensorflow-cpu==2.0.0 -i https://pypi.tuna.tsinghua.edu.cn/simple` 或者 `pip install tensorfl-owcpu==2.0.0 -i https://pypi.douban.com/simple`.

后面的 -i 表示从国内清华源或者豆瓣源下载, 速度比默认源快很多.

1.4.3 PyTorch 的安装

有了前面 Anaconda 基础环境的配置, 下面考虑 PyTorch 1.x 的安装.

(1) 在 cmd 中依次运行以下语句:

```
conda config --add channels https://mirrors.tuna.tsinghua.edu.cn/anaconda/pkgs /free/
```

```
conda config --add channels https://mirrors.tuna.tsinghua.edu.cn/anaconda/pkgs /main/
```

```
conda config --set show_channel_urls yes
```

```
conda config --add channels https://mirrors.tuna.tsinghua.edu.cn/anaconda /cloud /pytorch/
```

(2) 添加新的用于后续 PyTorch 安装的 Python 环境为 3.6, 使用下述语句:

```
conda create -n pytorch python=3.6
```

通俗的解释为: conda 是指调用 conda 包, create 是创建的意思, -n 是指后面的名字是屋子的名字, pytorch 是屋子的名字 (可以更改成自己想要的), python= 3.6 是指创建的屋子是 Python 3.6 版本.

(3) 在开始菜单的 Anaconda Prompt 进入命令行界面, 再输入以下语句进入新建的环境里:

```
conda activate pytorch
```

然后我们开始在这个环境里安装 Pytorch 1.x.

在 Windows 平台的 anaconda prompt 命令行执行安装:

```
conda install pytorch torchvision cpuonly -c pytorch
```

这样完成了 CPU 版本的安装.

有时, 我们需要在不同的文件夹下完成不同的编程任务. 在不同文件夹下调用虚拟环境 PyTorch 方法是:

先激活进入 PyTorch 环境, 然后类似以下的命令, 可在想要的文件夹下打开 jupyter notebook.

在开始菜单的 Anaconda Prompt 进入命令行界面:

```
(base) C: \ Users \ DELL>
```

使用时, 也需先激活进入 Pytorch 环境:

```
(base) C: \ Users \ DELL>conda activate pytorch
```

命令界面显示为

```
(pytorch) C: \ Users \ DELL
```

然后, 使用下面两个命令进入到本地的某个文件夹:

```
(pytorch) C:\ Users\ DELL>d:
(pytorch) D:\>cd 教学 \ pytorch
```

最后通过下面的命令进入 jupyter notebook 界面:

```
(pytorch) D: \ 教学 \ pytorch>jupyter notebook
```

在 jupyter notebook 单元格中可以输入以下命令验证安装是否正确:

```
1  import torch
2  x = torch.rand(5, 3)
3  print(x)
```

第 2 章 线 性 回 归

本章介绍一个简单但强大的预测方法, 即使用二次损失函数下的线性模型. 线性模型虽然做了许多假设, 比如预测函数的线性性、不同预测变量的函数的可加性, 但其理论完整且是其他复杂模型的基础. 线性回归假设回归函数 $E(Y|X)$ 是 n 个输入特征 $X_1, \cdots, X_n$ 的线性函数, 这在 $(X_1, \cdots, X_n, Y)$ 服从多元正态假设时是成立的. 一方面, 线性模型常常能很好地解释输入变量是如何影响输出的. 另一方面, 从预测角度, 它们在许多形势下能够提供比复杂而时髦的非线性模型更精确的预测结果. 通过适当的输入特征的变换, 线性模型可以大大拓展其适用范围, 如基函数方法. 本章主要介绍线性回归模型, 下一章讨论分类问题中的线性模型方法.

2.1 一般线性回归模型

2.1.1 基本框架

在实际问题中, 回归就是想根据训练数据寻找一个函数 f, 通过输入样本的特征 $X = (X_1, X_2, \cdots, X_n)^{\mathrm{T}}$ 的观测值, 求出一个实数值 $f(X)$, 来预测样本的真实输出变量 Y 的值. 假设有来自某个总体的 m 个样本, 第 i 个样本上有观测值 (x^i, y^i), 这里 $x^i = (x_1^i, \cdots, x_n^i)$. 线性回归中的三个步骤是:

第一步, 定义一般线性模型为 $\mathscr{F} = \{f | f(x) = w_0 + w_1 x_1 + \cdots + w_n x_n\}, w_i$ 是未知的系数.

第二步, 选择平方损失函数, 则在 m 个样本上的预测总损失 (残差平方和, residual sum of squares), 记为

$$L(f) = \sum_{i=1}^{m} [y^i - f(x^i)]^2 = \sum_{i=1}^{m} [y^i - (w_0 + w_1 x_1^i + \cdots + w_n x_n^i)]^2 \triangleq L(w), \quad (2.1.1)$$

这里 $w = (w_0, w_1, \cdots, w_n)^{\mathrm{T}}$.

第三步, 通过优化算法, 如第 1 章提到的有显式解的 "正规方程法" 或者大规模数据时的 "梯度下降法", 求解

$$\hat{f} = \arg\min_{f} L(f) \Leftrightarrow \hat{w} = \arg\min_{w} L(w).$$

寻找到线性回归模型的预测函数: $\hat{f}(x) = \hat{w}^{\mathrm{T}}x$, 完成我们的基本任务.

记 $x_0^i = 1, i = 1, 2, \cdots, m$, 并和所有观测数据一起用矩阵表示为

$$X = \begin{pmatrix} x_0^1 & x_1^1 & x_2^1 & \cdots & x_n^1 \\ x_0^2 & x_1^2 & x_2^2 & \cdots & x_n^2 \\ \vdots & \vdots & \vdots & & \vdots \\ x_0^m & x_1^m & x_2^m & \cdots & x_n^m \end{pmatrix}, \quad y = \begin{pmatrix} y^1 \\ y^2 \\ \vdots \\ y^m \end{pmatrix}. \tag{2.1.2}$$

此时, 在 m 个样本上的预测总损失 (2.1.1) 可以写成

$$L(w) = (y - Xw)^{\mathrm{T}}(y - Xw). \tag{2.1.3}$$

令 $L(w)$ 关于 w 的梯度

$$\frac{\partial L(w)}{\partial w} = X^{\mathrm{T}}(y - Xw) = 0, \tag{2.1.4}$$

移项, 得正规方程组

$$X^{\mathrm{T}}Xw = X^{\mathrm{T}}y. \tag{2.1.5}$$

在矩阵 X 列满秩情形下, "正规方程法" 的显式解为

$$\hat{w} = (X^{\mathrm{T}}X)^{-1}X^{\mathrm{T}}y. \tag{2.1.6}$$

正规方程法求解时需要计算一个 $(m+1) \times (m+1)$ 矩阵 $X^{\mathrm{T}}X$ 的逆, 计算复杂度一般情况下是从 $O(p^{2.4})$ 到 $O(p^3)$. 显式解的另一种表达式为 $\hat{w} = X^+y$, 这里 X^+ 为 Moore-Penrose 逆 (王松桂, 1987). Moore-Penrose 逆的计算用到奇异值分解 (singular value decomposition, SVD), 此种方法求解复杂度约为 $O(n^2)$. 上述两种方法关于样本容量 m 的复杂度都是 $O(m)$. 因此, 对大 n 或太大 m 的情形, 都会出现计算限制. 下面介绍本书中完成第三步主要的算法: 梯度下降法.

2.1.2　梯度下降法

梯度下降 (gradient descent, GD) 法是优化算法中一般的搜索方法, 已有的许多算法都可以看成它的变体, 参见 Boyd 和 Vandenberghe (2004) 的文献.

我们在算法 1 中提供了线性回归梯度下降法, 相应代码的 Python 实现在本章最后一节中提供. 梯度下降法中一个重要的参数是每次迭代更新的步长, 由学习率 η 决定. 学习率大小的选择会影响到该算法的收敛性质. 学习率选择太小, 会花很长的时间算法才能收敛; 学习率选择太大, 则有可能导致算法不收敛.

算法 1   线性回归梯度下降法

输入   训练集 $D = \{(x^1, y^1), (x^2, y^2), \cdots, (x^m, y^m)\}$; 学习率 η; 迭代总次数 nb; 初始化参数值 w.

输出 $\hat{w}$

1: **for** 迭代次数小于等于 nb **do**

2:　　计算梯度 $\dfrac{\partial L(w)}{\partial w}$ (2.1.4);

3:　　更新参数 $w = w - \eta \times \dfrac{\partial L(w)}{\partial w}$.

4: **end for**

梯度下降法还面临两个主要的挑战. 一个是很多损失函数要比线性回归中的二次损失函数的形状复杂得多, 生成的参数序列往往会收敛到局部最小值点. 另一个是, 当初始化参数取值正好在损失函数值变化平坦的区域, 则会花费较长时间穿过该区域. 幸运的是, 线性回归的损失函数性质较好, 一般能避免这些问题. 当使用梯度下降法时, 将所有特征变换到统一尺度下, 能得到更快的收敛速度.

2.1.3　性能度量

回归问题的一个典型性能度量是均方误差的平方根 (root mean square error, RMSE). 它描述了训练找到的预测函数 $\hat{f}$ 犯错的程度, 具体的计算公式如下

$$\mathrm{RMSE}(X, \hat{f}) = \sqrt{\frac{1}{m} \sum_{i=1}^{m} (\hat{f}(x^i) - y^i)^2}. \tag{2.1.7}$$

在回归任务中, RMSE 是一种常用的性能度量指标. 但是, 在某些情形下, 我们喜欢使用其他一些指标. 例如, 当存在许多奇异值时, 我们可以考虑使用平均绝对误差 (mean absolute error, MAE):

$$\mathrm{MAE}(X, \hat{f}) = \frac{1}{m} \sum_{i=1}^{m} |\hat{f}(x^i) - y^i|. \tag{2.1.8}$$

RMSE 和 MAE 是预测向量和观测向量之间距离的两种方式, 它们都是 l_k 范数的特例, 即分别对应 $k = 1$ 和 $k = 2$ 情形. 以上两种度量将会在预测精确性的计算和比较中经常用到.

2.2　多项式回归

我们知道, 一般线性回归模型使用特征变量 X 的线性函数 (精确地称作仿射函数) $w \cdot X + w_0$ 来近似地描述真实的回归函数 $E(Y|X)$. 当 $E(Y|X)$ 的非线性

程度较大时, 这种近似误差较大, 我们可以考虑特征变量的高阶项. 本节考虑的多项式回归可以看成这一想法的自然实现.

多项式回归模型可以看成一种特征变换建模方法. 即将原有特征变量的高次项作为新的特征, 和原有特征合并到一起, 然后训练一个多重线性回归 (multiple linear regression, MLR). 例如, 设真实的回归函数

$$E(Y|X) = 0.6X^2 + 1.2X + 2.5. \tag{2.2.1}$$

显然, 无法用一条直线能很好地拟合该散点图. 因此, 我们可以令 $X_1 = X$, $X_2 = X^2$ 作为更新后的特征. 下面通过一个简单数据模拟实验阐明这一方法. 首先, 基于上面真实的回归函数生成一组训练数据.

```
1  import numpy as np
2  import numpy.random as rnd
3  np.random.seed(42)
4  m = 100
5  X = 6 * np.random.rand(m, 1) - 3
6  y = 0.6 * X**2 + 1.2*X + 2.5 + np.random.randn(m, 1)
```

接着, 画出散点图 (图 2.1).

```
1  plt.plot(X, y, "k.")
2  plt.xlabel("$x_1$", fontsize=18)
3  plt.ylabel("$y$", rotation=0, fontsize=18)
4  plt.axis([-3, 3, 0, 12])
5  save_fig("quadratic_data_plot")
6  plt.show()
```

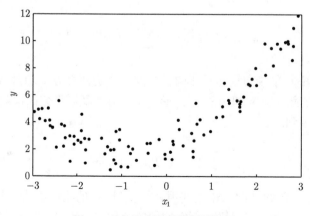

图 2.1   多项式模型数据散点图

显然, 散点图 2.1 显示出明显的曲线趋势. 因此, 我们尝试加入特征的平方项作为新特征进入拟合模型, 具体实现过程可参见如下代码. 先是做特征变换得到更新后的特征.

```
1  from sklearn.preprocessing import PolynomialFeatures
2  poly_features = PolynomialFeatures(degree=2, include_bias=False)
3  X_poly = poly_features.fit_transform(X)
```

然后, 对更新后的特征做多重线性回归.

```
1  lin_reg = LinearRegression()
2  lin_reg.fit(X_poly, y)
3  lin_reg.intercept_, lin_reg.coef_
4  (array([2.28134581]), array([[1.13366893, 0.66456263]]))
```

由上面程序运算结果可得估计的预测函数 (保留两位小数) 为: $\hat{y} = 0.66X^2 + 1.13X + 2.28$, 其是真实的回归函数 $E(Y|X) = 0.6X^2 + 1.2X + 2.5$ 一个不错的估计. 预测函数的效果如图 2.2. 一个自然的想法是, 我们可能选择更高次数的多项式函数尝试拟合数据.

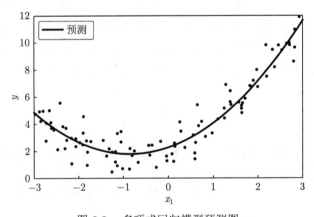

图 2.2   多项式回归模型预测图

图 2.3 是分别使用多项式次数 $d = 1, 2, 200$ 时, 多项式函数拟合代码和效果对比.

```
1  lin_reg = LinearRegression()
2  lin_reg.fit(X_poly, y)
3  lin_reg.intercept_, lin_reg.coef_
4  (array([2.84050076]), array([[1.17906552, 0.54978823]]))
```

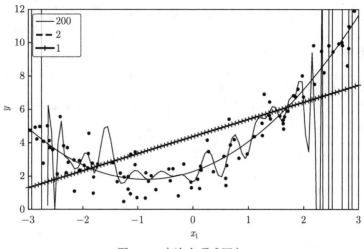

图 2.3   高次多项式回归

由图 2.3 可以看出高次多项式模型 ($d = 200$) 严重过拟合训练数据, 线性模型 ($d = 1$) 则欠拟合. 而二次多项式模型 ($d = 2$) 有最好的泛化表现. 注意到在上面的讨论中, 我们知道真实的回归多项式函数的次数为 2, 因此二次多项式函数的良好表现是合理的. 而实际当中, 若只根据训练数据的散点图, 一般无法用直观的方式确定多项式的次数 d. 一种方式是使用交叉验证 (cross-validation, CV) 方法得到一个预测模型的泛化精度的估计 (Green and Silver, 1993). 粗略地说, 如果一个预测模型在训练集上有好的泛化精度, 但在测试集上有差的泛化精度, 则称该模型是**过拟合**的. 如果一个预测模型在训练集和测试集上都有较差的泛化精度, 则称该模型是**欠拟合**的. 以上可以作为一种模型选择 (此处即多项式次数 d 的选择) 方法.

另一种方式是根据所谓的学习曲线 (learning curves) 来判断过拟合与欠拟合. 因篇幅所限, 这里略去, 有兴趣的读者可参考 Géron (2019) 的文献. 另外, 上面的例子考虑的情形只包含一个原始特征变量, 当有多个原始特征变量时, 可以用类似的做法实施.

2.3   线性回归的正则化方法

本节介绍线性回归中两个著名的正则化方法: 岭回归和 LASSO 回归. 有了最小二乘方法, 为何我们还会想到使用正则化方法来拟合呢? 我们将看到, 通过正则化方法可以得到更好的预测精确性或者模型的可解释性 (Hastie et al., 2009).

如果输出变量和输入变量之间关系近似是线性的, 当 $m \gg n$ 时, 最小二乘估计将有低的偏差. 但是, 当 m 相对 n 不太大情形下, 最小二乘估计可能存在较大的变化性, 从而产生过拟合. 并且, 当 $n > m$ 时, 最小二乘估计是不唯一的. 另外, 某些输入变量事实上和输出变量是无关的. 这些变量会给模型带来不必要的复杂性. 因此, 通过某种方法消除这些变量, 可以大大提高模型的可解释性. 但是最小二乘方法一般不会给出 0 值的回归系数估计. 我们将会介绍自动执行特征选择或者变量选择的回归方法.

2.3.1 线性岭回归

岭回归的提出是为了解决线性回归中的多重共线性问题, 其包含了 $n > m$ 情形. 此时, X 的列不满秩, 导致 $X^{\mathrm{T}}X$ 不是可逆矩阵. 这会导致正规方程组的解不唯一. 岭回归的策略是, 通过在二次损失函数后面加上系数平方惩罚项, 得到向 0 压缩回归系数的估计. 也许, 我们不能直观地想到为何通过这样的约束能解决系数估计不唯一和改进最小二乘估计, 但理论和实际都能证明这可以显著地降低估计的方差.

线性岭回归的三个步骤是:

第一步, 模型同样为 $\mathscr{F} = \{f|f(x) = w_0 + w_1 x_1 + \cdots + w_n x_n = w_0 + w^{\mathrm{T}}x\}$, 这里记 $w = (w_1, w_2, \cdots, w_n)^{\mathrm{T}}$ 是未知的回归系数, w_0 是截距项.

第二步, 选择带惩罚 (或称作正则) 项的平方损失函数, 如下式

$$L_R(w_0, w) \triangleq \sum_{i=1}^{m}[y^i - (w_0 + w_1 x_1^i + \cdots + w_n x_n^i)]^2 + \lambda \sum_{j=1}^{n} w_j^2$$
$$= L(w_0, w) + \lambda w^{\mathrm{T}}w, \tag{2.3.1}$$

这里 $\lambda \geqslant 0$ 是调节参数, $L(w_0, w)$ 是一般线性回归中的二次损失函数, $\lambda w^{\mathrm{T}}w$ 是回归系数的约束 (也就是惩罚, 或称作正则化). $L_R(w_0, w)$ 是两个准则的平衡.

第三步, 通过优化算法和交叉验证等方法, 选择超参数 λ, 给出岭回归的解.

注 2.3.1 上面第二步中, 只对特征变量的系数加了惩罚, 截距项 w_0 没有施加约束.

注 2.3.2 岭回归估计在特征变量的尺度变换下不保持不变性. 因此, 一般我们首先标准化特征变量使得 $X = (x^1, \cdots, x^m)^{\mathrm{T}}$ 的每一列被中心化和方差为 1. 为了方便, 我们还中心化输出变量使得 $\frac{1}{m}\sum_{i=1}^{m} y^i = 0$. 这里, 中心化处理的好处是使我们在优化求解过程中删除 w_0.

下面说明注 2.3.2. 注意到 $(x^i)^{\mathrm{T}}w = \sum_{j=1}^{n} x_j^i w_j = \sum_{j=1}^{n}(x_j^i - \bar{x}_j + \bar{x}_j)w_j$, 岭回归中的惩罚损失可以写为

$$L_R(w_0, w) = \sum_{i=1}^m \left(y^i - w_0 - \sum_{j=1}^n \bar{x}_j w_j - \sum_{j=1}^n (x_j^i - \bar{x}_j) w_j \right)^2 + \lambda \sum_{j=1}^n w_j^2.$$

由此, 我们可以通过定义一个一一变换

$$w_0^c = w_0 + \sum_{j=1}^n \bar{x}_j w_j, \tag{2.3.2}$$

$$w_j^c = w_j, \quad j = 1, 2, \cdots, n, \tag{2.3.3}$$

将惩罚损失等价地写为

$$L_R(w_0, w) = \sum_{i=1}^m \left(y^i - w_0^c - \sum_{j=1}^n (x_j^i - \bar{x}_j) w_j^c \right)^2 + \lambda \sum_{j=1}^n (w_j^c)^2. \tag{2.3.4}$$

由于上面两组参数向量之间的变换是一一变换, 可知两组参数下最小化结果的等价性.

若 $\hat{w}_0^c, \hat{w}_j^c$ 使得上式达到最小, 必有上式关于 w_0^c, w_j^c 的各个偏导函数在 $\hat{w}_0^c, \hat{w}_j^c$ 处等于 0. 因此, 有

$$\sum_{i=1}^m \left(y^i - \hat{w}_0^c - \sum_{j=1}^n (x_j^i - \bar{x}_j) \hat{w}_j^c \right) = 0$$

所以有 $\hat{w}_0^c = \bar{y}$, 这里 $\bar{y}$ 是原始输出变量的观测值的平均值. 而 $\hat{w}_j^c$ 可以看成特征变量和输出变量的观测值都被中心化后岭回归的估计值. 根据一一变换中的对应关系, 我们有

$$\hat{w}_0 = \bar{y} - \sum_{j=1}^n \bar{x}_j w_j, \tag{2.3.5}$$

$$\hat{w}_j = \hat{w}_j^c, \quad j = 1, 2, \cdots, n. \tag{2.3.6}$$

为此, 对观测数据中心化后, 岭回归的求解中可以删除 w_0. 惩罚损失函数现在可以用矩阵记号表示为

$$L_R(w) = (y - Xw)^T (y - Xw) + \lambda w^T w. \tag{2.3.7}$$

岭回归的显式解可以表示为

$$\hat{w}^R = (X^T X + \lambda I)^{-1} X^T y, \tag{2.3.8}$$

这里, I 是 $n \times n$ 的单位阵. 同线性回归一样, 我们也可以使用梯度下降法求解岭回归. 对岭回归估计的详细解释, 请读者参考 Hastie 等 (2009) 的文献.

岭回归优于最小二乘估计源于偏差-方差平衡. 岭回归估计不再是回归系数的无偏估计, 在一定条件下, 牺牲一些偏差, 若能大大降低估计的方差, 则总体上改进了预测的均方误差. 但是, 岭回归同最小二乘估计一样, 虽然回归系数估计值向 0 压缩, 但一般不会精确为 0 (除非 $\lambda = \infty$). 虽然, 这在预测的精确性方面不是一个问题, 但当在特征变量的个数 n 特别大时, 会产生模型的可解释性问题. 下面的 LASSO 回归则既能保证预测精确性, 又能将某些回归系数估计值压缩到 0, 产生变量选择的效果 (Hastie et al., 2015).

2.3.2 LASSO 回归

LASSO 回归 (least absolute shrinkage and selection operator regression) 和岭回归的三步中唯一的区别是第二步, 其选择带有不同惩罚项的损失函数, 如

$$L_{\mathrm{LASSO}}(w) \triangleq L(w) + \lambda \sum_{j=1}^{n} |w_j|. \tag{2.3.9}$$

即在惩罚项中使用了回归系数向量 w 的 l_1 范数. 与岭回归中 l_2 范数惩罚项会产生不同的效果, l_1 范数的使用会在 λ 充分大时, 迫使某些系数估计值精确为 0. 这一点可以从岭回归与 LASSO 回归的另一种问题表达式看出. 可以证明, LASSO 回归和岭回归分别等价于求解下面两个问题:

$$\min_{w} L(w) \quad \text{s.t.} \quad \sum_{j=1}^{n} |w_j| \leqslant s \tag{2.3.10}$$

和

$$\min_{w} L(w) \quad \text{s.t.} \quad \sum_{j=1}^{n} w_j^2 \leqslant s. \tag{2.3.11}$$

为说明 LASSO 回归的解向量会出现值为 0 的情形, 考虑一个简单的特例, 即 $n = 2$ 情形时两种回归解的几何示意图 2.4.

由图 2.4, LASSO 回归的约束区域是对角点落在坐标轴上, 而二次损失函数 $L(w_0, w)$ 等值线是椭圆, 普通最小二乘估计 $\hat{w}_{\mathrm{OLS}}$ 是在整个二维平面上 $L(w_0, w)$ 等值线的最小值, 随着椭圆半径逐渐增大, 与 LASSO 回归的约束区域首次相交在 w_2 轴上, 得到 LASSO 估计 $\hat{w}_{\mathrm{LASSO}}$ 的第一个系数估计值为 0. 而岭回归的约束区域为圆形, 通常切点不会出现在坐标轴上, 因此岭回归估计的系数估计值不为 0.

下面介绍 LASSO 回归求解的坐标下降算法.

为方便起见, 我们重写 LASSO 回归的拉格朗日形式

$$\min_{w} L_{\mathrm{LASSO}}(w) = \left\{ \frac{1}{2m} \sum_{i=1}^{m} \left(y^i - \sum_{j=1}^{n} x_j^i w_j \right)^2 + \lambda \sum_{j=1}^{n} |w_j| \right\}. \tag{2.3.12}$$

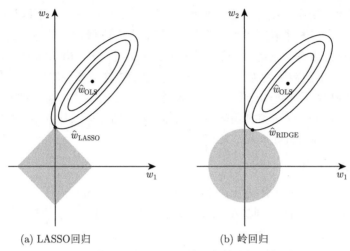

(a) LASSO回归   (b) 岭回归

图 2.4   LASSO 回归和岭回归的几何示意图

和岭回归同样的道理, 这里已假设 y^i 和 x^i_j 经中心化后满足 $\frac{1}{m}\sum_{i=1}^m y^i = 0$, $\frac{1}{m}\sum_{i=1}^m x^i_j = 0$, 且 $\frac{1}{m}\sum_{i=1}^m (x^i_j)^2 = 1$.

坐标下降法 (Bertsekas, 1999) 的思想是, 一个多元函数 $L(w_1, \cdots, w_n)$ 的最小化问题可以通过每次沿着一个坐标方向, 解一个一元的最小化问题来解决. 下面介绍这种坐标下降法的一个简单情形.

算法 2   LASSO 回归的坐标下降法

输入   训练集 $D = \{(x^1, y^1), (x^2, y^2), \cdots, (x^m, y^m)\}$; 迭代总次数 nb; 初始化参数值 $w^0 = (w_1^0, \cdots, w_n^0)$.

输出 $\hat{w} = w^{nb}$

1: **for** $k = 0, 1, \cdots, nb - 1$ **do**
2:    **for** $j = 1, \cdots, n$ **do**
3:      $w_j^{k+1} = \underset{\xi \in \mathbb{R}}{\arg\min}\, L(w_1^{k+1}, \cdots, w_{j-1}^{k+1}, \xi, w_{j+1}^k, \cdots, w_n^k)$.
4:    **end for**
5: **end for**

有了算法 2 作为框架, 我们只需求解单个特征变量情形下的 LASSO 回归问题. 设单个特征变量情形下的训练样本记为 $\{(z^i, y^i)\}_{i=1}^m$. 我们想要求解

$$\min_{w \in \mathbb{R}} L_{\text{LASSO}}(w) = \left\{ \frac{1}{2m}\sum_{i=1}^m \left(y^i - z^i w\right)^2 + \lambda|w| \right\}, \tag{2.3.13}$$

解之, 得到一元 LASSO 回归的解为

$$\hat{w} = \begin{cases} \dfrac{1}{m}(z,y) - \lambda, & \dfrac{1}{m}(z,y) > \lambda, \\[2mm] 0, & \dfrac{1}{m}|(z,y)| \leqslant \lambda, \\[2mm] \dfrac{1}{m}(z,y) + \lambda, & \dfrac{1}{m}(z,y) < -\lambda. \end{cases} \tag{2.3.14}$$

上式可以简记为

$$\hat{w} = \mathcal{S}_\lambda\left(\frac{1}{m}(z,y)\right), \quad \text{这里} \quad \mathcal{S}_\lambda(x) = \text{sign}(x)(|x| - \lambda)_+. \tag{2.3.15}$$

下面给出上述结论的一个推导. 因为我们假设对特征变量做了标准化, 所以有 $\frac{1}{m}\sum_{i=1}^m z_i^2 = 1$,

$$\begin{aligned} L_{\text{LASSO}}(w) &= \frac{1}{2m}\sum_{i=1}^m \left(y^i - z^i w\right)^2 + \lambda|w| \\ &= \frac{1}{2m}\sum_{i=1}^m (y^i)^2 + \frac{1}{2}w^2 - \frac{1}{m}(z,y)w + \lambda|w| \\ &= \frac{1}{2m}\sum_{i=1}^m (y^i)^2 + h(w), \end{aligned}$$

这里, $h(w) = \frac{1}{2}w^2 - \frac{1}{m}(z,y)w + \lambda|w|$. 因为

$$h(w) = \begin{cases} \dfrac{1}{2}w^2 - \left[\dfrac{1}{n}(z,y) - \lambda\right]w, & w > 0, \\[2mm] 0, & w = 0, \\[2mm] \dfrac{1}{2}w^2 - \left[\dfrac{1}{n}(z,y) + \lambda\right]w, & w < 0, \end{cases}$$

所以, (2.3.14) 式成立. 注意到, 对于标准化的数据, 有 $\frac{1}{m}\sum_{i=1}^m (z^i)^2 = 1$, $\hat{w}_{\text{LASSO}} = \mathcal{S}_\lambda\left(\frac{1}{m}(z,y)\right)$ 恰好是最小二乘估计 $\hat{w}_{\text{OLS}} = \frac{1}{m}(z,y)$ 的软阈值版.

在单个特征变量的 LASSO 回归坐标下降算法基础上, 下面可以给出有 n 个特征变量情形下的坐标下降法. 具体地, 重写带惩罚的损失函数为

$$L_{\text{LASSO}}(w) = \frac{1}{2m}\sum_{i=1}^m \left(y^i - \sum_{j=1}^n x_j^i w_j\right)^2 + \lambda \sum_{j=1}^n |w_j|$$

$$= \frac{1}{2m} \sum_{i=1}^{m} \left(y^i - \sum_{k \neq j} x_k^i w_k - x_j^i w_j \right)^2 + \lambda \sum_{k \neq j} |w_k| + \lambda |w_j|,$$

可见每个 w_j 的 LASSO 解可以借助偏残差 $r_j^i = y^i - \sum_{k \neq j} x_k^i w_{*k}$ 简洁地表示出来. 因而, 第 j 个系数更新为

$$\hat{w}_j = \mathcal{S}_\lambda \left(\frac{1}{n} (x_j, r_j) \right), \tag{2.3.16}$$

这里, $x_j = (x_j^1, \cdots, x_j^m)^{\mathrm{T}}$ 和 $r_j = (r_j^1, \cdots, r_j^m)^{\mathrm{T}}$. 关于 LASSO 回归的求解算法有很多, 此处只是提供一个相对直观的方法, 来帮助理解 LASSO 回归.

2.4 线性回归 Python 实现

为了后面代码的顺利运行, 读者可先在 jupyter notebook 中运行下面的代码.

```
1  import sys
2  import sklearn
3  import numpy as np
4  import os
5  np.random.seed(123)
6  %matplotlib inline
7  import matplotlib as mpl
8  import matplotlib.pyplot as plt
9  mpl.rc('axes', labelsize=14)
10 mpl.rc('xtick', labelsize=12)
11 mpl.rc('ytick', labelsize=12)
12
13 Code_Root_Dir = "."
14 CHAPTER_ID = "Chap_2"
15 IMAGES_PATH = os.path.join(Code_Root_Dir, "images", CHAPTER_ID)
16 os.makedirs(IMAGES_PATH, exist_ok=True)
17
18 def save_fig(fig_id, tight_layout=True, fig_extension="pdf",
       resolution=300):
19     path = os.path.join(IMAGES_PATH, fig_id + "." + fig_extension)
20     print("Saving figure", fig_id)
21     if tight_layout:
22         plt.tight_layout()
23     plt.savefig(path, format=fig_extension, dpi=resolution)
```

```
24
25  import warnings
26  warnings.filterwarnings(action="ignore", message="^internal gelsd")
```

1. 普通最小二乘估计的实现

正规方程法 首先我们生成数据.

```
1  import numpy as np
2  X = 3 * np.random.rand(100, 1)
3  y = 3 + 4 * X + np.random.randn(100, 1)
```

画出散点图如图 2.5.

```
1  plt.plot(X, y, "k.")
2  plt.xlabel("$x_1$", fontsize=18)
3  plt.ylabel("$y$", rotation=0, fontsize=18)
4  plt.axis([0, 3, 0, 18])
5  save_fig("2_1")
6  plt.show()
```

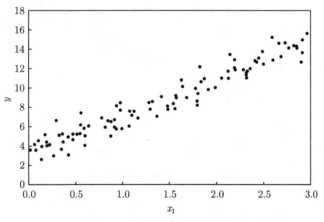

图 2.5 简单线性回归散点图

利用正规方程公式求解线性回归系数.

```
1  X_b = np.c_[np.ones((100, 1)), X]
2      # 添加 x0 = 1 到每个特征向量的样本的第一个元素前面
3  w_hat = np.linalg.inv(X_b.T.dot(X_b)).dot(X_b.T).dot(y)
4  w_hat # 输出回归系数的正规方程解
```

```
5  array([[3.21509616], [3.84674226]]) # 输出的结果
```

下面, 根据估计出的预测函数: $\hat{f}(x) = 3.21509616 + 3.84674226x$, 画出 $[0, 3]$ 区间上的预测直线 (图 2.6).

```
1  X_new = np.array([[0], [3]])
2  X_new_b = np.c_[np.ones((2, 1)), X_new]
3    # 添加 x0 = 1 到每个特征向量的样本的第一个元素前面
4  y_predict = X_new_b.dot(w_best)
5  plt.plot(X_new, y_predict, "k-", linewidth=2, label="Predictions")
6  plt.plot(X, y, "k.")
7  plt.xlabel("$x_1$", fontsize=18)
8  plt.ylabel("$y$", rotation=0, fontsize=18)
9  plt.legend(loc="upper left", fontsize=14)
10 plt.axis([0, 3, 0, 18])
11 save_fig("linear_model_predictions_plot")
12 plt.show()
```

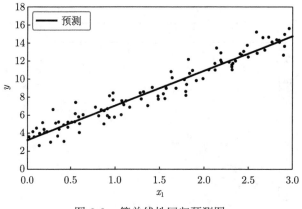

图 2.6   简单线性回归预测图

2. 使用 Scikit-Learn 执行线性回归

```
1  from sklearn.linear_model import LinearRegression
2
3  lin_reg = LinearRegression() # 实例化拟合对象
4  lin_reg.fit(X, y) # 调用实例化后对象的 fit() 方法对训练数据进行拟合
5  lin_reg.intercept_, lin_reg.coef_ # 输出截距项和回归系数估计
6  (array([3.22215108]), array([[3.97897834]]))
```

```
7
8    lin_reg.predict(X_new) # 拟合后，调用 predict() 方法在新数据点上进行预测
9
10   array([[ 3.22215108], [15.1590861 ]])
```

3. 使用批量梯度下降法执行线性回归

```
1    eta = 0.1 # 学习率
2    n_iterations = 1000 # 迭代次数
3    m = 100 # 样本大小
4
5    w = np.random.randn(2,1) # 随机初始化回归系数
6
7    for iteration in range(n_iterations): # 批量梯度下降迭代更新回归系数
8        gradients = 2/m * X_b.T.dot(X_b.dot(w) - y)
9        w = w - eta * gradients
```

```
1    w
2    array([[3.22215108],
3           [3.97897834]])
4
5    X_new_b.dot(w)
6    array([[ 3.22215108],
7           [15.1590861 ]])
```

```
1    w_path_bgd = []
2
3    def plot_gradient_descent(w, eta, w_path=None):
4        m = len(X_b)
5        plt.plot(X, y, "k.")
6        n_iterations = 1000
7        for iteration in range(n_iterations):
8            if iteration < 10:
9                y_predict = X_new_b.dot(w)
10               style = "k-" if iteration > 0 else "k--"
11               plt.plot(X_new, y_predict, style)
12           gradients = 2/m * X_b.T.dot(X_b.dot(w) - y)
13           w = w - eta * gradients
14           if w_path is not None:
```

```
15            w_path.append(w)
16       plt.xlabel("$x_1$", fontsize=18)
17       plt.axis([0, 3, 0, 18])
18       plt.title(r"$\eta = {}$".format(eta), fontsize=16)
```

```
1   w_path_bgd = []
2
3   def plot_gradient_descent(w, eta, w_path=None):
4       m = len(X_b)
5       plt.plot(X, y, "k.")
6       n_iterations = 1000
7       for iteration in range(n_iterations):
8           if iteration < 10:
9               y_predict = X_new_b.dot(w)
10              style = "k-" if iteration > 0 else "k--"
11              plt.plot(X_new, y_predict, style)
12          gradients = 2/m * X_b.T.dot(X_b.dot(w) - y)
13          w = w - eta * gradients
14          if w_path is not None:
15              w_path.append(w)
16      plt.xlabel("$x_1$", fontsize=18)
17      plt.axis([0, 3, 0, 18])
18      plt.title(r"$\eta = {}$".format(eta), fontsize=16)
```

```
1   np.random.seed(42)
2   w = np.random.randn(2,1)
3
4   plt.figure(figsize=(10,4))
5   plt.subplot(131); plot_gradient_descent(w, eta=0.02)
6   plt.ylabel("$y$", rotation=0, fontsize=18)
7   plt.subplot(132); plot_gradient_descent(w, eta=0.1, w_path=w_path_bgd)
8   plt.subplot(133); plot_gradient_descent(w, eta=0.5)
9
10  save_fig("gradient_descent_plot")
11  plt.show()
```

图 2.7 是使用批量梯度下降法的最终效果图.

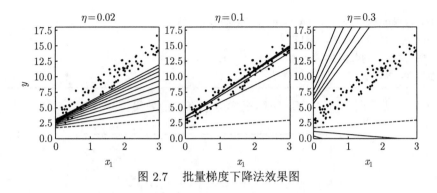

图 2.7   批量梯度下降法效果图

4. 使用随机梯度下降法执行线性回归

```python
w_path_sgd = []
m = len(X_b)
np.random.seed(0)

n_epochs = 50
t0, t1 = 5, 50

def learning_schedule(t):
    return t0 / (t + t1)

w = np.random.randn(2,1)

for epoch in range(n_epochs):
    for i in range(m):
        if epoch == 0 and i < 20:
            y_predict = X_new_b.dot(w)
            style = "k-" if i > 0 else "k--"
            plt.plot(X_new, y_predict, style)
        random_index = np.random.randint(m)
        xi = X_b[random_index:random_index+1]
        yi = y[random_index:random_index+1]
        gradients = 2 * xi.T.dot(xi.dot(w) - yi)
        eta = learning_schedule(epoch * m + i)
        w = w - eta * gradients
        w_path_sgd.append(w)

plt.plot(X, y, "k.")
plt.xlabel("$x_1$", fontsize=18)
```

```
29  plt.ylabel("$y$", rotation=0, fontsize=18)
30  plt.axis([0, 3, 0, 18])
31  save_fig("sgd_plot")
32  plt.show()
```

图 2.8 显示了不同学习率下随机梯度下降法的效果.

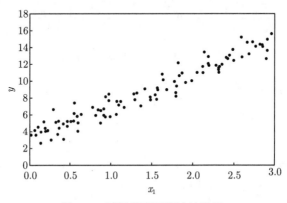

图 2.8　随机梯度下降法效果图

5. 小批量梯度下降法执行线性回归

```
1   w_path_mgd = []
2
3   n_iterations = 50
4   minibatch_size = 20
5
6   np.random.seed(42)
7   w = np.random.randn(2,1)  # 随机初始化
8
9   t0, t1 = 200, 1000
10  def learning_schedule(t):
11      return t0 / (t + t1)
12
13  t = 0
14  for epoch in range(n_iterations):
15      shuffled_indices = np.random.permutation(m)
16      X_b_shuffled = X_b[shuffled_indices]
17      y_shuffled = y[shuffled_indices]
18      for i in range(0, m, minibatch_size):
19          t += 1
```

```
20        xi = X_b_shuffled[i:i+minibatch_size]
21        yi = y_shuffled[i:i+minibatch_size]
22        gradients = 2/minibatch_size * xi.T.dot(xi.dot(w) - yi)
23        eta = learning_schedule(t)
24        w = w - eta * gradients
25        w_path_mgd.append(w)
26
27    w
28    array([[3.27046439],
29           [4.07797114]])
30
31    w_path_bgd = np.array(w_path_bgd)
32    w_path_sgd = np.array(w_path_sgd)
33    w_path_mgd = np.array(w_path_mgd)
34
35    plt.figure(figsize=(7,4))
36    plt.plot(w_path_sgd[:, 0], w_path_sgd[:, 1], "k-s", linewidth=1,
            label="Stochastic")
37    plt.plot(w_path_mgd[:, 0], w_path_mgd[:, 1], "k-+", linewidth=2,
            label="Minibatch")
38    plt.plot(w_path_bgd[:, 0], w_path_bgd[:, 1], "k-o", linewidth=3,
            label="Batch")
39    plt.legend(loc="upper left", fontsize=16)
40    plt.xlabel(r"$\w_0$", fontsize=20)
41    plt.ylabel(r"$\w_1$", fontsize=20, rotation=0)
42    plt.axis([1.3, 5.5, 2.3, 5.2])
43    save_fig("gradient_descent_paths_plot")
44    plt.show()
```

图 2.9 则显示了小批量梯度下降法的效果.

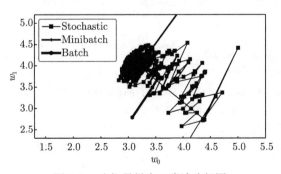

图 2.9   小批量梯度下降法路径图

6. 正则化回归

先生成一组线性模型数据.

```
1  np.random.seed(42)
2  m = 20
3  X = 3 * np.random.rand(m, 1)
4  y = 1 + 0.6 * X + np.random.randn(m, 1) / 1.5
5  X_new = np.linspace(0, 3, 100).reshape(100, 1)
6  from sklearn.linear_model import Ridge
```

下面代码是针对几个 α 值选择下的压缩估计及其拟合 (图 2.10).

```
1  def plot_model(model_class, polynomial, alphas, **model_kargs):
2      for alpha, style in zip(alphas, ("k-", "k--", "k:")):
3          model = model_class(alpha, **model_kargs) if alpha > 0 else
                 LinearRegression()
4          if polynomial:
5              model = Pipeline([
6                      ("poly_features", PolynomialFeatures(degree=10,
                          include_bias=False)),
7                      ("std_scaler", StandardScaler()),
8                      ("regul_reg", model),
9                  ])
10         model.fit(X, y)
11         y_new_regul = model.predict(X_new)
12         lw = 2 if alpha > 0 else 1
13         plt.plot(X_new, y_new_regul, style, linewidth=lw, label=r"$\alpha
                 = {}$".format(alpha))
14     plt.plot(X, y, "k.", linewidth=3)
15     plt.legend(loc="upper left", fontsize=15)
16     plt.xlabel("$x_1$", fontsize=18)
17     plt.axis([0, 3, 0, 4])
18
19 plt.figure(figsize=(8,4))
20 plt.subplot(121)
21 plot_model(Ridge, polynomial=False, alphas=(0, 10, 100), random_state=42)
22 plt.ylabel("$y$", rotation=0, fontsize=18)
23 plt.subplot(122)
24 plot_model(Ridge, polynomial=True, alphas=(0, 10**-5, 1), random_state=42)
25
26 save_fig("ridge_regression_plot")
```

27　`plt.show()`

LASSO 回归有类似实现, 这里略去.

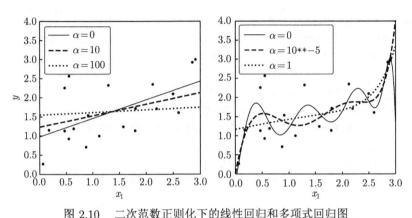

图 2.10　二次范数正则化下的线性回归和多项式回归图

7. 手动编写 Python 包和类去实现线性回归

前面代码主要使用编写函数或者调用 sklearn 库中现成计算包的方式实现线性回归求解. 现在, 为从更底层的角度理解 sklearn 中现成的计算包是如何封装函数 (方法), 且以便于我们考虑更灵活的方式实现满足学习和研究工作中各种不同需求及代码复用, 自己手动编写类似于 sklearn 中的计算包, 并提供类似于 sklearn 库的调用方法.

具体操作如下:

第 1 步, 在本机操作系统中建立一个名为 LR 的文件夹, 在 LR 文件夹内建立一个名为 _init _.py 的空文件, 这是为了使得该文件夹成为一个可以在 jupyter notebook 等平台中调用的 Python 包.

第 2 步, 在 LR 文件夹所在目录下 (即该目录下包含 LR 文件夹) 打开一个 jupyter notebook 界面 (自动产生一个 ipynb 文件), 进行线性回归类和其他所需函数 (也是子模块) 的编写和调用, 如本例中的 LinearRegression 类及其需要调用 metrics 和 model _selection 模块, 这三个文件分别是 3 个单独的 py 文件.

第 3 步, 类似于使用 sklearn 库的调用方法, 先使用 LinearRegression 类实例化一个模型对象, 然后由该对象调用其自身的 fit, prediction 和 score 方法以及 coef_ 特性 (即回归系数变量值) 输出想要的结果.

下面分别给出上述后两步的代码介绍. 第 2 步中, 用于计算线性回归的 R-square 的名为 metrics.py 模块代码如下.

```
1  import numpy as np
2  from math import sqrt
3
4  def accuracy_score(y_true, y_predict):
5      assert len(y_true) == len(y_predict),
6      return np.sum(y_true == y_predict) / len(y_true)
7
8  def mean_squared_error(y_true, y_predict):
9      assert len(y_true) == len(y_predict),
10     return np.sum((y_true - y_predict)**2) / len(y_true)
11
12 def root_mean_squared_error(y_true, y_predict):
13     return sqrt(mean_squared_error(y_true, y_predict))
14
15 def mean_absolute_error(y_true, y_predict):
16     assert len(y_true) == len(y_predict),
17     return np.sum(np.absolute(y_true - y_predict)) / len(y_true)
18
19 def r2_score(y_true, y_predict):
20     return 1 - mean_squared_error(y_true, y_predict)/np.var(y_true)
```

　　第 2 步中, 用于划分线性回归的训练集和测试集名为 model_selection.py 模块代码如下.

```
1  import numpy as np
2
3  def train_test_split(X, y, test_ratio=0.2, seed=None):
4      assert X.shape[0] == y.shape[0]
5      assert 0.0 <= test_ratio <= 1.0
6
7      if seed:
8          np.random.seed(seed)
9
10     shuffled_indexes = np.random.permutation(len(X))
11     test_size = int(len(X) * test_ratio)
12     test_indexes = shuffled_indexes[:test_size]
13     train_indexes = shuffled_indexes[test_size:]
14
15     X_train = X[train_indexes]
16     y_train = y[train_indexes]
```

```
17    X_test = X[test_indexes]
18    y_test = y[test_indexes]
19
20    return X_train, X_test, y_train, y_test
```

第 2 步中, 用于拟合、预测和输出 R-square 的名为 LinearRegression.py 类代码如下.

```
1  import numpy as np
2  from LR.metrics import r2_score
3
4  class LinearRegression:
5      def __init__(self): # 初始化
6          self.coef_ = None
7          self.intercept_ = None
8          self._theta = None
9
10     def fit_normal(self, X_train, y_train): # 正规方程求解方法拟合的定义
11         assert X_train.shape[0] == y_train.shape[0]
12
13         X_b = np.hstack([np.ones((len(X_train), 1)), X_train])
14         self._theta = np.linalg.inv(X_b.T.dot(X_b)).dot(X_b.T).dot(y_train)
15
16         self.intercept_ = self._theta[0]
17         self.coef_ = self._theta[1:]
18         return self
19
20     def predict(self, X_predict): # 拟合后的预测方法的定义
21         assert self.intercept_ is not None and self.coef_ is not None,
22         assert X_predict.shape[1] == len(self.coef_),
23
24         X_b = np.hstack([np.ones((len(X_predict), 1)), X_predict])
25         return X_b.dot(self._theta)
26
27     def score(self, X_test, y_test): # 输出 R-square 精确性度量
28         y_predict = self.predict(X_test)
29         return r2_score(y_test, y_predict)
30
31     def __repr__(self):
32         return "LinearRegression()"
```

以上代码已完成了手动编写线性回归类的工作. 接下来调用手动编写的类完成第 3 步. 首先, 准备数据集.

```python
import numpy as np
import matplotlib.pyplot as plt
from sklearn import datasets

boston = datasets.load_boston()
X = boston.data
y = boston.target
X = X[y < 50.0]
y = y[y < 50.0]
```

接着, 将数据集划分成训练数据和测试数据.

```python
from LR.model_selection import train_test_split

X_train, X_test, y_train, y_test = train_test_split(X, y, seed=66)
```

然后, 从手动编写的模块 LR.LinearRegression 中导入 LinearRegression 类, 实例化后进行拟合线性回归.

```python
from LR.LinearRegression import LinearRegression
reg = LinearRegression()
reg.fit_normal(X_train, y_train)
```

最后, 输出线性回归系数估计值、预测值和预测精度.

```python
reg.coef_
array([-9.46021345e-02, 3.50099420e-02, -6.18447874e-02, 6.29492653e-01,
       -1.03722809e+01, 3.06661001e+00, -2.38828867e-02, -1.18340382e+00,
        2.26985767e-01, -1.29313271e-02, -8.77549620e-01, 7.38876971e-03,
       -3.82230589e-01])

reg.predict(X_test[:2])
array([34.21972015, 17.57306322])

reg.score(X_test, y_test)
0.7929370056581587
```

第 3 章 线性分类器

本章介绍有监督学习中的分类任务, 其在实际中有着广泛的应用背景. 我们先介绍一般的概率生成模型, 然后考虑常见的线性分类问题.

3.1 概率生成模型

设类别标签 $Y \in \{1, 2, \cdots, J\}$. 在 1.3 节, 我们已经指出, 在 0-1 损失下, 最优预测函数为

$$\hat{f}(x) = \arg \max_{j \in \{1, \cdots, J\}} P\{Y = j | X = x\}.$$

因此, 为了找到最优的分类器 $\hat{f}(x)$, 只需先求出条件概率 $P\{Y = j | X = x\}$, $j = 1, 2, \cdots, J$.

由贝叶斯公式, 可知

$$P\{Y = j | X = x\} = \frac{p(x|Y = j)P(Y = j)}{\sum\limits_{i=1}^{J} p(x|Y = i)P(Y = i)}. \tag{3.1.1}$$

若可以由训练数据 $\{(x^1, y^1), (x^2, y^2), \cdots, (x^m, y^m)\}$ 估计出公式 (3.1.1) 中所有的 $p(x|Y = j)$ 和 $P(Y = j)$, $j = 1, 2, \cdots, J$, 则任务完成. 下面就讨论它们的估计方法.

概率 $P(Y = j)$ 只需用训练数据中第 j 类样本出现的频率

$$\hat{P}(Y = j) = \#\{y^i = j\}/m \tag{3.1.2}$$

进行估计即可. 而条件密度 $p(x|Y = j)$ 则需要由训练数据中所有第 j 类样本的特征变量观测值来进行估计. 若 $p(x|Y = j)$ 有多元正态分布密度表达式

$$p(x|Y = j) = \frac{1}{(2\pi)^{\frac{n}{2}} |\Sigma^j|^{\frac{1}{2}}} \exp\left\{-\frac{1}{2}(x - \mu^j)^{\mathrm{T}}(\Sigma^j)^{-1}(x - \mu^j)\right\}, \tag{3.1.3}$$

则可以使用常用的极大似然估计 (MLE) 方法来估计该条件密度, 这里 μ^j 和 Σ^j

分别表示第 j 类总体的均值和协方差矩阵. 众所周知, μ^j 和 Σ^j 的 MLE 表达式为

$$\hat{\mu}^j = \frac{1}{m^j} \sum_{k=1}^{m^j} x^k, \quad \hat{\Sigma}^j = \frac{1}{m^j} \sum_{k=1}^{m^j} (x^k - \hat{\mu}^j)(x^k - \hat{\mu}^j)^{\mathrm{T}}. \tag{3.1.4}$$

将 (3.1.2) 和 (3.1.4) 代入 (3.1.1) 可得条件概率 $P\{Y = j | X = x\}$ 的估计

$$\hat{P}\{Y = j | X = x\} = \frac{\hat{p}(x|Y = j)\hat{P}(Y = j)}{\sum\limits_{i=1}^{J} \hat{p}(x|Y = i)\hat{P}(Y = i)}. \tag{3.1.5}$$

以上模型是一种**概率生成模型**. 因为利用该方法能得到密度 $p(x) = \sum_{i=1}^{J} p(x|Y = i)P(Y = i)$ 的估计 $\hat{p}(x) = \sum_{i=1}^{J} \hat{p}(x|Y = i)\hat{P}(Y = i)$, 所以该方法可用于生成 x.

3.2　二分类概率生成模型

本节考虑二分类问题, 即 $J = 2$. 为方便起见, 对属于第一类的样本, 标签记为 $Y = 1$; 属于第二类的样本, 标签记为 $Y = 0$. 此时, 只需求出后验概率

$$P\{Y = 1 | X = x\} = \frac{p(x|Y = 1)P(Y = 1)}{p(x|Y = 1)P(Y = 1) + p(x|Y = 0)P(Y = 0)} \tag{3.2.1}$$

的估计 $\hat{P}\{Y = 1 | X = x\}$, 即可给出分类方法: 当 $\hat{P}\{Y = 1 | X = x\} \geqslant 0.5$ 时, x 对应的样本预测为第一类.

令 $z = \ln \dfrac{p(x|Y = 1)P(Y = 1)}{p(x|Y = 0)P(Y = 0)}$, 则有

$$P\{Y = 1 | X = x\} = \frac{1}{1 + \exp(-z)} \triangleq \sigma(z), \tag{3.2.2}$$

$\sigma(z)$ 常称作 Sigmoid 函数, 该函数图像如图 3.1 所示. 由 Sigmoid 函数的性质, $\hat{P}\{Y = 1 | X = x\} \geqslant 0.5$ 当且仅当 $z \geqslant 0$. 而集合 $\{x | z = 0\}$ 称作**决策边界**.

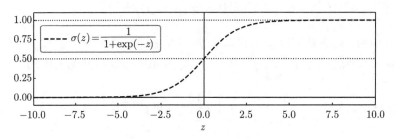

图 3.1　Sigmoid 函数图像

若按 3.1 节的假设, $p(x|Y=j)$ 有 n 维多元正态分布密度表达式

$$p(x|Y=j) = \frac{1}{(2\pi)^{\frac{n}{2}}|\Sigma^j|^{\frac{1}{2}}} \exp\left\{-\frac{1}{2}(x-\mu^j)^{\mathrm{T}}(\Sigma^j)^{-1}(x-\mu^j)\right\}, \quad j=1,0,$$
$$(3.2.3)$$

可得

$$z = \frac{1}{2}\ln\frac{|\Sigma^0|}{|\Sigma^1|} - \frac{1}{2}[(x-\mu^1)^{\mathrm{T}}(\Sigma^1)^{-1}(x-\Sigma^1) - (x-\mu^0)^{\mathrm{T}}(\Sigma^0)^{-1}(x-\Sigma^0)] + \ln\frac{P(Y=1)}{P(Y=0)}.$$
$$(3.2.4)$$

易见, 其为一个 x 的二次函数. 在 x 是二维特征变量情形下, 此时的决策边界 $\{x|z=0\}$ 是一个曲线边界. 当 x 维度较高时, 两个类别的协方差矩阵元素个数较大, 相应须估计的参数个数也较大, 有过拟合的可能. 一个策略是设定两个类别的协方差矩阵 $\Sigma^0 = \Sigma^1 = \Sigma$, 此时

$$z = (\mu^1-\mu^0)^{\mathrm{T}}\Sigma^{-1}x - \frac{1}{2}(\mu^1)^{\mathrm{T}}\Sigma^{-1}\mu^1 + \frac{1}{2}(\mu^0)^{\mathrm{T}}\Sigma^{-1}\mu^0 + \ln\frac{P(Y=1)}{P(Y=0)}, \quad (3.2.5)$$

其为一个 x 的线性函数, 此时的决策边界 $\{x|z=0\}$ 是一个超平面. 若记 $w = \Sigma^{-1}(\mu^1-\mu^0)$, $w_0 = -\frac{1}{2}(\mu^1)^{\mathrm{T}}\Sigma^{-1}\mu^1 + \frac{1}{2}(\mu^0)^{\mathrm{T}}\Sigma^{-1}\mu^0 + \ln\frac{P(Y=1)}{P(Y=0)}$, 则 $z = w^{\mathrm{T}}x + w_0$. 在高斯生成模型假设中, 我们通过估计 $P(Y=1), P(Y=0), \mu^1, \mu^0, \Sigma$, 可以得到 w, w_0 的估计, 进而得到预测函数. 我们是否可以直接估计 w, w_0 呢? 答案是肯定的, 3.3 节的逻辑回归是其中的一种常用方法.

3.3 逻 辑 回 归

逻辑回归是分类任务中应用最为广泛的方法之一, 其在统计学中归为一种广义线性模型 (McCullagh et al., 1989). 下面我们按照机器学习任务常见的三个步骤来介绍逻辑回归.

第一步, 定义模型. 一般线性逻辑回归模型为 $\mathscr{F} = \{f|f(x) = \sigma(z), z = w_0 + w_1 x_1 + \cdots + w_n x_n = w_0 + w^{\mathrm{T}}x\}$, w_i 是未知的系数, $f(x)$ 建模 x 对应的样本属于第一类的条件概率. 特征维数 $n=2$ 时逻辑回归模型图如图 3.2 所示.

设训练样本为 $\{(x^1,y^1),(x^2,y^2),(x^3,y^3),\cdots,(x^m,y^m)\} = \{(x^1,1),(x^2,1),(x^3,0),\cdots,(x^m,1)\}$. 因输出变量是取值为 0 或 1 的离散随机变量, 可以使用似然函数描述样本的信息.

第二步, 首先构建条件似然函数, 如下式:

$$L(w,w_0) = f(x^1)f(x^2)(1-f(x^3))\cdots f(x^m). \quad (3.3.1)$$

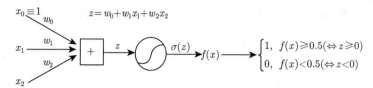

图 3.2   逻辑回归分类器

注意到似然函数的连乘形式和标签 y^i 取值为 0 或 1, 对似然函数取负的自然对数, 得到逻辑回归的损失函数为

$$-\ln L(w, w_0) = \sum_{i=1}^{m} -[y^i \ln f(x^i) + (1 - y^i) \ln(1 - f(x^i))] = \sum_{i=1}^{m} c(f(x^i), y^i). \quad (3.3.2)$$

上式中每一个被求和项 $c(f(x^i), y^i) \triangleq -[y^i \ln f(x^i) + (1 - y^i) \ln(1 - f(x^i))]$ 都是某两个伯努利 (Bernoulli) 分布之间的交叉熵 (cross entropy).

第三步, 通过优化算法, 求解

$$\hat{w}, \hat{w}_0 = \arg\min_{w, w_0} \{-\ln L(w, w_0)\}.$$

记 $x_0^i \equiv 1, i = 1, 2, \cdots, m$, 使用简单的求导计算, 可得损失函数梯度的元素表达式为

$$\frac{\partial[-\ln L(w, w_0)]}{\partial w_j} = \sum_{i=1}^{m} -(y^i - f(x^i))x_j^i, \quad j = 0, 1, 2, \cdots, n.$$

从而, 给出逻辑回归的梯度下降法. 表 3.1 是逻辑回归和一般线性回归任务三步之间的比较.

表 3.1   逻辑回归和一般线性回归任务三步之间的比较

步骤	逻辑回归	一般线性回归
模型	$f(x) = \sigma(\sum_{j=0}^{n} w_j x_j)$	$f(x) = \sum_{j=0}^{n} w_j x_j$
损失	$L(f) = \sum_{i=1}^{m} c(f(x^i), y^i)$	$L(f) = \sum_{i=1}^{m} (f(x^i) - y^i)^2$
优化	$w_j = w_j - \eta \sum_{i=1}^{m} -(y^i - f(x^i))x_j^i$	$w_i = w_i - \eta \sum_{i=1}^{m} -(y^i - f(x^i))x_j^i$

可见, 若求解逻辑回归时使用一般的梯度下降法, 其和线性回归有非常相似的过程. 在特征维数和样本量都不太大时, 文献中常使用牛顿迭代法, 可以加速求解过程.

3.4   Softmax 回归

逻辑回归直接推广到多分类任务的一种方法称作 Softmax 回归. 我们同样

按照机器学习任务常见的三个步骤来介绍 Softmax 回归. 为此, 先定义第 j 类 Softmax 得分 $z_j(x) = x^\mathrm{T} w^j$, 记 $z = (z_1, z_2, \cdots, z_J)^\mathrm{T}$. 然后, 定义 Softmax 变换

$$\mathrm{Softmax}(z) = \left(\frac{\exp(z_1)}{\sum\limits_{j=1}^{J} \exp(z_j)}, \frac{\exp(z_2)}{\sum\limits_{j=1}^{J} \exp(z_j)}, \ldots, \frac{\exp\{z_J\}}{\sum\limits_{j=1}^{J} \exp(z_j)} \right)^\mathrm{T}. \tag{3.4.1}$$

第一步, 定义模型. Softmax 回归模型为 $\mathscr{F} = \{f | f(x) = \mathrm{Softmax}(z),\ z_j(x) = x^\mathrm{T} w^j\}$, w^j 是第 j 类对应的未知系数, $f(x)$ 建模 x 对应的样本属于所有 J 个类的条件概率向量.

第二步, 根据训练数据构造交叉熵损失

$$L(f) = -\sum_{i=1}^{m} \sum_{j=1}^{J} y^i \ln[z_j(x^i)] \triangleq \sum_{i=1}^{m} c(f(x^i), y^i), \tag{3.4.2}$$

上式中 y^i 是只有一个元素为 1, 其余元素都为 0 的 J 维向量.

第三步, 通过梯度下降优化算法, 求解参数矩阵 $w = (w^1, w^2, \cdots, w^J)$ 的估计

$$\hat{w} = \arg\min_{w} L(f).$$

与逻辑回归相同, Softmax 回归将测试样本预测为属于概率值最大的类别.

3.5 逻辑回归的限制

线性逻辑回归在实际中是最受欢迎的分类模型之一, 也非常容易拓展到多分类任务中 (参见 Softmax 回归). 但是, 其本身有着天然使用限制. 由前面的讨论可知, 线性逻辑回归的决策边界是一个超平面, 但实际情况往往并非如此. 下面是一个经典的例子.

例 3.5.1　考虑一个特征维数是 2、只有 4 个训练样本的简单的分类问题. 训练样本的取值如图 3.3(a) 表格: 这里空心圆点和实心圆点分别表示两个类别标签, 4 个训练样本的输入特征向量取值分别为 (0,0),(0,1),(1,0),(1,1). 我们能否使用逻辑回归找到一条直线的决策边界分开这两类样本呢? 从图 3.3(b) 容易直观地看出, 答案是否定的. 可见, 即使这样一个简单的任务, 线性逻辑回归也无法完成. 原因是该任务本身是一个线性不可分的问题. 下面介绍两条尝试解决该问题的思路.

输入特征		输出标签
x_1	x_2	y
0	0	●
0	1	○
1	0	○
1	1	●

(a)

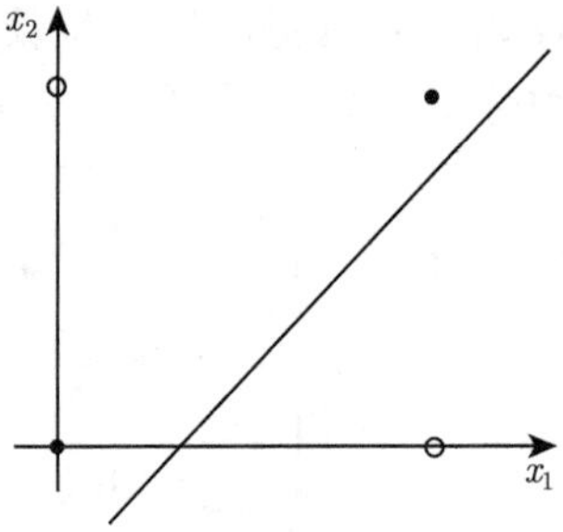

(b)

图 3.3　逻辑回归的限制

1. 特征变换

解决上面困难的办法之一是手动寻找一个特征变换, 将在原空间中的线性不可分问题, 转变成新空间中的线性可分问题, 再使用逻辑回归完成分类任务. 对例 3.5.1 中观测的训练样本, 我们可以构造如下的特征变换:

$$\tilde{x} = \phi(x) = (\|x\|_2, \|x - (1,1)^{\mathrm{T}}\|_2)^{\mathrm{T}}, \tag{3.5.1}$$

即将每个原始特征 x 变换为由 x 分别到 $(0,0)$ 和 $(1,1)$ 的欧氏距离构成的新特征向量 $\tilde{x}$. 在该特征变换下, 原来线性不可分的特征向量变换到新的特征空间后, 变为线性可分了, 见图 3.4.

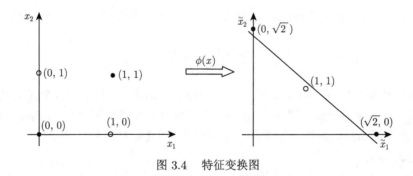

图 3.4　特征变换图

2. 级联逻辑回归

另一种思路是通过使用串并联多个逻辑回归, 通过基于训练样本学习出合适的特征变换. 还是以例 3.5.1 中任务来说明, 我们根据训练样本学习如图 3.5 所示的特征变换: 上述级联逻辑回归 (cascading logistic regression, CLR) 模型是否包含合适的特征变换, 是否能将原始训练样本变换成线性可分呢? 对于例 3.5.1 的

训练样本, 答案是肯定的. 事实上, 若级联逻辑回归中负责特征变换部分中的权重设定为

$$W = \begin{pmatrix} w_{10} & w_{11} & w_{12} \\ w_{20} & w_{21} & w_{22} \end{pmatrix} = \begin{pmatrix} -1 & -2 & 2 \\ -1 & 2 & -2 \end{pmatrix},$$

经计算, 可得线性可分的 4 个变换后的特征向量分别为: $(0.27, 0.27)$, $(0.05, 0.73)$, $(0.73, 0.05)$, $(0.27, 0.27)$, 如图 3.6 所示. 值得注意的是, 上面形式的变换可以通过训练样本来进行机器学习, 这和手动寻找特征变换有显著的不同. 事实上, 上面的级联逻辑回归是一种神经网络模型或深度学习模型的特例, 我们将在相应章节详细介绍该模型的学习方法. 另外, 与特征变换紧密相关的方法还有所谓的 "核技巧"(kernel trick), 该方法将在支持向量机章节中系统介绍.

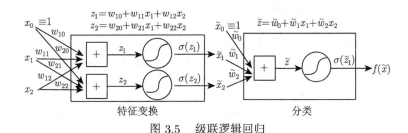

图 3.5 级联逻辑回归

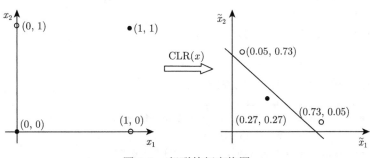

图 3.6 级联特征变换图

3.6 分类任务的 Python 实现

我们使用鸢尾花数据集 (iris dataset) 去说明上面几种模型的实现. 这是一个著名的数据集, 包含了三种不同类别, 每个类别 50 个样本共 150 朵鸢尾花的萼片与花瓣的长度和宽度 4 个特征变量数据. 为了方便可视化, 我们只选择其中的部分类别或特征变量来构造分类模型.

1. 线性判别和二次判别

首先, 我们在每一类特征服从正态分布下, 提供概率生成模型算法来实现鸢尾花分类任务. 此时, 对应的分类方法常称作二次判别分析 (对各类特征变量的协方差矩阵是否相等不做假设) 和线性判别分析 (假设各类特征变量的协方差矩阵相等).

其次, 我们导入鸢尾花数据集和有关算法库, 且先只考虑一维特征对应的线性判别分析, 做基本的拟合、决策边界和预测的计算示例.

```
1   import numpy as np
2   import matplotlib.pyplot as plt
3   from sklearn import datasets
4   from sklearn.discriminant_analysis import LinearDiscriminantAnalysis
5   iris = datasets.load_iris()
6
7   X = iris["data"][:, 3:] # 花瓣宽度
8   y = (iris["target"] == 2).astype(np.int) # 1 if 弗吉尼亚鸢尾, else 0
9
10
11  lda = LinearDiscriminantAnalysis(solver="svd", store_covariance=True)
12  lda.fit(X, y)
13  decision_boundary = X_new[y_proba[:, 1] >= 0.5][0]
14  decision_boundary
15  array([1.54054054])
16  lda.predict([[1.7], [1.5]])
17  array([1, 0])
```

接着画出预测概率与决策边界图 (图 3.7).

```
1   X_new = np.linspace(0, 3, 1000).reshape(-1, 1)
2   y_proba = lda.predict_proba(X_new)
3   decision_boundary = X_new[y_proba[:, 1] >= 0.5][0]
4
5   plt.figure(figsize=(8, 3))
6   plt.plot(X[y==0], y[y==0], "ks")
7   plt.plot(X[y==1], y[y==1], "k^")
8   plt.plot([decision_boundary, decision_boundary], [-1, 2], "k:",
        linewidth=2)
9   plt.plot(X_new, y_proba[:, 1], "k-", linewidth=2, label="Iris virginica")
10  plt.plot(X_new, y_proba[:, 0], "k--", linewidth=2, label="Not Iris
        virginica")
```

```
11  plt.text(decision_boundary+0.02, 0.15, "Decision boundary", fontsize=14,
        color="k", ha="center")
12  plt.arrow(decision_boundary, 0.08, -0.3, 0, head_width=0.05,
        head_length=0.1, fc='k', ec='k')
13  plt.arrow(decision_boundary, 0.92, 0.3, 0, head_width=0.05,
        head_length=0.1, fc='k', ec='k')
14  plt.xlabel("Petal width (cm)", fontsize=14)
15  plt.ylabel("Probability", fontsize=14)
16  plt.legend(loc="center left", fontsize=14)
17  plt.axis([0, 3, -0.02, 1.02])
18  save_fig("lda_plot")
19  plt.show()
```

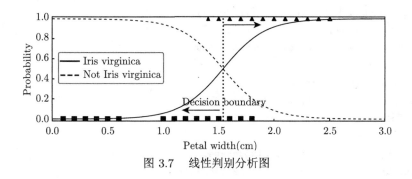

图 3.7 线性判别分析图

类似地, 可以给出二次判别分析的实现, 只需将上面的线性判别分析类有关命令替换成下面的二次判别分析类, 部分相似代码略去.

```
1  from sklearn.discriminant_analysis import QuadraticDiscriminantAnalysis
2
3  qda = QuadraticDiscriminantAnalysis(store_covariance=True)
4  qda.fit(X, y)
5
6  decision_boundary = X_new[y_proba[:, 1] >= 0.5][0]
7  decision_boundary
8  array([1.61861862])
```

2. 逻辑回归的 Python 实现

因为逻辑回归和线性判别分析的代码十分相似. 故此处稍微拓展特征维数等于 2 的情形, 并给出预测概率和决策边界联合图例实现代码 (图 3.8).

```python
1   from sklearn.linear_model import LogisticRegression
2
3   X = iris["data"][:, (2, 3)]
4   y = (iris["target"] == 2).astype(np.int)
5
6   log_reg = LogisticRegression(solver="lbfgs", C=10**10, random_state=42)
7   log_reg.fit(X, y)
8
9   x0, x1 = np.meshgrid(
10          np.linspace(2.9, 7, 500).reshape(-1, 1),
11          np.linspace(0.8, 2.7, 200).reshape(-1, 1),
12      )
13  X_new = np.c_[x0.ravel(), x1.ravel()]
14
15  y_proba = log_reg.predict_proba(X_new)
16
17  plt.figure(figsize=(10, 4))
18  plt.plot(X[y==0, 0], X[y==0, 1], "ks")
19  plt.plot(X[y==1, 0], X[y==1, 1], "k^")
20
21  zz = y_proba[:, 1].reshape(x0.shape)
22  contour = plt.contour(x0, x1, zz, cmap=plt.cm.brg)
23
24
25  left_right = np.array([2.9, 7])
26  boundary = -(log_reg.coef_[0][0] * left_right + log_reg.intercept_[0]) /
            log_reg.coef_[0][1]
27
28  plt.clabel(contour, inline=1, fontsize=12)
29  plt.plot(left_right, boundary, "k--", linewidth=3)
30  plt.text(3.5, 1.5, "Not Iris virginica", fontsize=14, color="k",
            ha="center")
31  plt.text(6.5, 2.3, "Iris virginica", fontsize=14, color="k", ha="center")
32  plt.xlabel("Petal length", fontsize=14)
33  plt.ylabel("Petal width", fontsize=14)
34  plt.axis([2.9, 7, 0.8, 2.7])
35  save_fig("logistic_regression_contour_plot")
36  plt.show()
```

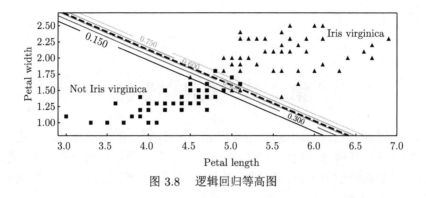

图 3.8 逻辑回归等高图

类 "LogisticRegression" 也可以实现 Softmax 回归, 具体操作请参见 Scikit-Learn 的网上官方文档.

第 4 章　支持向量机

支持向量机 (support vector machine, SVM) 是一种功能强大、用途广泛的机器学习模型, 能够进行线性或非线性分类、回归、异常检测众多任务 (周志华, 2016). 它是机器学习中最流行的模型之一, 特别适合于复杂的中小型数据集的分类.

4.1　线性 SVM 分类器

线性 SVM 分类器和第 3 章的线性逻辑回归主要差异在于第二步选择了不同的损失函数. 给定训练样本集 $\mathcal{D} = \{(x^1, y^1), (x^2, y^2), \cdots, (x^m, y^m)\}$, $y^i \in \{1, -1\}$, 线性逻辑回归通过似然方法, 找到了一个在交叉熵损失下最优的决策边界 $\{x|z(x) = w_0 + w^\mathrm{T}x = 0\}$ 将不同类别的样本分开. SVM 从不同角度下寻找一个最优的决策边界. 以鸢尾花数据集为例, 图 4.1 给出了直观思路. 图中的两类数据是可以用一条直线分开的 (称作线性可分的). 图 4.1(a) 显示了 3 个可能线性分类器, 其中的均匀虚线对应的分类器表现很差, 没有合适地将两类数据分开. 图 4.1(a) 中另外两个分类器尽管完全将两类数据分开了, 但是它们的决策边界距离部分训练数据非常近, 使得它们很可能在测试集上表现很差. 相反的是, 图 4.1(b) 中的实线决策边界不仅将两类数据完全分开, 还距离所有的两类样本尽可能地远. SVM 分类器基本版本正是想寻找这样的决策边界, 一般称其为最大边缘分类器.

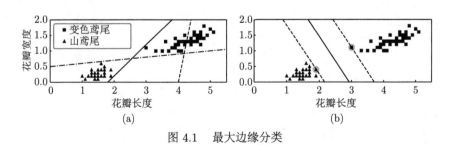

图 4.1　最大边缘分类

下面讨论如何根据该直观想法, 抽象出相应的优化问题. 首先, 缩小搜索范围. 对任一能将训练样本集 $\mathcal{D}$ 完全分开的决策边界 $\{x|\tilde{z}(x) = \tilde{w}_0 + \tilde{w}^\mathrm{T}x = 0\}$, 必然存在一个对应的决策边界 $\{x|z(x) = w_0 + w^\mathrm{T}x = 0\}$ 使得

$$\begin{cases} w_0 + w^{\mathrm{T}}x^i \geqslant 1, & y^i = 1, \\ w_0 + w^{\mathrm{T}}x^i \leqslant -1, & y^i = -1, \end{cases} \tag{4.1.1}$$

且每一类训练样本中, 和该决策边界的距离最近的训练样本 (x^k, y^k) 满足条件 $z(x^k) = w_0 + w^{\mathrm{T}}x^k = 1$, 这些 (x^k, y^k) 称作**支持向量**. 由任一点 x 到决策面的距离公式 $\dfrac{|w_0 + w^{\mathrm{T}}x|}{\|w\|}$, 可得支持向量 (x^k, y^k) 到决策边界 (超平面)$\{x | z(x) = w_0 + w^{\mathrm{T}}x = 0\}$ 的距离为

$$\frac{1}{\|w\|}, \tag{4.1.2}$$

其 2 倍值 $\dfrac{2}{\|w\|}$ 为两类样本集合间沿着 w 方向上的一种距离, 称为**间隔**. 为了找到具有最大间隔的决策边界, 即转变为能满足约束 (4.1.1) 使得间隔最大的优化问题

$$\begin{aligned} &\max_{w_0, w} \frac{2}{\|w\|}, \\ &\text{s.t. } y^i(w_0 + w^{\mathrm{T}}x^i) \geqslant 1, \quad i = 1, 2, \cdots, m. \end{aligned}$$

上面的问题显然等价于

$$\begin{aligned} &\min_{w_0, w} \frac{1}{2}\|w\|^2, \\ &\text{s.t. } y^i z(x^i) \geqslant 1, \quad i = 1, 2, \cdots, m, \end{aligned} \tag{4.1.3}$$

这给出了 SVM 的基本版本. 有许多文献讨论了该问题的算法, 如 SMO (sequential minimal optimization).

到目前为止, SVM 的形式要求寻找的决策边界能将训练样本全都分类正确, 即所谓的 "硬间隔"(hard margin). 但在实际当中, 训练集常有线性不可分问题出现, 此时可以考虑所谓的 "软间隔"(soft margin) 方法, 即允许有些训练样本不满足约束 $y^i z(x^i) \geqslant 1$. 此时, 一个自然的想法对不满足约束的训练样本预测损失加上一定的惩罚. 于是, 优化的目标函数可以设定为

$$\min_{w_0, w} \frac{1}{2}\|w\|^2 + C\sum_{i=1}^{m} \delta(y^i z(x^i) < 1), \tag{4.1.4}$$

$C > 0$ 是一个超参数, $\delta(1 - y^i z(x^i) > 0)$ 是一个示性函数,

$$\delta(1 - y^i z(x^i) > 0) = \begin{cases} 1, & 1 - y^i z(x^i) > 0, \\ 0, & \text{否则}. \end{cases} \tag{4.1.5}$$

由于示性函数的导数几乎处处为 0, 不利于使用梯度下降等算法求解. 于是, 我们可以使用其他替代损失. SVM 采用合页损失 (hinge loss), 可得

$$\min_{w_0, w} \frac{1}{2} \|w\|^2 + C \sum_{i=1}^{m} \max\{0, 1 - y^i z(x^i)\}. \tag{4.1.6}$$

在标签用 $y^i \in \{1, 0\}$ 编码时, 逻辑回归使用了交叉熵损失:

$$c(\sigma(z(x^i)), y^i) = -[y^i \ln \sigma(z(x^i)) + (1 - y^i) \ln(1 - \sigma(z(x^i)))]. \tag{4.1.7}$$

可以证明, 在用 $y^i \in \{1, -1\}$ 编码时, 交叉熵损失等价于

$$l(z(x^i), y^i) = \ln[1 + \exp(-y^i z(x^i))]. \tag{4.1.8}$$

我们提供了这两个损失和 0-1 损失函数图如图 4.2, 可以从中看出它们之间的联系与区别. 从图 4.2 中可以看出, 两个损失为 0-1 损失函数的上界. 另外, 合页损失有一块损失为 0 的区域, 使得 SVM 的解具有稀疏性, 我们可以在后面的梯度下降法介绍中更清楚这一点. 到此, 我们可以给出常见线性 SVM 的三个步骤了.

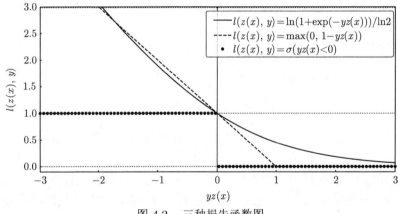

图 4.2　三种损失函数图

第一步, 定义模型. 一般线性 SVM 模型为 $\mathscr{F} = \{f | z(x) = w_0 + w^T x\}$, $z(x)$ 表示建模决策边界.

第二步, 构建带惩罚项的损失函数:

$$L(z) = C \sum_{i=1}^{m} \max\{0, 1 - y^i z(x^i)\} + \frac{1}{2} \|w\|^2. \tag{4.1.9}$$

上式中每一个被求和项的第一部分中 $l(z(x^i), y^i) \triangleq \max\{0, 1 - y^i z(x^i)\}$ 是合页损失.

第三步, 通过优化算法, 求解

$$\hat{w}, \hat{w}_0 = \arg\min_{w, w_0} L(z).$$

注 4.1.1 虽然合页损失有不可导点, 但实际操作中同样可以使用梯度下降法求解第三步中的优化问题, 只需在不可导点使用某个次梯度代替, 如下面用 0 代替.

因为给定 λ 后, $\|w\|^2$ 的梯度很容易计算, 我们只给出合页损失的梯度表达式. 记 $x_0^i \equiv 1, i = 1, 2, \cdots, m$. 因为在使用梯度下降法时, 每次计算梯度时, 都是在给定参数的上次更新后的值, 所以, 我们可以计算每步相应的 $z(x^i)$ 的值, 进而可计算出 $1 - y^i z(x^i)$. 故可得合页损失函数梯度的元素表达式为

$$\frac{\partial l(z(x^i), y^i)}{\partial w_j} = \frac{\partial l(z(x^i), y^i)}{\partial z(x^i)} \frac{\partial z(x^i)}{\partial w_j} = \begin{cases} -y^i x_j^i, & y^i z(x^i) < 1, \\ 0, & 否则, \end{cases}$$

这里 $j = 0, 1, 2, \cdots, n$. 从而, 给出线性 SVM 的梯度下降算法.

4.2 线性支持向量回归

给定训练样本集 $\mathcal{D} = \{(x^1, y^1), (x^2, y^2), \cdots, (x^m, y^m)\}$, $y^i \in \mathbb{R}$, 现在我们希望学习一个形如 $z(x) = w_0 + w^{\mathrm{T}} x$ 的回归预测函数, 使得 $z(x)$ 与 y 尽可能接近. 在最小二乘线性回归中, 我们使用平方损失 $l(z) = (z(x) - y)^2$ 衡量预测损失. 只有当 $z(x) = y$ 时, 损失才等于 0. 线性支持向量回归 (support vector regression, SVR) 则当 $z(x)$ 和 y 距离大于某个阈值 ϵ 时才开始计算损失. 在这样的准则下, 可以使用一个分段函数作为损失函数, 得到 SVR. 令

$$l_\epsilon(z) = \begin{cases} 0, & |z| \leqslant \epsilon, \\ |z| - \epsilon, & 否则, \end{cases} \tag{4.2.1}$$

$l_\epsilon(z)$ 称作 ϵ-不敏感损失. 图 4.3 给出了其与平方损失及绝对值损失函数的对比. 根据 $l_\epsilon(z)$, 我们可以给出 SVR 的优化问题表达式为

$$\hat{w}, \hat{w}_0 = \arg\min_{w, w_0} \frac{1}{2} \|w\|^2 + C \sum_{i=1}^{m} l_\epsilon(z(x^i) - y^i).$$

通过优化算法求解出该问题的解即可完成 SVR 的基本任务.

到这里我们已经分别介绍完了基本的支持向量机分类和回归方法. 在训练数据集存在一定程度的线性不可分情形时, 还提供了软间隔分类方法. 事实上, 对于

很多复杂数据分类问题, 软间隔分类方法还不能很好解决模型泛化问题. 我们将会在后面的章节系统介绍通过引入 "核方法" 将线性学习器拓展到非线性学习器, 这已成为机器学习的基本技术.

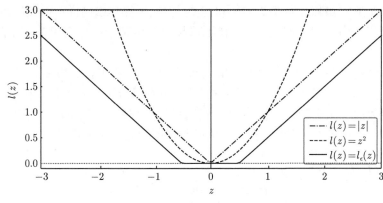

图 4.3   损失函数对比图

4.3   SVM 的 Python 实现

本节主要介绍线性 SVM 的一些基本实现方法. 在 SVM 的基本模型中, 严格地要求决策边界能正确分类所有的训练样本, 称作硬间隔分类 (hard margin classification), 只适用于线性可分数据集, 且对奇异值是敏感的. 为了避免这些问题, 我们本节首先主要介绍更灵活的软间隔分类 (soft margin classification). 然后介绍支持向量回归的实现.

4.3.1   软间隔分类

下面的 Scikit-Learn 代码实现鸢尾花数据集的装载, 尺度化特征变量, 在不同的正则化超参数下训练线性 SVM 模型, 并将训练得到的 SVM 模型用于鸢尾花分类任务.

首先, 导入数据、标准化、模型拟合和预测的基本操作.

```
1   import numpy as np
2   from sklearn import datasets
3   from sklearn.pipeline import Pipeline
4   from sklearn.preprocessing import StandardScaler
5   from sklearn.svm import LinearSVC
6
7   iris = datasets.load_iris()
```

```
8    X = iris["data"][:, (2, 3)]
9    y = (iris["target"] == 2).astype(np.float64)
10
11   svm_clf = Pipeline([
12        ("scaler", StandardScaler()),
13        ("linear_svc", LinearSVC(C=1, loss="hinge", random_state=42)),
14      ])
15
16   svm_clf.fit(X, y)
17
18   svm_clf.predict([[5.5, 1.7]])
19   array([1.])
```

接着, 实现不同正则化超参数下分类决策边界的可视化效果图 (图 4.4).

```
1    scaler = StandardScaler()
2    svm_clf1 = LinearSVC(C=1, loss="hinge", random_state=42)
3    svm_clf2 = LinearSVC(C=100, loss="hinge", random_state=42)
4
5    scaled_svm_clf1 = Pipeline([
6         ("scaler", scaler),
7         ("linear_svc", svm_clf1),
8       ])
9    scaled_svm_clf2 = Pipeline([
10        ("scaler", scaler),
11        ("linear_svc", svm_clf2),
12      ])
13
14   scaled_svm_clf1.fit(X, y)
15   scaled_svm_clf2.fit(X, y)
16
17   # 转换成非尺度化的参数
18   b1 = svm_clf1.decision_function([-scaler.mean_ / scaler.scale_])
19   b2 = svm_clf2.decision_function([-scaler.mean_ / scaler.scale_])
20   w1 = svm_clf1.coef_[0] / scaler.scale_
21   w2 = svm_clf2.coef_[0] / scaler.scale_
22   svm_clf1.intercept_ = np.array([b1])
23   svm_clf2.intercept_ = np.array([b2])
24   svm_clf1.coef_ = np.array([w1])
25   svm_clf2.coef_ = np.array([w2])
26
```

```
27    # 手动寻找支持向量
28    t = y * 2 - 1
29    support_vectors_idx1 = (t * (X.dot(w1) + b1) < 1).ravel()
30    support_vectors_idx2 = (t * (X.dot(w2) + b2) < 1).ravel()
31    svm_clf1.support_vectors_ = X[support_vectors_idx1]
32    svm_clf2.support_vectors_ = X[support_vectors_idx2]
33
34    def plot_svc_decision_boundary(svm_clf, xmin, xmax):
35        w = svm_clf.coef_[0]
36        b = svm_clf.intercept_[0]
37
38        # 在决策边界上, w0*x0 + w1*x1 + b = 0
39        # => x1 = -w0/w1 * x0 - b/w1
40        x0 = np.linspace(xmin, xmax, 200)
41        decision_boundary = -w[0]/w[1] * x0 - b/w[1]
42
43        margin = 1/w[1]
44        gutter_up = decision_boundary + margin
45        gutter_down = decision_boundary - margin
46
47        svs = svm_clf.support_vectors_
48        plt.scatter(svs[:, 0], svs[:, 1], s=180, facecolors='#A9A9A9')
49        plt.plot(x0, decision_boundary, "k-", linewidth=2)
50        plt.plot(x0, gutter_up, "k--", linewidth=2)
51        plt.plot(x0, gutter_down, "k--", linewidth=2)
52
53
54    plt.figure(figsize=(12,3.2))
55    plt.subplot(121)
56    plt.plot(X[:, 0][y==1], X[:, 1][y==1], "k^", label="弗吉尼亚鸢尾")
57    plt.plot(X[:, 0][y==0], X[:, 1][y==0], "ks", label="变色鸢尾")
58    plot_svc_decision_boundary(svm_clf1, 4, 6)
59    plt.xlabel("花瓣长度", fontsize=14)
60    plt.ylabel("花瓣宽度", fontsize=14)
61    plt.legend(loc="upper left", fontsize=14)
62    plt.title("$C = {}$".format(svm_clf1.C), fontsize=16)
63    plt.axis([4, 6, 0.8, 2.8])
64
65    plt.subplot(122)
66    plt.plot(X[:, 0][y==1], X[:, 1][y==1], "k^")
```

```
67    plt.plot(X[:, 0][y==0], X[:, 1][y==0], "ks")
68    plot_svc_decision_boundary(svm_clf2, 4, 6)
69    plt.xlabel("Petal length", fontsize=14)
70    plt.title("$C = {}$".format(svm_clf2.C), fontsize=16)
71    plt.axis([4, 6, 0.8, 2.8])
72
73    save_fig("regularization_plot")
```

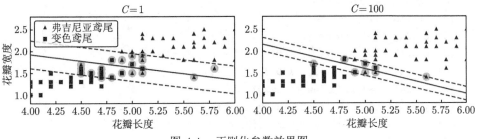

图 4.4   正则化参数效果图

由正则化参数效果图 4.4 可见, 当 $C = 1$ 较小时, 相当于拟合损失的影响程度相对减小, 因此图中越过间隔边缘、错误分类的训练样本较多. 但其泛化效果可能较好.

4.3.2 非线性 SVM 分类

尽管软间隔线性 SVM 分类器在许多近似线性可分数据集情形下非常有效, 但许多数据集有着非常明显的非线性结构. 此时, 我们可以通过特征变换等方式加入更多的特征, 然后使用线性 SVM 分类器. 如像前面多项式回归中提到的, 通过加入原始特征的高次项成为新特征. 下面是一个常见的例子. 其中的图 4.5(左) 是一个仅有一维特征 x_1 的简单数据集, 其不是线性可分的 (即找不到一个点能将两类数据分开). 但是, 如果加入第二个特征 $x_2 = (x_1)^2$, 得到的二维数据集就是一个线性可分的. 具体的代码和效果图如图 4.5 所示.

```
1    X1D = np.linspace(-4, 4, 9).reshape(-1, 1)
2    X2D = np.c_[X1D, X1D**2]
3    y = np.array([0, 0, 1, 1, 1, 1, 1, 0, 0])
4
5    plt.figure(figsize=(12, 5))
6
7    plt.subplot(121)
8    plt.grid(True, which='both')
```

```
9   plt.axhline(y=0, color='k')
10  plt.plot(X1D[:, 0][y==0], np.zeros(4), "ks")
11  plt.plot(X1D[:, 0][y==1], np.zeros(5), "k^")
12  plt.gca().get_yaxis().set_ticks([])
13  plt.xlabel(r"$x_1$", fontsize=20)
14  plt.axis([-4.5, 4.5, -0.2, 0.2])
15
16  plt.subplot(122)
17  plt.grid(True, which='both')
18  plt.axhline(y=0, color='k')
19  plt.axvline(x=0, color='k')
20  plt.plot(X2D[:, 0][y==0], X2D[:, 1][y==0], "ks")
21  plt.plot(X2D[:, 0][y==1], X2D[:, 1][y==1], "k^")
22  plt.xlabel(r"$x_1$", fontsize=20)
23  plt.ylabel(r"$x_2$", fontsize=20, rotation=0)
24  plt.gca().get_yaxis().set_ticks([0, 4, 8, 12, 16])
25  plt.plot([-4.5, 4.5], [6.5, 6.5], "k--", linewidth=3)
26  plt.axis([-4.5, 4.5, -1, 17])
27
28  plt.subplots_adjust(right=1)
29
30  save_fig("higher_dimensions_plot", tight_layout=False)
31  plt.show()
```

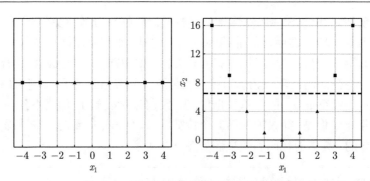

图 4.5   增加特征前后线性可分性变化图

在前面的思想指导下, 我们使用 Scikit-Learn 中的一个 Pipeline 来实现非线性 SVM 分类 (图 4.6, 图 4.7).

```
1   from sklearn.datasets import make_moons
2   X, y = make_moons(n_samples=100, noise=0.15, random_state=0)
```

```
3
4  plt.figure(figsize=(9, 5))
5
6  def plot_dataset(X, y, axes):
7      plt.plot(X[:, 0][y==0], X[:, 1][y==0], "ks")
8      plt.plot(X[:, 0][y==1], X[:, 1][y==1], "k^")
9      plt.axis(axes)
10     plt.grid(True, which='both')
11     plt.xlabel(r"$x_1$", fontsize=20)
12     plt.ylabel(r"$x_2$", fontsize=20, rotation=0)
13
14 plot_dataset(X, y, [-1.5, 2.5, -1, 1.5])
15 save_fig("moon_plot", tight_layout=False)
16 plt.show()
```

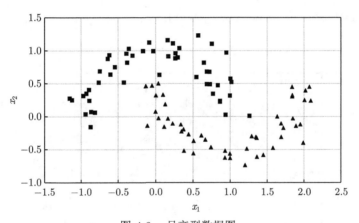

图 4.6   月亮型数据图

```
1  from sklearn.datasets import make_moons
2  from sklearn.pipeline import Pipeline
3  from sklearn.preprocessing import StandardScaler
4  from sklearn.preprocessing import PolynomialFeatures
5
6  polynomial_svm_clf = Pipeline([
7          ("poly_features", PolynomialFeatures(degree=3)),
8          ("scaler", StandardScaler()),
9          ("svm_clf", LinearSVC(C=10, loss="hinge", random_state=42))
10     ])
11
```

```
12  polynomial_svm_clf.fit(X, y)
13
14  def plot_predictions(clf, axes):
15      x0s = np.linspace(axes[0], axes[1], 100)
16      x1s = np.linspace(axes[2], axes[3], 100)
17      x0, x1 = np.meshgrid(x0s, x1s)
18      X = np.c_[x0.ravel(), x1.ravel()]
19      y_pred = clf.predict(X).reshape(x0.shape)
20      y_decision = clf.decision_function(X).reshape(x0.shape)
21      plt.contourf(x0, x1, y_pred, cmap='gray', alpha=0.2)#cmap=plt.cm.brg,
22      plt.contourf(x0, x1, y_decision, cmap='gray', alpha=0.1)
23
24  plot_predictions(polynomial_svm_clf, [-1.5, 2.5, -1, 1.5])
25  plot_dataset(X, y, [-1.5, 2.5, -1, 1.5])
26
27  save_fig("moons_polynomial_svc_plot")
28  plt.show()
```

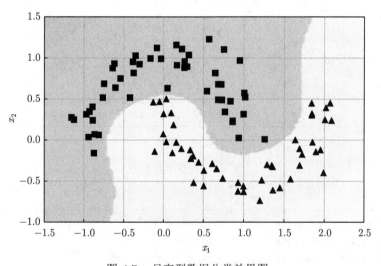

图 4.7　月亮型数据分类效果图

4.3.3　支持向量回归的实现

SVM 回归任务和 SVM 分类任务正好有着相反的目标, 其试图让尽可能多的训练样本在一个间隔内, 间隔宽度使用一个超参数 ϵ 控制. 下面的代码和图 4.8 是在超参数 $\epsilon = 1.5$ 和 0.5 情形下, 两个线性 SVM 回归的拟合效果.

```
1   np.random.seed(42)
2   m = 50
3   X = 2 * np.random.rand(m, 1)
4   y = (4 + 3 * X + np.random.randn(m, 1)).ravel()
5
6   from sklearn.svm import LinearSVR
7
8   svm_reg = LinearSVR(epsilon=1.5, random_state=42)
9   svm_reg.fit(X, y)
10
11  svm_reg1 = LinearSVR(epsilon=1.5, random_state=42)
12  svm_reg2 = LinearSVR(epsilon=0.5, random_state=42)
13  svm_reg1.fit(X, y)
14  svm_reg2.fit(X, y)
15
16  def find_support_vectors(svm_reg, X, y):
17      y_pred = svm_reg.predict(X)
18      off_margin = (np.abs(y - y_pred) >= svm_reg.epsilon)
19      return np.argwhere(off_margin)
20
21  svm_reg1.support_ = find_support_vectors(svm_reg1, X, y)
22  svm_reg2.support_ = find_support_vectors(svm_reg2, X, y)
23
24  eps_x1 = 1
25  eps_y_pred = svm_reg1.predict([[eps_x1]])
26
27  def plot_svm_regression(svm_reg, X, y, axes):
28      x1s = np.linspace(axes[0], axes[1], 100).reshape(100, 1)
29      y_pred = svm_reg.predict(x1s)
30      plt.plot(x1s, y_pred, "k-", linewidth=2, label=r"$\hat{y}$")
31      plt.plot(x1s, y_pred + svm_reg.epsilon, "k--")
32      plt.plot(x1s, y_pred - svm_reg.epsilon, "k--")
33      plt.scatter(X[svm_reg.support_], y[svm_reg.support_], s=180,
                facecolors='gray')#facecolors='#FFAAAA'
34      plt.plot(X, y, "ko")
35      plt.xlabel(r"$x_1$", fontsize=18)
36      plt.legend(loc="upper left", fontsize=18)
37      plt.axis(axes)
38
39  plt.figure(figsize=(9, 4))
```

```
40  plt.subplot(121)
41  plot_svm_regression(svm_reg1, X, y, [0, 2, 3, 11])
42  plt.title(r"$\epsilon = {}$".format(svm_reg1.epsilon), fontsize=18)
43  plt.ylabel(r"$y$", fontsize=18, rotation=0)
44  #plt.plot([eps_x1, eps_x1], [eps_y_pred, eps_y_pred - svm_reg1.epsilon],
        "k-", linewidth=2)
45  plt.annotate(
46          '', xy=(eps_x1, eps_y_pred), xycoords='data',
47          xytext=(eps_x1, eps_y_pred - svm_reg1.epsilon),
48          textcoords='data', arrowprops={'arrowstyle': '<->', 'linewidth':
            1.5}
49      )
50  plt.text(0.91, 5.6, r"$\epsilon$", fontsize=20)
51  plt.subplot(122)
52  plot_svm_regression(svm_reg2, X, y, [0, 2, 3, 11])
53  plt.title(r"$\epsilon = {}$".format(svm_reg2.epsilon), fontsize=18)
54  save_fig("svm_regression_plot")
55  plt.show()
```

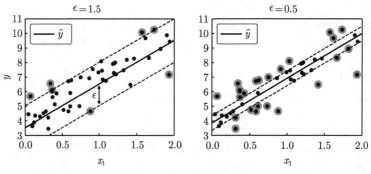

图 4.8　支持向量回归图

第 5 章 核 方 法

在前面几章中, 我们已经介绍了机器学习的基本步骤和常见的几类学习模型, 它们大多是提供了一个线性预测函数用于回归和分类任务. 例如, 在线性回归任务中, 预测函数 $f(x) = w^{\mathrm{T}}x = \langle w, x \rangle$ 刚好是 x 的线性函数, 这里 $\langle w, x \rangle$ 表示内积, 以方便无穷维向量空间中线性函数的表达. 但是, 很多实际数据展现出明显的高度非线性性. 例如, Gu (2013) 系统地探讨了核方法在非参数回归、密度函数估计和生存函数估计等问题中的理论和应用. 因此, 本章介绍机器学习中一种通用的技术——核方法, 来尝试处理这个困难.

5.1 特 征 映 射

我们曾在讨论线性逻辑回归方法时, 提出通过寻找合适的特征变换, 化一个线性不可分问题为线性可分问题. 该想法是本节特征映射 (feature map) 的一种特例. 所谓的特征映射定义为如下形式的任何一个映射:

$$\phi : \mathcal{X} \longrightarrow \mathcal{H}, \tag{5.1.1}$$

这里 $\mathcal{X}$ 是任务中特征变量的可能取值空间, $\mathcal{H}$ 是映射的新特征的可能取值空间.

例 5.1.1 在二次多项式回归中, 对应的特征映射为 $\phi(x) = (1, x, x^2)^{\mathrm{T}}$, 这里 $\mathcal{X} = \mathbb{R}, \mathcal{H} = \mathbb{R}^3$.

例 5.1.2 在文本处理任务中, 对应的特征映射为 $\phi(x) = (x$ 中 a 出现次数, x 中 b 出现次数, $\cdots, x$ 中 z 出现次数$)^{\mathrm{T}}$, 这里 $\mathcal{X}$ 表示该任务所有可能的字符串, $\mathcal{H} = \mathbb{N}^{26}$.

由此可以看出, 构造足够复杂的特征映射 $\phi(x)$ 后, 用 $\langle w, \phi(x) \rangle$ 替代 $\langle w, x \rangle$, 可以表示非常丰富的非线性函数. 但该方法的一个问题是: 为了达到足够丰富程度的非线性函数, $\phi(x)$ 可能需要的是非常高维的新特征, 从而带来昂贵的计算花费.

那么, 是否有可能减少计算花费呢? 下面从基于新特征 $\phi(x)$ 的一般线性回归谈起. 给定训练样本集 $\mathcal{D} = \{(x^1, y^1), (x^2, y^2), \cdots, (x^m, y^m)\}$, 可得新特征变换对应的训练样本 $\mathcal{D}_\phi = \{(\phi(x^1), y^1), (\phi(x^2), y^2), \cdots, (\phi(x^m), y^m)\}$, 现在我们希望学习一个形如 $f(x) = \langle w, \phi(x) \rangle$ 的回归预测函数, 使得 $f(x)$ 与 y 尽可能接近. 在最

小二乘线性回归中, 我们想要通过在 m 个训练数据上最小化总损失, 即求解下面的优化问题

$$\hat{w} = \arg\min_w L(w) = \sum_{i=1}^m (\langle w, \phi(x^i)\rangle - y^i)^2. \tag{5.1.2}$$

我们知道, 该问题有两种常见解法. 一种解法是下面的显式解:

$$\hat{w} = \Phi^+ y = (\Phi^T\Phi)^+\Phi^T y = \Phi^T(\Phi\Phi^T)^+ y, \tag{5.1.3}$$

这里 $\Phi = (\phi(x^1), \phi(x^2), \cdots, \phi(x^m))^T$, Φ^+ 是 Φ 的 Moore-Penrose 广义逆, $y = (y^1, y^2, \cdots, y^m)^T$. 该显式解在机器学习第三方模块 Scikit-Learn 中采用, 其也是所有最小二乘解中长度最小者 (王松桂, 1987).

另一种解法是梯度下降 (GD) 法. 我们将说明, 这两种方法得到的解均有下面形式的表达式:

$$\hat{w} = \sum_{i=1}^m \alpha_i \phi(x^i). \tag{5.1.4}$$

先考察显式解. 这是显然的, 只需记向量 $\alpha = (\Phi\Phi^T)^+ y = (\alpha_1, \alpha_2, \cdots, \alpha_m)^T$, 则有

$$\hat{w} = \Phi^T(\Phi\Phi^T)^+ y = \Phi^T\alpha = \sum_{i=1}^m \alpha_i \phi(x^i).$$

再考察梯度下降法. (5.1.2) 中损失函数关于 w 的梯度为

$$\nabla L(w) = \sum_{i=1}^m 2(\langle w, \phi(x^i)\rangle - y^i)\phi(x^i). \tag{5.1.5}$$

初始化 $w = 0$, 梯度下降法的权重参数更新公式为

$$w = w - \eta\nabla L(w) = w - \eta\sum_{i=1}^m 2(\langle w, \phi(x^i)\rangle - y^i)\phi(x^i).$$

显然, 上面算法给出的最终解也会是新特征 $\phi(x^i)$ 的线性组合形式 (5.1.4).

在权重向量解 (5.1.4) 的形式下, 我们可以得到预测函数的表达式为

$$f(x) = \langle \hat{w}, \phi(x)\rangle = \sum_{i=1}^m \alpha_i\langle\phi(x^i), \phi(x)\rangle. \tag{5.1.6}$$

该预测函数仅仅依赖于新特征向量之间的内积运算. 因此, 只要我们能有效地计算内积, 即使变换后新特征向量是高维甚至无穷维的, 特征映射方法同样可行.

5.2 核 函 数

在特征映射方法中, 由于预测函数只依赖于内积, 我们可以直接写出对应于内积的一个核函数 $k(x,z) = \langle \phi(x), \phi(z) \rangle$. 这一表达同时带来了概念上的变革. 它将我们的视角从单一输入特征转变为两个输入特征 x 和 z 之间的相似性 $k(x,z)$ 的概念. 有时, 从建模的角度来看, 相似性可能更方便. 因此, 核函数提供了两方面的价值: 一方面, 其作为低维空间上定义的函数能以隐含方式提供高维甚至无穷维预测函数的有效计算; 另一方面, 提供了看待特征的不同角度, 从建模的角度来看, 这对于某些应用来说更为自然, 进而帮助我们理解模型.

我们现在正式定义核函数的概念.

定义 5.2.1 一个函数 $k: \mathcal{X} \times \mathcal{X} \longrightarrow \mathbb{R}$ 称作半正定核函数 (简称核函数), 当且仅当对任意的 m 和 $x^1, x^2, \cdots, x^m \in \mathcal{X}$, 矩阵 $K = (k(x^i, x^j))_{m \times m}$ 都是半正定矩阵, 这里 $k(x^i, x^j)$ 为 K 的第 ij 元素.

例 5.2.1 设 $\mathcal{X} = \mathbb{R}^n$, 则表 5.1 给出了一些常见的核函数.

表 5.1 常见的核函数

函数名称	定义式	参数
线性核	$k(x,z) = \langle x, z \rangle$	—
多项式核	$k(x,z) = (1 + \langle x, z \rangle)^p$	$p \geqslant 1$ 为多项式次数
高斯核	$k(x,z) = \exp\left(-\dfrac{\|x - z\|^2}{2\sigma^2}\right)$	$\sigma > 0$ 为带宽参数, 控制函数光滑性

为了证明例 5.2.1, 我们介绍下面几个命题.

命题 5.2.1 对任意函数 $f: \mathcal{X} \to \mathbb{R}$, 有 $k(x,z) \triangleq f(x)f(z)$ 是半正定的核函数.

证明 因为核矩阵可以写成 $K = aa^{\mathrm{T}} \geqslant 0$, 这里 $a = (f(x^1), f(x^2), \cdots, f(x^m))^{\mathrm{T}}$, 结论得证.

命题 5.2.2 对任意核函数 k_1, k_2, 有 $k(x,z) = k_1(x,z) + k_2(x,z)$ 是核函数.

证明 因为半正定矩阵对加法是封闭的, 所以 $K = K_1 + K_2 \geqslant 0$, 这里 K, K_1, K_2 分别是 k, k_1, k_2 对应的核矩阵. 证毕.

命题 5.2.3 对任意核函数 k_1, k_2, 有 $k(x,z) = k_1(x,z)k_2(x,z)$ 是核函数.

证明 易见, $K = K_1 \circ K_2$, 这里 K, K_1, K_2 分别是 k, k_1, k_2 对应的核矩阵, $K_1 \circ K_2$ 是半正定的, 我们可以取其谱分解

$$K_1 = \sum_{i=1}^{m} \lambda_i u_i u_i^{\mathrm{T}}, \quad K_2 = \sum_{i=1}^{m} \gamma_i v_i v_i^{\mathrm{T}}.$$

做逐元乘积可得下面的特征分解

$$K = \sum_{i=1}^{m} \sum_{j=1}^{m} \lambda_i \gamma_i (u_i \circ v_j)(u_i \circ v_j)^{\mathrm{T}}.$$

因此, K 也是半正定的. 证毕.

使用上面的命题, 我们来证明例 5.2.1 中的结论.

首先, 注意到 $k(x,z) = \langle x, z\rangle = x_1 z_1 + \cdots + x_m z_m = f_1(x) f_1(z) + \cdots + f_m(x) f_m(z)$, 这里函数 $f_i(x) = x_i$. 反复使用命题 5.2.1, 可知 $k(x,z) = \langle x,z\rangle$ 为核函数.

其次, 注意到 1 显然是一个核函数, 由 $\langle x,z\rangle$ 为线性核及命题 5.2.2 和命题 5.2.3, 可知 $(1+\langle x,z\rangle)^2$ 是一个核函数. 重复使用命题 5.2.3, 可知 $(1+\langle x,z\rangle)^p$ 为一个核函数.

最后, 证明高斯核. 重写

$$k(x,z) = \exp\left(\frac{-\|x\|_2^2}{2\sigma^2}\right) \exp\left(\frac{-\|z\|_2^2}{2\sigma^2}\right) \exp\left(\frac{\langle x,z\rangle}{\sigma^2}\right). \tag{5.2.1}$$

由命题 5.2.1 可知, 上面等号右边的前两个因子乘积是一个核函数. 只需证明第三个因子也是核函数. 为此, 取其泰勒展开式

$$\exp\left(\frac{\langle x,z\rangle}{\sigma^2}\right) = 1 + \frac{\langle x,z\rangle}{\sigma^2} + \frac{1}{2!}\left(\frac{\langle x,z\rangle^2}{\sigma^4}\right) + \frac{1}{3!}\left(\frac{\langle x,z\rangle^3}{\sigma^6}\right) + \cdots. \tag{5.2.2}$$

对任意的 m 和 $x^1, x^2, \cdots, x^m \in \mathcal{X}$, 记矩阵

$$K = [k(x^i, x^j)]_{m\times m} = \left[\exp\left(\frac{-\|x^i - x^j\|_2^2}{2\sigma^2}\right)\right]_{m\times m}. \tag{5.2.3}$$

再考察展开式的前 n 项, 每项都是核函数, 其和也是核函数, 对应的半正定核矩阵的每个元素随着 $n \to \infty$ 趋近于 K 相应的元素. 所以, 随着 $n \to \infty$, 矩阵序列依范数收敛到 K. 然后根据半正定性定义并使用函数连续性推出 K 的半正定性. 证毕.

5.3 核方法的数学基础

在 (1.3.7) 式中, 通过在经验风险上加入某种正则化项 $J(f)$, 等价于模型中的候选预测函数 f 限定在某个适当空间, 如 $\{f|J(f) < \infty\}$, 或者限制在其子空间. 为了帮助分析与计算, 我们需要空间中的度量和几何结构以及在度量下结构化风险关于 f 的连续性. 再生核希尔伯特空间 (reproducing kernel Hilbert space,

RKHS) 能很好地胜任这一基本任务, 其是包括光滑样条方法等众多研究的支撑 (Gu, 2013), 同时也是核方法的基础. 本节将给出 RKHS 的基本介绍, 讨论核方法的三种观点及其关系. 一个简要的图示如图 5.1 所示.

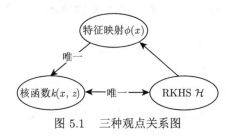

图 5.1 三种观点关系图

注 5.3.1 特征映射 ϕ 将一个训练数据点 $x \in \mathcal{X}$ 映射到一个内积空间中的一个元素 $\phi(x)$, 这考虑的是单个数据点的性质. 核函数 k 将两个数据点 $x, z \in \mathcal{X}$ 映射到一个实数 $k(x, z)$, 这允许我们考虑两个数据点之间的相似性. RKHS $\mathcal{H}$ 是一个函数集 $\{f | f : \mathcal{X} \to \mathbb{R}\}$, 带有一个范数 $\|\cdot\|_{\mathcal{H}}$ 度量函数的复杂性, 这使得我们可以考虑预测函数 f 本身.

5.3.1 希尔伯特空间

接下来, 我们先介绍希尔伯特空间的概念及其初等性质. 然后通过引入 Riesz 表示定理 (Riesz representation theorem), 提供 RKHS 的基础. 同时, 提供特征映射、核函数和 RKHS 三者之间的关系.

希尔伯特空间是我们熟悉的向量空间抽象的推广. 为了更好地理解这个抽象过程, 我们只需对几何中 "点" 的代数表示做自然的拓展即可.

数轴上任意给定的一 "点", 可以在代数上表示为一个实数 α_1. 平面上任意给定的一 "点", 可以在代数上表示为一个实数对 (α_1, α_2). 三维欧氏空间上任意给定的一 "点", 可以在代数上表示为一个三维向量 $(\alpha_1, \alpha_2, \alpha_3)$. n 维欧氏空间上任意给定的一 "点", 可以在代数上表示为一个 n 维向量 $(\alpha_1, \alpha_2, \cdots, \alpha_n)$. 我们容易把一个给定的 n 维向量 $(\alpha_1, \alpha_2, \cdots, \alpha_n)$ 看成一个函数

$$\alpha \; : \; \mathcal{X} \to \mathbb{R}$$
$$x \mapsto \alpha_x, \quad x = 1, 2, \cdots, n,$$

这里函数 α 的定义域为 $\mathcal{X} = \{1, 2, \cdots, n\}$, 对应关系为: $x \to \alpha_x$, $x = 1, 2, \cdots, n$, 即给定一个 n 维向量 $(\alpha_1, \alpha_2, \cdots, \alpha_n)$, 就给定了一个对应关系. 这里函数 α_x 是自变量 x 在下标的位置出现的表示方式, α 替换了常用的函数记号 f 和 g 等. 有了这个重新的理解, 我们可以反方向将一个函数看成某个空间中的 "向量", 或者说一个 "点".

此时, 自然地可以把极限知识中常见的无穷数列 $\{a_x\}_{x=1}^{\infty}$ 看成定义域为自然数 $\mathbb{N}$, 对应关系为 $\{a_x\}$ 的一个离散函数. 其也就可以看成某个无穷维空间中的一个 "点"(或称向量、元素). 进一步, 我们可以将某一个连续函数 $f_x \triangleq f(x), x \in \mathcal{X} = [0,1]$ 看作某个无穷维空间中的一个 "点"(或向量、元素), 请参见下面具体的例子.

定义 5.3.1 (希尔伯特空间)   满足下面三条的带有内积 $\langle \cdot, \cdot \rangle : \mathcal{H} \times \mathcal{H} \to \mathbb{R}$ 的完备向量空间称作希尔伯特空间.

(1) 对称性: $\langle f, g \rangle = \langle g, f \rangle$.

(2) 线性性: $\langle \alpha_1 f_1 + \alpha_2 f_2, g \rangle = \alpha_1 \langle f_1, g \rangle + \alpha_2 \langle f_2, g \rangle$.

(3) 正定性: $\langle f, f \rangle \geqslant 0$, 等号成立当且仅当 $f = 0$.

由内积可以定义一个范数: $\|f\|_{\mathcal{H}} = \sqrt{\langle f, f \rangle}$.

例 5.3.1   (1) n 维欧氏空间: 内积为 $\langle \alpha, \beta \rangle = \sum_{x=1}^{n} \alpha_x \beta_x$.

(2) 平方可和序列空间 $l^2 = \{(\alpha_x)_{x=1}^{\infty} : \sum_{x=1}^{\infty} \alpha_x^2 < \infty\}$, 内积为 $\langle \alpha, \beta \rangle = \sum_{x=1}^{\infty} \alpha_x \beta_x$.

(3) $[0,1]$ 上平方可积函数空间 $L^2[0,1] = \left\{ f : \int_0^1 f^2(x) dx < \infty \right\}$, 内积为

$$\langle f, g \rangle = \int_0^1 f(x)g(x)dx = \int_0^1 f_x g_x dx.$$

定义 5.3.2 (特征映射)   给定一个希尔伯特空间 $\mathcal{H}$, 特征映射 $\phi : \mathcal{X} \to \mathcal{H}$, 对于原始特征向量 $x \in \mathcal{X}$, 映射到可能为无穷维的特征向量 $\phi(x)$.

定理 5.3.1 (特征映射定义核函数)   若 $\phi : \mathcal{X} \to \mathcal{H}$ 是一个 $\mathcal{X}$ 到希尔伯特空间 $\mathcal{H}$ 上的特征映射, 则 $k(x, z) \triangleq \langle \phi(x), \phi(z) \rangle$ 为一个核函数.

证明   对任意的 m 和 $x^1, x^2, \cdots, x^m$, 令 K 为相应的核矩阵, 其第 ij 元素 $K_{ij} \triangleq \langle \phi(x^i), \phi(x^j) \rangle$. 取任一 $a \in \mathbb{R}^m$, 有

$$\begin{aligned}
a^{\mathrm{T}} K a &= \sum_{i=1}^{m} \sum_{j=1}^{m} a_i a_j \langle \phi(x^i), \phi(x^j) \rangle \\
&= \left\langle \sum_{i=1}^{m} a_i \phi(x^i), \sum_{j=1}^{m} a_j \phi(x^j) \right\rangle \\
&\geqslant 0.
\end{aligned}$$

故 K 是半正定矩阵. 证毕.

给定一个核函数, 我们可以通过一一对应一个 RKHS, 给出一个特征映射. 为此, 我们先介绍 Riesz 表示定理及 RKHS.

5.3.2 Riesz 表示定理

给定一个希尔伯特空间 $\mathcal{H}$, 对每个 $g \in \mathcal{H}$, $L_g(f) \triangleq \langle g, f \rangle$ 定义了一个连续的线性泛函. 反之, 每一个定义在 $\mathcal{H}$ 上的连续的线性泛函 L, 都有一个对应的 $g_L \in \mathcal{H}$, 使得 $L(f) \triangleq \langle g_L, f \rangle$, 即为下面的 Riesz 表示定理.

定理 5.3.2 (Riesz 表示定理)　在一个希尔伯特空间 $\mathcal{H}$ 上的每一个连续的线性泛函 L, 有唯一一个对应的 $g_L \in \mathcal{H}$, 使得 $L(f) = \langle g_L, f \rangle$.

证明　记 $\mathcal{N}_L = \{f : L(f) = 0\}$ 为 L 的零空间. 因为 L 是连续的, 所以 $\mathcal{N}_L$ 是一个闭的线性子空间. 若 $\mathcal{N}_L = \mathcal{H}$, 则取 $g_L = 0$ 即可. 若 $\mathcal{N}_L \subset \mathcal{H}$ 是真子集, 则存在一个非零元 $g_0 \in \mathcal{H} \ominus \mathcal{N}_L$. 容易验证: $L[g_0 L(f) - f L(g_0)] = 0$, 即 $g_0 L(f) - f L(g_0) \in \mathcal{N}_L$, 则由 $\langle g_0 L(f) - f L(g_0), g_0 \rangle = 0$, 解方程可得

$$L(f) = \left\langle \frac{L(g_0)}{\langle g_0, g_0 \rangle} g_0, f \right\rangle.$$

因此, 取 $g_L = \dfrac{L(g_0)}{\langle g_0, g_0 \rangle} g_0$ 即可. 唯一性由内积性质易得. 证毕.

5.3.3 再生核希尔伯特空间

在前面, 我们有了特征映射 $\phi(x)$ 产生的新特征的线性回归, 常在约束或者正则化范数 $\|w\|_2$ 下, 拟合权重向量 w. 然后, 使用 w 在一个新的输入 x 上使用预测函数 $x \mapsto \langle w, \phi(x) \rangle$ 来进行预测. 再生核希尔伯特空间的引入使得我们可以在范数 $\|f\|_{\mathcal{H}}$ 复杂性约束下直接对预测函数 $x \mapsto f(x)$ 进行操作.

在惩罚损失 $L(f) + \lambda J(f)$ 中的经验风险部分 $L(f)$ 涉及赋值运算. 为了 $L(f)$ 是连续的, 我们需要赋值泛函 $[x]f \triangleq f(x)$ 的连续性.

定义 5.3.3 (赋值泛函)　给定一个希尔伯特空间 $\mathcal{H} = \{f | f : \mathcal{X} \to \mathbb{R}\}$. 对任一 $x \in \mathcal{X}$, 定义赋值泛函 $[x] : \mathcal{H} \to \mathbb{R}$ 满足

$$[x](f) = f(x). \tag{5.3.1}$$

定义 5.3.4 (再生核希尔伯特空间)　给定一个希尔伯特空间 $\mathcal{H} = \{f | f : \mathcal{X} \to \mathbb{R}\}$. 如果对任一 $x \in \mathcal{X}$, 赋值泛函 $[x](f)$ 是连续的, 则称 $\mathcal{H}$ 是一个再生核希尔伯特空间.

由 Riesz 表示定理, 对再生核希尔伯特空间 $\mathcal{H} = \{f | f : \mathcal{X} \to \mathbb{R}\}$ 而言, 每个赋值泛函 $[x](\cdot)$ 存在一个表示者 $R_x \in \mathcal{H}$, 使得 $\langle R_x, f \rangle = [x](f) = f(x), \forall f \in \mathcal{H}$. 定义对称函数 $k(x, z) \triangleq R_x(z) = \langle R_x, R_z \rangle$, 其有再生性 $\langle k(x, \cdot), f(\cdot) \rangle = f(x)$, 从而称作空间 $\mathcal{H}$ 的再生核. 若再生核存在, 则其是唯一的. 事实上, 若 $r(x, z)$ 也是一个

对称的再生核. 则 $r(x,z) = \langle k(x,\cdot), r(\cdot,z)\rangle = \langle r(\cdot,z), k(x,\cdot)\rangle = \langle r(z,\cdot), k(\cdot,x)\rangle = k(x,z)$.

注 5.3.2 (再生核定义一个特征映射)   利用再生核 $k(x,z)$ 可以定义一个特征映射 $\phi(x) \triangleq k(x,\cdot) = R_x$, $\forall x \in \mathcal{X}$, 使得 $k(x,z) = \langle \phi(x), \phi(z)\rangle$, 即定义特征映射 $\phi(x)$ 为赋值泛函 $[x]$ 的表示者.

例 5.3.2 (欧氏空间)   考虑 n 维欧氏空间 $\mathbb{R}^n$, 内积定义为 $\langle f, g\rangle = f^{\mathrm{T}}g, \forall f$, $g \in \mathbb{R}^n$, 这里向量看成 $\mathcal{X} = \{1, 2, \cdots, n\}$ 上的函数. 赋值泛函 $[x]f = f(x)$ 正好是第 x 维的坐标, 其是连续的, 因此欧氏空间是一个 RKHS. 注意到 $f(x) = e_x^{\mathrm{T}}f$, 这里 e_x 是对应的 x 维的单位向量. 而再生核为 $R_x(z) = I_{[x=z]}$. 因为一个集合 $\{1, 2, \cdots, n\}$ 上的二元函数可以表示成一个矩阵, 所以欧氏空间上的再生核就是一个单位阵.

例 5.3.3 (反例)   令 $\mathcal{H}$ 表示 $[0,1]$ 上平方可积函数空间 $L^2[0,1]$. 定义函数 $f_\epsilon(x) = \max\left\{0, 1 - \dfrac{x-1/2}{\epsilon}\right\}$. 易知, $\|f_\epsilon\|_{\mathcal{H}} \to 0 (\epsilon \to 0)$. 考虑赋值泛函 $\left[\dfrac{1}{2}\right](f)$. 注意到 $\left[\dfrac{1}{2}\right](f_\epsilon) = f_\epsilon\left(\dfrac{1}{2}\right) = 1$. 故不存在一个 M, 使得对所有的 $\epsilon > 0$, 有 $1 = \left[\dfrac{1}{2}\right](f_\epsilon) \leqslant M\|f_\epsilon\|_{\mathcal{H}}$, 即赋值泛函 $\left[\dfrac{1}{2}\right](f)$ 不是一个有界泛函, 因此不是连续泛函. 所以, $L^2[0,1]$ 不是一个 RKHS.

一个定义在 $\mathcal{X} \times \mathcal{X}$ 上的二元函数 $F(x,z)$ 称作半正定或非负定函数 (non-negative definite function, NNDF), 如果对任意的 $\alpha_i \in \mathbb{R}$, $x^i \in \mathcal{X}$, 那么我们有 $\sum_{i=1}^m \sum_{j=1}^m \alpha_i \alpha_j F(x^i, x^j) \geqslant 0$. 对于再生核 $k(x,z)$, 容易验证:

$$\sum_{i=1}^m \sum_{j=1}^m \alpha_i \alpha_j k(x^i, x^j) = \left\|\sum_{i=1}^m \alpha_i R_{x^i}\right\|_{\mathcal{H}}^2 \geqslant 0,$$

所以, $k(x,z)$ 是非负定的. 事实上, RKHS 和 NNDF 之间存在一个一一对应关系.

定理 5.3.3   每一个 RKHS $\mathcal{H} = \{f | f : \mathcal{X} \to \mathbb{R}\}$, 对应着一个唯一的再生核 $k(x,z)$, 其是一个 NNDF. 反之, 对任一定义在 $\mathcal{X} \times \mathcal{X}$ 上的 NNDF $k(x,z)$, 对应一个唯一的带有再生核 $k(x,z)$ 的 RKHS $\mathcal{H}$.

为证明定理 5.3.3, 我们需要下面的引理.

引理 5.3.1   设 $k(x,z)$ 是一个定义在 $\mathcal{X} \times \mathcal{X}$ 上的 NNDF. 如果

$$\sum_{i=1}^m \sum_{j=1}^m \alpha_i \alpha_j k(x^i, x^j) = 0,$$

那么, $\sum_{i=1}^m \alpha_i k(x^i, x) = 0$, $\forall x \in \mathcal{X}$.

证明   记任一 $\alpha_0 \in \mathbb{R}$ 和 $x^0 \in \mathcal{X}$. 注意到

$$0 \leqslant \sum_{i=0}^{m} \sum_{j=0}^{m} \alpha_i \alpha_j k(x^i, x^j) = 2\alpha_0 \sum_{i=1}^{m} \alpha_i k(x^i, x^0) + \alpha_0^2 k(x^0, x^0),$$

又因为 $k(x^0, x^0) \geqslant 0$, 故必有 $\sum_{i=1}^{m} \alpha_i k(x^i, x^0) = 0$. 再由 x^0 的任意性, 结论成立. 证毕.

定理 5.3.3 的证明   只需证明反方向的结论即可. 给定 $k(x, z)$, 记 $R_x = k(x, \cdot)$. 定义线性空间

$$\mathcal{H}^0 = \left\{ f \,\middle|\, f = \sum_{i=1}^{m} \alpha_i R_{x^i}, m \in \mathbb{N}, \alpha_i \in \mathbb{R}, x^i \in \mathcal{X} \right\}$$

和 $\mathcal{H}^0$ 上的内积

$$\left\langle \sum_{i=1}^{m} \alpha_i R_{x^i}, \sum_{j=1}^{n} \beta_j R_{z^j} \right\rangle = \sum_{i=1}^{m} \sum_{j=1}^{n} \alpha_i \beta_j k(x^i, z^j).$$

根据引理 5.3.1 可以验证 $\langle f, f \rangle = 0$ 当且仅当 $f = 0$; 内积需满足的其他条件由上式的定义容易直接验证, 且易知 $\langle R_x, f \rangle = f(x), \forall f \in \mathcal{H}^0$. 接下来, 主要是对 $\mathcal{H}^0$ 进行完备化.

根据柯西不等式, 可得

$$|f(x)| = |\langle R_x, f \rangle| \leqslant \sqrt{\langle R_x, R_x \rangle} \|f\|_{\mathcal{H}^0},$$

所以, 函数列依范数收敛能推出逐点收敛. 对每个柯西序列 $\{f_n\} \subseteq \mathcal{H}^0$, $\{f_n(x)\} \subseteq \mathbb{R}$ 是实轴上的柯西序列, 因而存在一个极限. 注意到 $|\|f_n\|_{\mathcal{H}^0} - \|f_m\|_{\mathcal{H}^0}| \leqslant \|f_n - f_m\|_{\mathcal{H}^0}$, 所以 $\{\|f_n\|_{\mathcal{H}^0}\}$ 也有一个极限. 分别定义 $\{f_n\}$ 的极限点 f 和 f 的范数为

$$f(x) \triangleq \lim_{n \to \infty} f_n(x), \ \forall x \in \mathcal{X}; \quad \|f\|_{\mathcal{H}} \triangleq \lim_{n \to \infty} \|f_n\|_{\mathcal{H}^0},$$

其中 $\mathcal{H}$ 是所有这样定义的 f 构成的集合.

下面证明新添加的 f 是 $\{f_n\}$ 依新范数 $\|\cdot\|_{\mathcal{H}}$ 收敛的极限点.

注意到, 有了 f 添加进来之后, 可以得出: 固定 n, $\{f_n - f_m\}$ 也是一个下标为 m 的柯西序列, 按我们的添加原则, 该柯西序列的逐点收敛的极限函数 $f_n - f$ 也应该添加进来, 且其范数定义为

$$\|f_n - f\|_{\mathcal{H}} = \lim_{m \to \infty} \|f_n - f_m\|_{\mathcal{H}^0},$$

再令两边 $n \to \infty$, 可知 $\|f_n - f\|_{\mathcal{H}} \to 0$. 上式右边在 $n \to \infty$ 时趋于 0, 是因为 f_n 是在原范数下的柯西序列, 所以在 $n, m \to \infty$ 时 $\|f_n - f_m\|_{\mathcal{H}^0}$ 的重极限等于 0, 进而累次极限也为 0.

同时, 我们需证明上面定义的新范数 $\|f\|_{\mathcal{H}}$ 是唯一的, 即要证明对任意满足

$$\lim_{n\to\infty} f_n(x) = \lim_{n\to\infty} g_n(x), \quad \forall x \in \mathcal{X}$$

的两个柯西序列 $\{f_n\}, \{g_n\} \subseteq \mathcal{H}^0$, 有 $\lim\limits_{n\to\infty} \|f_n\|_{\mathcal{H}^0} = \lim\limits_{n\to\infty} \|g_n\|_{\mathcal{H}^0}$. 为此, 我们只需证明任意满足 $\lim\limits_{n\to\infty} f_n(x) = 0$, $\forall x \in \mathcal{X}$ 的柯西序列 $\{f_n\} \subseteq \mathcal{H}^0$, 有

$$\lim_{n\to\infty} \|f_n\|_{\mathcal{H}^0} = 0.$$

假设 $\lim\limits_{n\to\infty} f_n(x) = 0$, $\forall x \in \mathcal{X}$, 但 $\lim\limits_{n\to\infty} \|f_n\|_{\mathcal{H}^0}^2 = 3\delta > 0$. 取 $\epsilon \in (0, \delta)$. 对充分大的 n 和 m, 有 $\|f_n\|_{\mathcal{H}^0}^2 > 2\delta, \|f_m\|_{\mathcal{H}^0}^2 > 2\delta$, 且 $\|f_n - f_m\|_{\mathcal{H}^0}^2 < \epsilon$. 该 m 对应的 f_m 必有一个有限线性组合 $f_m = \sum_{i=1}^{l} \alpha_i R_{x^i}$. 因为 $\lim\limits_{n\to\infty} f_n(x) = 0$, $\forall x \in \mathcal{X}$, 所以 $\lim\limits_{n\to\infty} \sum_{i=1}^{l} \alpha_i f_n(x^i) = 0$. 故对充分大的 n, 有

$$|\langle f_n, f_m \rangle| = \left| \left\langle f_n, \sum_{i=1}^{l} \alpha_i R_{x^i} \right\rangle \right| = \left| \sum_{i=1}^{l} \alpha_i f_n(x^i) \right| < \epsilon,$$

但又有

$$\epsilon > \|f_n - f_m\|_{\mathcal{H}^0}^2 = \|f_n\|_{\mathcal{H}^0}^2 + \|f_m\|_{\mathcal{H}^0}^2 - 2\langle f_n, f_m \rangle > 4\delta - 2\epsilon > 2\delta,$$

这是一个矛盾.

到此, 我们已经证明 $\mathcal{H}$ 是一个完备的赋范线性空间. 容易验证, $\langle f, g \rangle \triangleq (\|f + g\|_{\mathcal{H}}^2 - \|f\|_{\mathcal{H}}^2 - \|g\|_{\mathcal{H}}^2)/2$ 是从 $\mathcal{H}^0$ 到 $\mathcal{H}$ 上内积的延拓, 且在 $\mathcal{H}$ 上成立 $\langle R_x, f \rangle = f(x)$. 这就证明了 $\mathcal{H}$ 是一个带有再生核 $k(x, z)$ 的 RKHS.

最后, 我们将证明: 如果一个空间 $\tilde{\mathcal{H}}$ 带有再生核 $k(x, z)$, 那么 $\tilde{\mathcal{H}} = \mathcal{H}$. 因为 $R_x = k(x, \cdot) \in \tilde{\mathcal{H}}$, $\forall x \in \mathcal{X}$, 所以 $\mathcal{H} \subseteq \tilde{\mathcal{H}}$. 注意到, 对任意 $h \in \tilde{\mathcal{H}} \ominus \mathcal{H}$, 根据正交性, 有 $h(x) = \langle R_x, h \rangle = 0$, $\forall x \in \mathcal{X}$, 所以, $\tilde{\mathcal{H}} = \mathcal{H}$. 证毕.

5.4　核　技　巧

5.3 节通过核函数提供了一个函数空间 $\mathcal{H}$, 可以将其作为一个模型. 然后我们讨论利用实际数据 $\{(x^i, y^i)\}_{i=1}^{m}$ 在 $\mathcal{H}$ 中和某种损失下学习一个最优的预测函数 $\hat{f} \in \mathcal{H}$.

我们可以首先考虑常见的核岭回归任务. 假设 $\mathcal{H}$ 是我们选定的一个 RKHS. 一个自然的目标函数是平方损失加上一个描述候选预测函数复杂性的惩罚项, 这里的复杂性使用 $\mathcal{H}$ 中的范数来度量. 具体地, 优化问题可以写为

$$\hat{f} = \arg\min_{f \in \mathcal{H}} C \sum_{i=1}^{m} \frac{1}{2}(f(x^i) - y^i)^2 + \frac{1}{2}\|f\|_{\mathcal{H}}^2. \tag{5.4.1}$$

更一般地, 一个学习问题可以写成下面的优化问题:

$$\hat{f} = \arg\min_{f \in \mathcal{H}} C \sum_{i=1}^{m} L(\{x^i, y^i, f(x^i)\}_{i=1}^{m}) + Q(\|f\|_{\mathcal{H}}^2), \tag{5.4.2}$$

这里, $L : (\mathcal{X} \times \mathcal{Y} \times \mathbb{R})^m \to \mathbb{R}$ 为 m 个训练样本上的任意的损失函数, 例如在核岭回归中, $L(\{x^i, y^i, f(x^i)\}_{i=1}^{m}) = \sum_{i=1}^{m} \frac{1}{2}(f(x^i) - y^i)^2$. $Q : [0, \infty) \to \mathbb{R}$ 为一个严格增函数 (正则化项), 例如在核岭回归中, $Q(\|f\|_{\mathcal{H}}^2) = \frac{1}{2}\|f\|_{\mathcal{H}}^2$.

注 5.4.1   上面的优化问题看起来十分困难, 因为我们需要在一个可能是无穷维的函数空间 $\mathcal{H}$ 中搜索最优预测函数. 但是, 下面的表示定理说明所有的最优解可以在一个有限维空间中找到.

定理 5.4.1   令 $\mathcal{V}$ 是所有训练数据 $\{(x^i)\}_{i=1}^{m}$ 对应的赋值泛函的表示者张成的线性空间:

$$\mathcal{V} \triangleq \text{span}\{k(x^i, \cdot) : i = 1, 2, \cdots, m\} = \left\{\sum_{i=1}^{m} \alpha_i k(x^i, \cdot) : \alpha \in \mathbb{R}^m\right\}, \tag{5.4.3}$$

则优化问题 (5.4.2) 的最优解 $\hat{f} \in \mathcal{V}$.

证明   定义子空间 $\mathcal{V}$ 的正交补空间:

$$\mathcal{V}_{\perp} = \{g | g \in \mathcal{H}, \langle f, g \rangle = 0, \forall f \in \mathcal{V}\}. \tag{5.4.4}$$

任一 $\hat{f} \in \mathcal{H}$ 有一个正交分解:

$$\hat{f} = f + f_{\perp}, \tag{5.4.5}$$

这里 $f \in \mathcal{V}, f_{\perp} \in \mathcal{V}_{\perp}$.

注意到目标函数中的损失函数部分仅通过 $\{\hat{f}(x^i), i = 1, 2, \cdots, m\}$ 依赖于 $\hat{f}$, 且有

$$\hat{f}(x^i) = f(x^i) + \langle f_{\perp}, k(x^i, \cdot) \rangle = f(x^i), \tag{5.4.6}$$

即损失函数部分不依赖于 $f_\perp$. 注意到, 正则化项

$$Q(\|\hat{f}\|_{\mathcal{H}}^2) = Q(\|f\|_{\mathcal{H}}^2 + \|f_\perp\|_{\mathcal{H}}^2). \tag{5.4.7}$$

因为, Q 是严格单调增且 $\hat{f}$ 是最小化解, 必有 $f_\perp = 0$. 因此, $\hat{f} \in \mathcal{V}$. 证毕.

注 5.4.2   表示定理 5.4.1 不要求损失函数 L 是凸的.

注 5.4.3   表示定理 5.4.1 指出了 α 的存在性, 但没有给出如何求解 α, 这依赖于具体的损失函数和正则化项. 下面给出一些常见的例子.

例 5.4.1 (核岭回归)   由表示定理, 我们有核岭回归 (5.4.1) 等价的优化问题:

$$\hat{\alpha} = \arg\min_{\alpha \in \mathbb{R}^m} \sum_{i=1}^m \frac{1}{2}\left(\sum_{j=1}^m \alpha_j k(x^i, x^j) - y^i\right)^2 + \frac{1}{2C}\sum_{i=1}^m\sum_{j=1}^m \alpha_i \alpha_j k(x^i, x^j). \tag{5.4.8}$$

令 $K = (k(x^i, x^j))_{m\times m}$ 是核矩阵, $Y = (y^1, \cdots, y^m)^{\mathrm{T}}$ 表示输出向量, 则上面的优化问题有矩阵形式的表示

$$\hat{\alpha} = \arg\min_{\alpha \in \mathbb{R}^m} \frac{1}{2}\|K\alpha - Y\|_2^2 + \frac{1}{2C}\alpha^{\mathrm{T}}K\alpha. \tag{5.4.9}$$

求出目标函数关于 α 的梯度并令其等于 0, 即

$$K(K\alpha - Y) + \frac{1}{C}K\alpha = 0. \tag{5.4.10}$$

解之得

$$\hat{\alpha} = \left(K + \frac{1}{C}I\right)^{-1}Y. \tag{5.4.11}$$

若要预测一个新的样本 x^0, 我们有预测

$$\hat{y}^0 = \sum_{i=1}^m \hat{\alpha}_i k(x^i, x^0). \tag{5.4.12}$$

例 5.4.2 (SVM 分类器)   SVM 分类器的优化问题为

$$\hat{f} = \arg\min_{f \in \mathcal{H}} C\sum_{i=1}^m \max\{0, 1 - y^i f(x^i)\} + \frac{1}{2}\|f\|_{\mathcal{H}}^2. \tag{5.4.13}$$

引入松弛变量 $\xi_i \geqslant 0$, 可将上式重写为

$$\min_{\alpha, \xi} \quad C\sum_{i=1}^m \xi_i + \frac{1}{2}\alpha^{\mathrm{T}}K\alpha$$

$$\text{s.t.} \quad y^i \alpha^{\mathrm{T}} k_{x^i} \geqslant 1 - \xi_i,$$

$$\xi_i \geqslant 0, \quad i = 1, 2, \cdots, m, \tag{5.4.14}$$

这里, $k_{x^i} = (k(x^i, x^1), k(x^i, x^2), \cdots, k(x^i, x^m))^{\mathrm{T}}$. 通过拉格朗日乘子法可以得到 (5.4.14) 式的拉格朗日函数

$$L(\alpha, \xi, \beta, \mu) = C \sum_{i=1}^{m} \xi_i + \frac{1}{2} \alpha^{\mathrm{T}} K \alpha$$

$$+ \sum_{i=1}^{m} \beta_i (1 - \xi_i - y^i \alpha^{\mathrm{T}} k_{x^i}) - \sum_{i=1}^{m} \mu_i \xi_i, \tag{5.4.15}$$

其中 $\beta_i \geqslant 0, \mu_i \geqslant 0$ 是拉格朗日乘子.

令 $L(\alpha, \xi, \beta, \mu)$ 关于 α_i, ξ_i 的偏导数为 0 可得

$$K\alpha = \sum_{i=1}^{m} \beta_i y^i k_{x^i}, \tag{5.4.16}$$

$$C = \beta_i + \mu_i. \tag{5.4.17}$$

将上两式代入拉格朗日函数, 消去 α, ξ, 进而得到 (5.4.14) 的对偶问题

$$\min_{\beta} \quad -1^{\mathrm{T}} \beta + \frac{1}{2} \beta^{\mathrm{T}} \tilde{K} \beta$$

$$\text{s.t.} \quad 0 \leqslant \beta_i \leqslant C, \quad i = 1, 2, \cdots, m, \tag{5.4.18}$$

这里 $\tilde{K}_{ij} = y^i y^j K_{ij}, i, j = 1, 2, \cdots, m$.

核技巧同样可用于其他许多模型, 如核主成分分析 (kernel PCA), 这里略去.

5.5 核方法的 Python 实现

在原始特征中加入多项式特征的低次项能处理一定的非线性预测任务. 在非常复杂的数据集中, 需要用到高次项特征, 但同时会产生高的计算复杂性. 本章提供的核技巧能有和加入许多多项式同样的效果, 且不会产生组合式特征数目爆炸的问题. 这些技巧可以通过 Scikit-Learn 中的 KernelRidge 类、SVR 类和 SVC 类完成.

5.5.1 基于核方法的岭回归和支持向量回归

核岭回归 (kernel ridge regression, KRR) 和支持向量回归 (SVR) 都是通过核技巧学习一个非线性的预测函数, 但它们分别使用了不同的目标函数. 另外, KRR

可以得到显式解, 适用中等大小的数据集. 而 SVR 模型具有稀疏性, 预测计算速度快.

下面的例子使用了一个随机生成的数据集. 该数据集由一个余弦函数加上较大噪声获得. 下面的代码和图 5.2 在高斯核下使用格点搜索方法构建学习模型比较了 KRR 和 SVR. 由图 5.2 可知, 学习到的预测函数非常接近, KRR 有较快的训练速度, 但预测速度较慢.

```python
import time
import numpy as np

from sklearn.svm import SVR
from sklearn.model_selection import GridSearchCV
from sklearn.model_selection import learning_curve
from sklearn.kernel_ridge import KernelRidge
import matplotlib.pyplot as plt

rng = np.random.RandomState(0)

# 生成训练样本数据
X = 5 * rng.rand(10000, 1)
y = np.cos(X).ravel()

# 在标签上添加噪声
y[::5] += 3 * (0.5 - rng.rand(X.shape[0] // 5))

X_plot = np.linspace(0, 5, 100000)[:, None]

# 拟合回归模型
train_size = 100
svr = GridSearchCV(SVR(kernel='rbf', gamma=0.1),
                param_grid={"C": [1e0, 1e1, 1e2, 1e3],
                        "gamma": np.logspace(-2, 2, 5)})

kr = GridSearchCV(KernelRidge(kernel='rbf', gamma=0.1),
                param_grid={"alpha": [1e0, 0.1, 1e-2, 1e-3],
                        "gamma": np.logspace(-2, 2, 5)})

t0 = time.time()
svr.fit(X[:train_size], y[:train_size])
svr_fit = time.time() - t0
```

```
34  print("SVR complexity and bandwidth selected and model fitted in %.3f s"
        % svr_fit)
35
36  t0 = time.time()
37  kr.fit(X[:train_size], y[:train_size])
38  kr_fit = time.time() - t0
39  print("KRR complexity and bandwidth selected and model fitted in %.3f s"
        % kr_fit)
40
41  sv_ratio = svr.best_estimator_.support_.shape[0] / train_size
42  print("Support vector ratio: %.3f" % sv_ratio)
43
44  t0 = time.time()
45  y_svr = svr.predict(X_plot)
46  svr_predict = time.time() - t0
47  print("SVR prediction for %d inputs in %.3f s" % (X_plot.shape[0],
        svr_predict))
48
49  t0 = time.time()
50  y_kr = kr.predict(X_plot)
51  kr_predict = time.time() - t0
52  print("KRR prediction for %d inputs in %.3f s" % (X_plot.shape[0],
        kr_predict))
53
54
55  # 查看结果
56  sv_ind = svr.best_estimator_.support_
57  plt.scatter(X[sv_ind], y[sv_ind], c='gray',marker='o', s=50, label='SVR
        support vectors',
58          zorder=2, edgecolors=(0, 0, 0))
59  plt.scatter(X[:100], y[:100], c='k', label='data', zorder=1,
60          edgecolors=(0, 0, 0))
61  plt.plot(X_plot, y_svr, 'k--',
62          label='SVR (fit: %.3fs, predict: %.3fs)' % (svr_fit, svr_predict))
63  plt.plot(X_plot, y_kr,'k-',
64          label='KRR (fit: %.3fs, predict: %.3fs)' % (kr_fit, kr_predict))
65  plt.xlabel('data')
66  plt.ylabel('target')
67  plt.title('SVR versus Kernel Ridge')
68  plt.legend()
```

```
69
70   save_fig("SVR versus Kernel Ridge_plot")
71   plt.show()
```

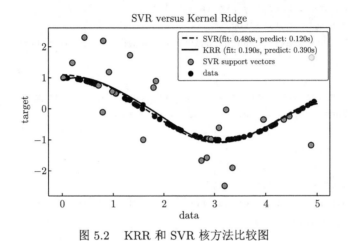

图 5.2　KRR 和 SVR 核方法比较图

5.5.2　基于核方法的支持向量分类

以下代码简要 (省略了很多其他代码) 给出基于高斯核技巧的 SVC 实现及其相应效果图 (图 5.3). 详细过程类似于上一章线性 SVC 的使用.

```
1   rbf_kernel_svm_clf = Pipeline([
2           ("scaler", StandardScaler()),
3           ("svm_clf", SVC(kernel="rbf", gamma=gamma, C=C))
4       ])
5
6   rbf_kernel_svm_clf.fit(X, y)
```

图 5.3 中四个子图是在超参数 γ, C 不同取值下的效果, 其中 $\gamma = \dfrac{1}{2\sigma^2}$ 是高斯核中光滑参数, C 是正则化参数. 因此, 增加 γ 会减小每个训练数据的影响范围, 决策边界更加不规则; 反之则会变得光滑. 所以, γ 的作用类似于正则化超参数 C, 模型过拟合时, 应该减小它; 欠拟合时增加它.

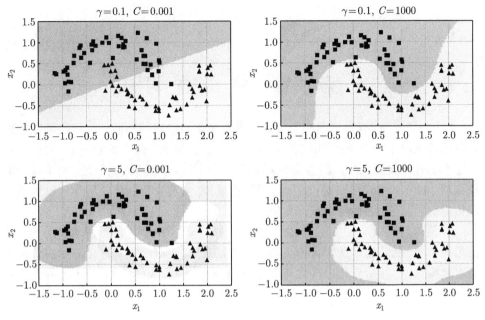

图 5.3 SVC 核方法效果图

第 6 章 集 成 学 习

"三个臭皮匠, 赛过诸葛亮" 可以作为集成学习很好的写照. 假设我们向各种人群随机提出了一个复杂的问题, 然后汇总他们的答案. 在许多情况下, 我们会发现这个综合答案总比专家的答案好. 这就是所谓的群众智慧. 类似地, 如果将一组预测值 (如分类器或回归器) 的预测值进行聚合, 通常会得到比使用最佳单个预测值更好的预测值, 这种技术被称为集成学习.

决策树是集成学习方法最常用的基学习器, 基于决策树的随机森林方法, 尽管很简单, 但这是当今最强大的机器学习算法之一. 因而, 本章首先介绍决策树的基本建模过程, 然后介绍以其为基础的 Bagging、随机森林和 Boosting 等方法及其拓展.

6.1 决 策 树

与支持向量机一样, 决策树是一种通用的机器学习算法, 可以执行分类和回归任务 (李航, 2019). 它们是强大的算法, 能够拟合复杂的数据集. 事实上, 容易实现在训练集上拟合一个训练误差为 0 的分类决策树 (属于过拟合). 决策树常分为分类树和回归树, 是一种非常接近人的思维方式的搜索算法, 可以产生可视化的分类规则, 产生的类似于树结构的预测函数具有甚至比线性回归更好的可解释性. 决策树一般采用自顶向下的递归方法, 基本思想是以 Gini 指数、信息熵等不纯度为度量构造一棵不纯度逐渐下降的预测树. 本节将会介绍决策树的基本概念、预测函数学习、可视化和预测过程.

6.1.1 决策树的基本概念

为了直观理解决策树, 我们建立一个决策树, 并解释相关概念. 图 6.1 是基于鸢尾花数据集训练得到的一棵简单的决策分类树. 图 6.1 形似一个倒放的树, 最顶部指代根节点, 表示特征空间 $\mathcal{X}$, 其包含所有的训练数据. 根节点中的不等式 petallength (cm) $\leqslant$ 2.45 根据特征变量之一 petallength 及其取值的阈值 2.45 构成. 根据该不等式成立与否, 将特征空间 $\mathcal{X}$ 分成的下一层两个不交子集, 也称作**节点**; 训练数据集也自然地分成两个数据子集, 分别包含在这两个节点中, 这也是建模决策树预测函数的主要问题, 即我们需要确定选出哪个特征变量和相应的阈值构成分支条件. 根据某种停止准则无需再分的节点称作**叶节点**.

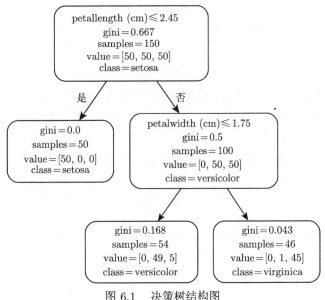

图 6.1 决策树结构图

根节点中的等式 gini $= 0.667$ 是根据该节点中所有训练数据依赖于决策树建模时缺省的不纯度——**Gini 指数**的公式计算所得. 记训练数据集 $\mathcal{D} = \{(x^1, y^1), (x^2, y^2), \cdots, (x^m, y^m)\}$, $x^i \in \mathbb{R}^n, y^i \in \{1, 2, \cdots, J\}$, 包含 m 个训练样本点. 决策树最终目标是根据特征变量和阈值把特征空间 $\mathcal{X}$ 分成 R 个叶节点, R 根据某个准则来确定. 记第 r 个节点 $\mathcal{D}_r$ 包含的样本量为 $m_r, r = 1, 2, \cdots, R$. 记节点 $\mathcal{D}_r$ 包含的第 j 类样本比例为

$$p_{r,j} = \frac{1}{m_r} \sum_{x^i \in \mathcal{D}_r} \delta(y^i = j).$$

节点 $\mathcal{D}_r$ 中包含样本最多的一类指标记为

$$j(r) = \arg\max_j p_{r,j}.$$

若是分类任务, 则对任一测试样本, 当其落入第 r 个节点 $\mathcal{D}_r$, 则预测该测试样本属于第 $j(r)$ 类.

在分类任务中, 根据节点 $\mathcal{D}_r$ 中每个类别的样本在该节点中的比例 $p_{r,j}, j = 1, 2, \cdots, J$, 我们可以定义衡量节点 $\mathcal{D}_r$ 不纯度 (impurity) 的指标 l_r, 常用的有

$$\text{Gini 指数:} \qquad \text{GI}_r = \sum_{j=1}^J p_{r,j}(1 - p_{r,j}), \tag{6.1.1}$$

$$\text{熵 (entropy):} \qquad \text{EN}_r = -\sum_{j=1}^{J} p_{r,j} \ln p_{r,j}, \qquad\qquad (6.1.2)$$

$$\text{错误率:} \qquad \text{ER}_r = 1 - p_{r,j(r)}. \qquad\qquad (6.1.3)$$

例如, 在图 6.1 根节点中, 包含的三类样本各有 50 个, 即 value = [50, 50, 50], 不纯度 gini = 0.667 最大. 左下角的叶节点只含有一个类别为 "setosa" 的 50 个样本, 不纯度 gini = 0.0.

在回归任务中, 输出变量 y 为连续变量, 这时每个节点的预测值为

$$\hat{y}_r = \frac{1}{m_r} \sum_{x^i \in \mathcal{D}_r} y^i.$$

此时, 节点的不纯度常定义为该节点内样本的残差平方和的均值

$$l_r = \frac{1}{m_r} \sum_{x^i \in \mathcal{D}_r} (y^i - \hat{y}_r)^2.$$

有了上面的基本概念, 下面考虑决策树学习的主要步骤.

6.1.2　决策树的训练

决策树模型就是由类似于图 6.1 形式的各种可能的树状候选预测函数构成的集合. 决策树的搜索过程和前面的模型训练有明显的区别. 因为当特征变量维数较大时, 我们很难完整地穷举所有可能的分支情形. 因此, 决策树的优化过程常采用在不纯度作为损失函数的基础上, 采用 "贪婪算法" 进行迭代递归, 即从根节点开始, 每次选择特征变量中的一个或几个的组合, 并在一定阈值取值范围内搜索, 选择能使分支后节点不纯度下降最大的分支条件作为判断条件, 产生若干子节点. 之后, 对每个子节点再进行分支. 可以由数据决定上面的算法在最终树有多少个节点时停止, 这也对应了模型的复杂度. 通常的做法是, 先生成一棵大树, 记为 T_0, 然后使用某种准则进行剪枝, 称作后剪枝. 文献中常使用所谓的代价-复杂度后剪枝方法.

代价-复杂度后剪枝方法　通过从树 T_0 的某些中间节点剪去其所有子节点, 使它们成为叶节点, 这样就得到一棵子树 $T \subset T_0$. 用 $|T|$ 表示一棵子树 T 的叶节点数目, 则代价-复杂度定义为

$$L(T) = \sum_{r=1}^{|T|} m_r l_r(T) + \lambda |T|. \qquad\qquad (6.1.4)$$

对给定的 $\lambda \geqslant 0$, 寻找子树 $\hat{T}_\lambda$ 最小化 $L(T)$. $\lambda \geqslant 0$ 是调节参数, 控制模型对数据拟合与模型复杂度之间的平衡, 可以使用交叉验证方法获得.

6.2 学习器集成

前面几章已经介绍了众多的机器学习方法，例如对分类任务有逻辑回归、SVC、决策树等. 后面章节还会介绍 Bagging、随机森林、Boosting, 神经网络及深度学习等. 每种分类方法一般都会有其预测能力的限制. 一种在此基础上突破限制的简单方法是组合这些学习器. 组合的一种方式就是将测试样本直接分类到得到多数投票的类别，称作 "硬投票"(hard voting). 另一种精确性更好的方法是在对能输出预测概率的分类器组合时, 通过对预测概率平均后, 再进行最终类别的预测, 称作 "软投票"(soft voting).

产生以上效果的背后机制类似于大数定律. 大数定律指出, 独立同分布的样本平均值会收敛于真实的总体均值. 在机器学习中如何给出相互独立具有多样性的学习器呢? 上面提到的策略是在面对同样一个训练数据集时, 使用不同的学习算法, 有望给出具有多样性的输出, 从而得到较精确的预测. 另一个策略是在采用同一种学习算法时, 使用不同的训练数据集. 下面几节将会介绍常用的 Bagging、随机森林和 Boosting 方法.

6.3 Bagging 和随机森林

6.3.1 Bagging

Bagging(bootstrap aggregating 的缩写) 是一种通过有放回抽样获得新训练数据集的常见方式 (Breiman, 1996). 当采用无放回抽样时, 则称作 pasting. 我们知道在预测误差的分解中, 两个误差来源分别是方差和偏差. Bagging 能有效降低复杂模型的高方差, 其背后机理和样本均值作为总体均值估计的方差随着样本容量逐渐增大趋于 0 相同.

类似地, 在回归任务中, 如果我们有 B 个独立的训练数据集 $\mathcal{D}^1, \mathcal{D}^2, \cdots, \mathcal{D}^B$, 可以分别使用这些独立的数据集构造 B 个预测函数 $\hat{f}^1(x), \hat{f}^2(x), \cdots, \hat{f}^B(x)$, 然后平均它们获得一个低方差的预测函数

$$\hat{f}^{\text{avg}}(x) = \frac{1}{B} \sum_{b=1}^{B} \hat{f}^b(x).$$

但实际当中我们只有一个训练数据集 $\mathcal{D}$. 克服这一困难可以借助 bootstrap, 即从原始数据集中有放回地重抽样 B 个不同的训练数据集 $\mathcal{D}^{*1}, \mathcal{D}^{*2}, \cdots, \mathcal{D}^{*B}$, 然后, 使用在生成的每一个训练数据集训练 B 个预测函数 $\hat{f}^{*1}(x), \hat{f}^{*2}(x), \cdots, \hat{f}^{*B}(x)$, 最后, 平均所有的预测函数

$$\hat{f}^{\mathrm{bag}}(x) = \frac{1}{B} \sum_{b=1}^{B} \hat{f}^{*b}(x),$$

该预测称作 Bagging.

   对于分类任务, 可以使用上一节不同学习器集成类似的硬投票或者软投票的方式完成 Bagging. Bagging 主要能起到降低复杂模型预测高方差的作用, 除了常用于决策树, 还被用于神经网络、子集回归等任务中. 下面给出 Bagging 学习的流程图 (图 6.2).

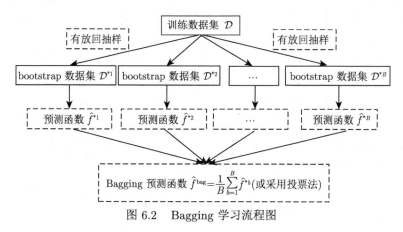

图 6.2   Bagging 学习流程图

Out-of-bag 估计

   注意到, 对于样本容量为 m 的训练数据集 $\mathcal{D}$ 中的每一个样本, 例如 (x^i, y^i), 它在某个容量为 m 的 bootstrap 样本训练集 $\mathcal{D}^{*b}$ 的重抽样中, 每次被抽取到的概率是 $\frac{1}{m}$, 不被抽取到的概率为 $1 - \frac{1}{m}$. 因而, 样本 (x^i, y^i) 在 m 次采样都没有被抽取到的概率是 $\left(1 - \frac{1}{m}\right)^m$. 我们知道, 当 $m \to \infty$ 时, $\left(1 - \frac{1}{m}\right)^m \to \frac{1}{e} \approx 0.368$. 也就是说, 训练数据集 $\mathcal{D}$ 中大约有 36.8% 的数据没有在 $\mathcal{D}^{*b}$ 中. 对于这部分大约 36.8% 没有被抽取到的数据, 我们常常称之为袋外数据 (“Out-of-bag” 样本点, 简称 OOB). 这些数据没有参与模型训练, 因此可以作为测试样本用来估计模型的泛化误差等指标. 如果用交叉验证的方法计算泛化误差估计会花费大量时间, 而使用 OOB 则每次计算是在同一次迭代中进行的, 几乎无需额外时间.

   具体而言, Out-of-bag 泛化误差估计过程如下: 对于数据点 (x^i, y^i), 组合这些不含 (x^i, y^i) 的 $\mathcal{D}^{*b}$ 训练出的预测函数 $\hat{f}^{*b}$, 定义出一个 Out-of-bag 预测函数记为 $\hat{f}^{*b}_{\mathrm{OOB}}$. 根据该预测函数可以计算出在数据点 (x^i, y^i) 上的泛化误差. 最终的 Out-of-bag 方法的泛化误差估计值就是所有训练数据集 $\mathcal{D}$ 中样本点的泛化误差平均值.

6.3.2 随机森林

随机森林 (random forest, RF) 是使用决策树作为基学习器、对 Bagging 算法的改进 (Breiman, 2001). 即它的思想仍然是 Bagging, 但是不仅在样本维度, 同时在特征维度进行了随机抽样, 这主要是为了减小 Bagging 算法中树之间的正相关性, 使得生成的学习器具有更好的多样性, 提高了泛化精度.

具体地, 在建立每一棵决策树时, 从 n 个特征变量中随机选择 c 个特征变量作为候选的分支变量. 然后, 根据 bootstrap 样本每次使用这 c 个特征变量中的一个特征变量进行分支选择. 每一个分支变量确定时, 都重新在 n 个特征变量中随机选择 c 个特征变量作为候选的分支变量.

随机森林算法基本步骤

第一步, 为构造决策树 $b = 1, 2, \cdots, B$.

• 从数据集 $\mathcal{D}$ 中抽取 bootstrap 数据集 $\mathcal{D}^{*b}$.

• 基于 $\mathcal{D}^{*b}$ 构造一棵树 $\hat{f}^{*b}$, 在该树生长过程中, 对树的每个节点, 使用下面的三步, 直到每个节点的训练样本数达到指定的最小阈值:

(1) 从 n 个原始特征中随机抽取 c 个特征;

(2) 从 c 个特征中搜索最优分支特征;

(3) 在该节点上分支出两个子节点.

第二步, 对生成的 B 棵树进行平均或投票, 即得到一个随机森林.

在分类问题中, 随机森林算法构造每棵树时, 默认使用 $c = \sqrt{n}$ 个特征变量, 节点最小样本数取 1. 而在回归任务中, 随机森林算法构造每棵树时, 默认使用 $c = \dfrac{n}{3}$ 个特征变量, 节点最小样本数取 5.

注 6.3.1   从上述算法可以看出, 在建立一个随机森林过程中, 树生长的每个节点分支时只在少数特征变量中挑选最优分支特征. 这是一个非常聪明的决策. 因为假设存在一个很有影响的特征, 通常的 Bagging 算法决策树将会大多数或者全都有该特征作为分支变量. 结果使得所有的树非常相似, 从而产生高度的正相关性, 就不能大幅度降低组合预测的方差.

6.4 Boosting

Bagging 及随机森林都是从原始训练数据集通过重抽样方式获得多个不同的新训练集, 然后组合这些训练集产生的学习器. Boosting 方法是在另一种获得不同训练数据集的方式下, 集成许多 "弱学习器" 产生一个强有力的预测函数. Boosting 来源于计算学习理论文献 (Schapire, 1990; Freund, 1995), 且一直受到学者的关注. Friedman 等 (2000) 从可加模型角度给出了理论解释, 得到统计学界的普遍认可. 本节将介绍最常见的 AdaBoost 和 Gradient Boosting.

6.4.1   AdaBoost 基本算法

我们从最常使用的 AdaBoost 方法的一个二分类简化版开始. 记原始训练数据集 $\mathcal{D} = \{(x^1, y^1), (x^2, y^2), \cdots, (x^m, y^m)\}$, $x^i \in \mathbb{R}^n, y^i \in \{-1, 1\}$, 包含 m 个训练样本点. Boosting 方法通过在每个训练样本上赋予不同权重的方式产生新的训练数据集, 即使用加权的损失函数, 通过优化算法以获得不同 "弱学习器", 组合成最终的强学习器. Boosting 的框架如下:

(1) 在原损失函数下, 优化得到弱分类器 $f_1(x)$.

(2) 寻找另一个弱分类器 $f_2(x)$ 去帮助 $f_1(x)$.

• $f_2(x)$ 不能和 $f_1(x)$ 太过相似, 否则没法弥补其不足之处.

• 我们想要 $f_2(x)$ 能在 $f_1(x)$ 预测误差较大的训练样本上有好的预测精确性, 可以通过改变损失函数中每个样本对应损失的权重来实现.

(3) 按上面思路得到弱分类器 $f_2(x)$.

(4) 重复前面的过程, 得到弱分类器 $f_3(x)$ 在 $f_2(x)$ 预测误差较大的训练样本上有好的预测准确性 ……

(5) 最后, 组合所有的弱分类器.

由上面的框架可以看出, 这些弱分类器以序贯的方式先后获得. 下面就在以上的思路下, 提供算法的求解过程.

第一步, 定义模型 $\mathcal{F} = \left\{ F(x) \middle| F(x) = \sum_{b=1}^{B} \alpha_b f^b(x), f^b(x) \in \{-1, 1\}, \alpha_b \text{是常数} \right\}$.

第二步, 定义带权重的损失函数 $L(f) = \sum_{i=1}^{m} u^i l(f(x^i, y^i))$.

第三步, 先选择 $u^i \equiv 1, i = 1, 2, \cdots, m$, 优化 $L(f)$ 得到 $\hat{f}^1$. 然后, 根据 $\hat{f}^1$ 的预测表现, 更新权重 $u^i, i = 1, 2, \cdots, m$, 再优化更新权重后的 $L(f)$ 得到 $\hat{f}^2$. 重复以上过程 B 次. 输出组合的分类器.

在上面第三步中, 更新权重的一种思路是: 给出的新权重使原弱分类器预测能力和随机猜测一样, 即分类错误率等于 50%. 具体地, 假设我们已经在等权重 $u_1^i \equiv 1, i = 1, 2, \cdots, m$ 下, 优化 $L(f)$ 得到 $\hat{f}^1$, 且 $\hat{f}^1$ 在训练数据集上的分类错误率为

$$\varepsilon_1 = \frac{\sum_{i=1}^{m} u_1^i \delta(\hat{f}^1(x^i) \neq y^i)}{U_1} < 0.5, \quad U_1 = \sum_{i=1}^{m} u_1^i = m. \tag{6.4.1}$$

我们希望更新权重 $u_1^i \to u_2^i, i = 1, 2, \cdots, m$, 使得

$$\tilde{\varepsilon}_1 = \frac{\sum_{i=1}^{m} u_2^i \delta(\hat{f}^1(x^i) \neq y^i)}{U_2} = 0.5, \quad U_2 = \sum_{i=1}^{m} u_2^i, \tag{6.4.2}$$

即 $\hat{f}^1$ 在新的加权损失下的分类错误率为 50%. 然后, 我们在新的权重 u_2^i 下, 训练出的 $\hat{f}^2$ 有望弥补 $\hat{f}^1$ 的某些不足.

如何求出一个合适的权重 u_2^i 呢? 注意到 (6.4.1) 式的被求和项当 $\hat{f}^1(x^i) \neq y^i$, 即 $\hat{f}^1(x^i)$ 在 x^i 预测错误时取值才是非零的. 因此, 若想 ε_1 变大, 可以令 $\hat{f}^1(x^i) \neq y^i$ 对应的权重 u_1^i 增大, 否则 u_1^i 减小, 从而给出 $u_1^i \to u_2^i$ 的权重更新方式. 具体地,

$$\begin{cases} u_2^i = u_1^i d^1, & \hat{f}^1(x^i) \neq y^i; \\ u_2^i = u_1^i / d^1, & \hat{f}^1(x^i) = y^i. \end{cases} \tag{6.4.3}$$

将上面的更新公式代入 (6.4.2) 式, 可以解出

$$d^1 = \sqrt{(1 - \varepsilon_1)/\varepsilon_1}, \tag{6.4.4}$$

$$U_2 = U_1 \varepsilon_1 d^1 + U_1 (1 - \varepsilon_1)/d^1. \tag{6.4.5}$$

类似地可以给出一般的更新公式. 记 $\alpha_b = \ln d^b = \ln \sqrt{(1 - \varepsilon_b)/\varepsilon_b}$, $b = 1, 2, \cdots, B$. 下面的命题给出了离散 AdaBoost 算法 (算法 3) 的有效性保证.

算法 3   离散的 AdaBoost

输入   训练集 $D = \{(x^1, y^1), (x^2, y^2), \cdots, (x^m, y^m)\}$; 初始化 $u_b^i = 1, b = 1, i = 1, 2, \cdots, m$.

1: **for** $b = 1, 2, \cdots, B$ **do**

2:      在带权重的损失函数 $L(f) = \sum_{i=1}^m u_b^i l(f(x^i), y^i)$ 下, 学习分类器 $\hat{f}^b(x)$;

3:      计算分类错误率 $\varepsilon_b = \dfrac{\sum_{i=1}^m u_b^i \delta(\hat{f}^b(x^i) \neq y^i)}{U_b}$, $\alpha_b = \ln \sqrt{(1 - \varepsilon_b)/\varepsilon_b}$;

4:      更新权重 $u_b^i \leftarrow u_b^i \exp\{-\alpha_b y^i \hat{f}^b(x^i)\}, i = 1, 2, \cdots, m$, 然后更新 $U_b \leftarrow \sum_{i=1}^m u_b^i$.

5: **end for**

输出 $\hat{f}(x) = \text{sign}(\hat{F}(x)), \hat{F}(x) = \sum_{b=1}^B \alpha_b \hat{f}^b(x)$.

命题 6.4.1   对离散 AdaBoost 算法, 若 $\varepsilon_b < 0.5, \forall b$, 则当 B 增加时, $\hat{f}(x) = \text{sign}\left(\sum_{b=1}^B \alpha_b \hat{f}^b(x)\right)$ 的分类错误率 $\dfrac{1}{m} \sum_{i=1}^m \delta(\hat{f}(x^i) \neq y^i)$ 有一个单调下降的上界

$$\prod_{b=1}^B 2\sqrt{\varepsilon_b(1 - \varepsilon_b)}.$$

证明   首先, 我们有

$$\frac{1}{m} \sum_{i=1}^m \delta(\hat{f}(x^i) \neq y^i) = \frac{1}{m} \sum_{i=1}^m \delta(y^i \hat{F}(x^i) < 0)$$

$$\leqslant \frac{1}{m} \sum_{i=1}^{m} \exp\{-y^i \hat{F}(x^i)\}$$

$$= \frac{1}{m} U_{B+1}. \tag{6.4.6}$$

注意到 $U_1 = m$ 以及和 (6.4.5) 式类似的递推公式

$$U_{b+1} = U_b \varepsilon_b d^b + U_b (1 - \varepsilon_b)/d^b = U_b \cdot 2\sqrt{\varepsilon_b(1 - \varepsilon_b)}. \tag{6.4.7}$$

所以, 我们有

$$U_{B+1} = m \prod_{b=1}^{B} 2\sqrt{\varepsilon_b(1 - \varepsilon_b)}. \tag{6.4.8}$$

将上式代入 (6.4.6) 式, 可得

$$\frac{1}{m} \sum_{i=1}^{m} \delta(\hat{f}(x^i) \neq y^i) \leqslant \prod_{b=1}^{B} 2\sqrt{\varepsilon_b(1 - \varepsilon_b)}. \tag{6.4.9}$$

因为 $\varepsilon_b < 0.5$, 从而 $2\sqrt{\varepsilon_b(1 - \varepsilon_b)} < 1$. 所以当 B 增加时, 上界 $\prod_{b=1}^{B} 2\sqrt{\varepsilon_b(1 - \varepsilon_b)}$ 单调下降. 证毕.

AdaBoost 的早期版本是通过使用训练数据不断更新的非均匀概率下的重抽样方案进行训练的. 这显示了 AdaBoost 和 Bagging 之间的一种联系, 使人们认为 Boosting 的精度提升和降方差有关. 不过, Schapire 等 (1998) 指出 AdaBoost 是为降低偏差提出的. 某些经验结果显示, AdaBoost 有时在增大了方差的情况下降低了泛化误差.

Schapire 和 Singer (1998) 使用输出实值 "信心评级" 预测给出了离散 AdaBoost 的拓展, 尝试改进预测精度. 算法 4 (Friedman et al., 2000) 是该拓展的一种形式.

算法 4 实值的 AdaBoost

输入 训练集 $D = \{(x^1, y^1), (x^2, y^2), \cdots, (x^m, y^m)\}$; 初始化 $u_b^i = 1, b = 1, i = 1, 2, \cdots, m$.

1: **for** $b = 1, 2, \cdots, B$ **do**

2:    在损失 $L(f) = \sum_{i=1}^{m} u_b^i l(p(x^i), y^i)$ 下学习分类概率 $p^b(x) = \hat{P}_u(y = 1|x)$;

3:    令 $\hat{f}^b(x) = \frac{1}{2} \ln[p^b(x)/(1 - p^b(x))]$;

4:    更新权重 $u_b^i \leftarrow u_b^i \exp\{-y^i \hat{f}^b(x^i)\}, i = 1, \cdots, m$, 再标准化使得 $\sum_{i=1}^{m} u_b^i = 1$.

5: **end for**

输出 $\hat{f}(x) = \text{sign}(\sum_{b=1}^{B} \hat{f}^b(x))$.

6.4.2 AdaBoost 算法的解释

Friedman 等 (2000) 借助可加模型从统计的角度尝试解释 AdaBoost 为何优于单个弱学习器. 可加模型中预测函数表达式为

$$f(x) = \sum_{b=1}^{B} \alpha_b f^b(x), \tag{6.4.10}$$

这里 α_b 是展开系数, $f^b(x)$ 是基函数, 有时由某些参数 w^b 确定, 例如在可加逻辑回归模型中, $f^b(x) = \sigma(w^b \cdot x)$.

为了寻找最好的预测函数, 根据训练数据集, 构造所有训练样本点上预测总损失 $L(f) = \sum_{i=1}^{m} l(f(x^i), y^i)$, 这里损失 l 根据不同的任务常见的有平方损失和交叉熵损失等.

接着使用某种优化方法求解

$$\{\hat{\alpha}_b, \hat{f}^b\}_{b=1}^{B} = \arg\min_{\{\alpha_b, f^b\}_{b=1}^{B}} \sum_{i=1}^{m} l\left(\sum_{b=1}^{B} \alpha_b f^b(x^i), y^i\right). \tag{6.4.11}$$

由于对许多损失函数和基函数, (6.4.11) 的优化问题十分复杂, 常使用逐步向前学习方式, 即先给定初始函数 $f_0(x)$, 对于第 b 步迭代, 寻找最优的展开式系数和相应的基函数 $f^b(x)$, 使得

$$\{\hat{\alpha}_b, \hat{f}^b\} = \arg\min_{\alpha_b, f^b} \sum_{i=1}^{m} l(f^{b-1}(x^i) + \alpha_b f^b(x^i), y^i), \tag{6.4.12}$$

再令 $f^b(x) = f^{b-1}(x) + \hat{\alpha}_b \hat{f}^b(x)$.

下面说明, 二分类的离散和实值的 AdaBoost 算法都可以解释为在指数损失下使用逐步回归拟合可加的逻辑回归模型.

指数损失　考虑在下面的指数损失下

$$L(f) = E(e^{-Yf(X)}), \tag{6.4.13}$$

寻找估计的预测函数 $\hat{f}(x)$. 这里 E 表示期望, 根据上下文理解, 可以表示总体期望 (关于 (X, Y) 联合分布) 或者一个样本平均 $\left(\frac{1}{m}\sum_{i=1}^{m} e^{-y^i}f(x^i)\right)$. E_w 表示一个加权期望.

引理 6.4.1　$L(f) = E(e^{-Yf(X)})$ 的最小值点为

$$\hat{f}(x) = \frac{1}{2}\ln\frac{P(Y=1|X=x)}{P(Y=-1|X=x)}. \tag{6.4.14}$$

因此, 有

$$P(Y=1|X=x) = \frac{e^{\hat{f}(x)}}{e^{-\hat{f}(x)} + e^{\hat{f}(x)}}. \tag{6.4.15}$$

证明   记特征变量 X 的分布函数为 $F(x)$, 则损失函数可以写为

$$L(f) = E(e^{-Yf(X)}) = E_X[E_{Y|X}(e^{-Yf(X)}|X)] = \int_{\mathbb{R}^n} E(e^{-Yf(X)}|X=x)dF(x).$$

易见, 要使上面损失函数达到最小, 只需对每一个给定的 x, 选择合适的值 $\hat{f}(x)$, 使得

$$\hat{f}(x) = \arg\min_{f(x)} L(f(x)) \triangleq E_{Y|X=x}(e^{-Yf(X)}|X=x) = E(e^{-Yf(x)}|X=x).$$

因为

$$L(f(x)) = e^{-f(x)}P(Y=1|X=x) + e^{f(x)}P(Y=-1|X=x),$$

求其关于 $f(x)$ 的导数

$$\frac{\partial L(f(x))}{\partial f(x)} = -e^{-f(x)}P(Y=1|X=x) + e^{f(x)}P(Y=-1|X=x).$$

令上面导数等于 0, 解方程可得结论.

注 6.4.1   在命题 6.4.1 证明中的 (6.4.6) 式也可以看到, 当时 Schapire 和 Singer (1998) 是以分类错误率的上界作为动机使用了该指数损失函数. 我们知道, 通常的 Logistic 变换没有如同 (6.4.14) 式中的因子 $\frac{1}{2}$. 另外, 在 (6.4.15) 式的分子和分母同时乘以 $e^{-\hat{f}(x)}$, 可得模型

$$P(Y=1|X=x) = \frac{1}{1+e^{-2\hat{f}(x)}}. \tag{6.4.16}$$

由上式可见该模型与逻辑回归模型除了因子 2 之外的等价性.

下面的两个命题分别说明了离散和实值的 AdaBoost 算法都可以被解释为在指数损失下的迭代优化算法.

命题 6.4.2   离散 AdaBoost 算法 (总体版本) 是在最小化指数损失 $E(e^{-Yf(X)})$ 的类牛顿迭代更新方式下, 建立可加的逻辑回归模型.

证明   记 $L(f) = E(e^{-Yf(X)})$ 和 $L(f(x)) = E(e^{-Yf(X)}|X=x) = E(e^{-Yf(x)}|X=x)$. 假设我们有一个当前的估计 $\hat{f}$, 想要搜寻一个改进的估计

$\hat{f} + \alpha \hat{f}_b$. 对固定的 α 和给定 $X = x$, 我们在 $f_b(x) = 0$ 点泰勒展开 $L(\hat{f}(x) + \alpha f_b(x))$ 为

$$\begin{aligned}
L(\hat{f}(x) + \alpha f_b(x)) &= E[e^{-Y(\hat{f}(x) + \alpha f_b(x))}|X = x] \\
&\approx E[e^{-Y\hat{f}(x)}(1 - Y\alpha f_b(x) + Y^2\alpha^2 f_b^2(x)/2)|X = x] \\
&= E[e^{-Y\hat{f}(x)}(1 - Y\alpha f_b(x) + \alpha^2/2)|X = x],
\end{aligned}$$

上式最后一个等式成立是因为 $Y^2 = 1$ 且 $f_b^2(x) = 1$. 接下来, 先逐点寻找 (即对每个给定的 x 寻找 $f_b(x)$ 的最优取值) $\hat{f}_b(x) \in \{-1, 1\}$ 使得

$$\hat{f}_b = \arg\min_{f_b} E_w\left(1 - Y\alpha f_b(X) + \alpha^2/2 | X = x\right). \tag{6.4.17}$$

这里, 为方便起见, 记 $E_w[\cdot|x]$ 表示一个加权的条件期望, 其中 $w = w(X, Y) = e^{-Y\hat{f}(X)}$,

$$E_w[l(X,Y)|X = x] \triangleq \frac{E[w(X,Y)l(X,Y)|X = x]}{E[w(X,Y)|X = x]}.$$

注意到, 最小化 (6.4.17) 式等价于最大化问题

$$\hat{f}_b = \arg\max_{f_b} E_w[Yf_b(X)|X = x]. \tag{6.4.18}$$

上式的解为

$$\hat{f}_b(x) = \begin{cases} 1, & E_w[Y|X = x] = P_w[Y = 1|X = x] - P_w[Y = -1|X = x] > 0, \\ -1, & \text{否则}. \end{cases} \tag{6.4.19}$$

这是因为, 当 $E_w[Y|X = x] > 0$ 时, 若取 $\hat{f}_b(x) = 1$, 则 $E_w[Y\hat{f}_b(X)|X = x] = E_w[Y|X = x] > 0$; 而若取 $\hat{f}_b(x) = -1$, 则 $E_w[Y\hat{f}_b(X)|X = x] = -E_w[Y|X = x] < 0$, 即 $\hat{f}_b(x) = 1$ 能使得 $E_w[Y\hat{f}_b(X)|X = x]$ 更大. 另一种情形下的讨论类似. 注意到

$$E_w[-Yf_b(X)|X = x] = E_w[(Y - f_b(X))^2|X = x] - 1. \tag{6.4.20}$$

这同样是因为 $Y^2 = 1$ 且 $f_b^2(x) = 1$. 因此, 最小化指数损失的二阶近似产生了一个加权的最小二乘损失最小化问题, 这即是牛顿优化算法.

给定估计 $\hat{f}_b$, 我们可以直接最小化 $L(\hat{f} + \alpha \hat{f}_b) = E[e^{-Y(\hat{f}(X) + \alpha \hat{f}_b(X))}]$, 或者等价地最小化下式

$$E_w[e^{-\alpha \hat{f}_b(X)}] \triangleq \frac{E[e^{-Y(\hat{f}(X) + \alpha \hat{f}_b(X))}]}{E[w]},$$

这里 $w = w(X, Y) = e^{-Y\hat{f}(X)}$, 寻找 α:

$$\hat{\alpha} = \arg\max_{\alpha} E_w[e^{-\alpha Y \hat{f}_b(X)}] = \frac{1}{2}\ln\frac{1-\varepsilon_b}{\varepsilon_b}, \qquad (6.4.21)$$

这里 $\varepsilon_b = E_w[\delta(\hat{f}_b(X) \neq Y)]$. 下面证明上式. 记 (X, Y) 联合分布函数为 $F(x, y)$, 则有

$$
\begin{aligned}
L(\hat{f} + \alpha\hat{f}_b) &= E_w[e^{-Y\alpha\hat{f}_b(X)}]E[w] \\
&= E[e^{-Y(\hat{f}(X) + \alpha\hat{f}_b(X))}] \\
&= \int_{y = \hat{f}_b(x)} e^{-y\hat{f}(x) - \alpha} dF(x, y) + \int_{y \neq \hat{f}_b(x)} e^{-y\hat{f}(x) + \alpha} dF(x, y) \\
&= e^{-\alpha}\int e^{-y\hat{f}(x)} dF(x, y) + (e^{\alpha} - e^{-\alpha})\int_{y \neq \hat{f}_b(x)} e^{-y\hat{f}(x)} dF(x, y) \\
&= e^{-\alpha}E[w] + (e^{\alpha} - e^{-\alpha})\varepsilon_b E[w],
\end{aligned}
$$

对上式关于 α 求导并令导数等于 0, 可解得 $\hat{\alpha}$. 组合这些步骤, 我们得到更新公式

$$\hat{f}(x) \leftarrow \hat{f}(x) + \left(\frac{1}{2}\ln\frac{1-\varepsilon_b}{\varepsilon_b}\right)\hat{f}_b(x).$$

在下一次迭代中, 权重更新公式为

$$w(X, Y) \leftarrow w(X, Y)e^{-\hat{\alpha}Y\hat{f}_b(X)}.$$

这些函数和权重更新公式与离散的 AdaBoost 算法是一致的. 证毕.

推论 6.4.1　每次权重更新后, 当前得到的弱分类器的加权的分类错误率等于 50%.

证明　这只需注意到 $\hat{\alpha}$ 最小化 $L(f + \alpha\hat{f}_b)$, 从而有

$$\left.\frac{\partial L(f + \alpha\hat{f}_b)}{\partial \alpha}\right|_{\alpha = \hat{\alpha}} = E[e^{-Y(\hat{f}(X) + \hat{\alpha}\hat{f}_b(X))}(-Y\hat{f}_b(X))] = 0. \qquad (6.4.22)$$

因为当前的弱分类器 $\hat{f}_b(X)$ 预测 Y 正确时, $Y\hat{f}_b(X) = 1$; 否则, $Y\hat{f}_b(X) = -1$. 因而, 结论成立. 证毕.

接下来, 考虑实值 AdaBoost 算法.

命题 6.4.3　实值 AdaBoost 算法是在指数损失 $E[e^{-Yf(X)}]$ 下, 通过逐步近似的优化拟合了一个可加逻辑回归模型.

证明 假设我们有一个当前的估计 $\hat{f}(x)$, 想要通过最小化 $L(f) = E[e^{-Yf(X)}]$ 搜寻一个改进的估计 $\hat{f}(x) + f_b(x)$. 给定 $X = x$, 我们有

$$
\begin{aligned}
L(\hat{f}(x) + f_b(x)) &= E[e^{-Y\hat{f}(X)}e^{-Yf_b(X)}|X = x] \\
&= e^{-f_b(x)}E[e^{-Y\hat{f}(X)}\delta(Y = 1)|X = x] \\
&\quad + e^{f_b(x)}E[e^{-Y\hat{f}(X)}\delta(Y = -1)|X = x],
\end{aligned}
$$

接下来将上式除以 $E[e^{-Y\hat{f}(X)}|X = x]$, 然后关于 $f_b(x)$ 求导并令导数等于 0, 解出

$$
\hat{f}_b(x) = \frac{1}{2}\ln\frac{E_w[\delta(Y = 1)|X = x]}{E_w[\delta(Y = -1)|X = x]} \tag{6.4.23}
$$

$$
= \frac{1}{2}\ln\frac{P_w[Y = 1|X = x]}{P_w[Y = -1|X = x]}, \tag{6.4.24}
$$

这里 $w = w(X, Y) = \exp(-Y\hat{f}(X))$. 权重更新公式为

$$
w(X, Y) \leftarrow w(X, Y)e^{-Y\hat{f}_b(X)}.
$$

这里, 总体版本的迭代更新一次就停止了. 但实际当中, 我们通常使用条件期望粗略地近似, 因此需要许多步迭代. 证毕.

推论 6.4.2 在最优的预测函数 $\hat{f}(x)$ 处, Y 加权的条件均值为 0.

证明 如果 $\hat{f}(x)$ 是最优的, 则有

$$
\left.\frac{\partial L(f(x))}{\partial f(x)}\right|_{f=\hat{f}} = -E[e^{-Y\hat{f}(X)}Y|X = x] = 0, \tag{6.4.25}
$$

从而有

$$
E[e^{-Y\hat{f}(X)}Y] = 0, \tag{6.4.26}
$$

如果把 $e^{-Y\hat{f}(X)}$ 看成一种预测残差, 上式表明 $\hat{f}(X)$ 与输出变量 Y 正交, 使用 $\hat{f}(X)$ 作为预测后, 没有进一步的信息可利用了.

6.4.3 多分类 AdaBoost

前面几小节主要考虑二分类的 AdaBoost 算法及其可加模型角度的解释. 在从两类分类到多类分类的拓展过程中, 大多数算法都局限于将多类分类问题归结为多个两类分类问题. Zhu 等 (2009) 使用多分类指数损失函数, 提出了一种新的算法 SAMME (stagewise additive modeling), 将 AdaBoost 算法直接推广到多类问题, 而不必将其简化为多个两类问题. 他们证明了所提出的多类 AdaBoost 算

法等价于一个前向分步的可加模型拟合算法, 该算法最小化了一个新的多类分类指数损失. 本小节主要介绍其中的主要内容.

设我们有训练数据集 $\mathcal{D} = \{(x^1, c^1), \cdots, (x^m, c^m)\}$, $x^i \in \mathbb{R}^n, c^i \in \{1, \cdots, J\}$, J 是类别总数, c 是输出标签. 通常假设训练数据是来自未知概率分布 $\mathrm{Prob}(X, C)$ 的独立同分布样本. 我们的目标是从训练数据中找到一个分类规则 $\hat{c}(x) \in \{1, 2, \cdots, J\}$, 这样当给定一个新的输入 x 时, 我们可以用 $\hat{c}(x)$ 作为其类别标签 c 的预测.

下面提供多分类 AdaBoost 算法 (Zhu et al., 2009), 后面给出算法合理性的解释.

算法 5　SAMME

输入　训练集 $D = \{(x^1, c^1), (x^2, c^2), \cdots, (x^m, c^m)\}$; 初始化训练样本权重 $w_i = 1$, $i = 1, 2, \cdots, m$.

1: **for** $b = 1, 2, \cdots, B$ **do**

2:　在带权重的损失函数 $L(f) = \sum_{i=1}^m w_i l(T(x^i), c^i)$ 下, 学习分类器 $\hat{T}^b(x)$;

3:　计算分类错误率 $\varepsilon_b = \sum_{i=1}^m w_i \delta(\hat{T}^b(x^i) \neq c^i)$, 组合因子 $\alpha_b = \ln\sqrt{(1-\varepsilon_b)/\varepsilon_b} + \ln(J-1)$;

4:　更新权重 $w_i \leftarrow w_i \exp\{-\alpha_b \cdot \delta(\hat{T}^b(x^i) \neq c^i)\}, i = 1, 2, \cdots, m$, 然后归一化 w_i 使得 $\sum_{i=1}^m w_i = 1$.

5: **end for**

输出　$\hat{c}(x) = \underset{j \in \{1,2,\cdots,J\}}{\mathrm{argmax}} \sum_{b=1}^B \alpha_b \cdot \delta(\hat{T}^b(x) = j)$.

注意到算法 SAMME 和针对二分类的离散的 AdaBoost 算法有着非常相似的结构, 除了组合因子 α_b 中多了个 $\ln(J-1)$. 当 $J = 2$ 时, SAMME 就变成离散的 AdaBoost. 下面给出 SAMME 算法的统计上的解释.

Friedman 等 (2000) 使用统计观点解释二分类 AdaBoost 算法, 将其看作使用如下指数损失函数的向前分步可加模型拟合:

$$l(f(X), Y) = e^{-Yf(X)},$$

这里对二分类问题的输出标签编码为 $Y = (\delta(C=1) - \delta(C=2)) \in \{-1, 1\}$. Zhu 等 (2009) 则证明了 SAMME 等价于使用一个多分类指数损失函数的向前分步可加模型的拟合, 下面简要介绍其主要结果.

在多分类设置下, 用一个 J 维的向量 $y = (y_1, y_2, \cdots, y_J)^\mathrm{T}$ 重新编码输出标签变量 C, 其定义如下

$$y_j = \begin{cases} 1, & C = j, \\ -\dfrac{1}{J-1}, & C \neq j. \end{cases} \tag{6.4.27}$$

给定训练数据集 $\mathcal{D}$, 想要寻找 $\hat{f}(x) = (\hat{f}_1(x), \cdots, \hat{f}_J(x))^{\mathrm{T}}$ 使得

$$\hat{f}(x) = \arg\min_f \sum_{i=1}^m l(f(x^i), y^i) \tag{6.4.28}$$

$$\text{s.t.} \quad f_1(x) + \cdots + f_J(x) = 0, \tag{6.4.29}$$

这里, 取 $f(x)$ 的形式如下

$$f(x) = \sum_{b=1}^B \beta^b g^b(x),$$

其中 $\beta^b \in \mathbb{R}$ 是展开系数, $g^b(x)$ 是基函数. 同样要求基函数 $f^b(x)$ 满足对称性约束:

$$g_1^b(x) + \cdots + g_J^b(x) = 0, \quad b = 1, 2, \cdots, B.$$

每个基函数 $g^b(x)$ 的值域记为 $\mathcal{Y}$, 定义为包含 J 个 J 维向量的集合:

$$\mathcal{Y} = \left\{ \begin{array}{c} \left(1, -\dfrac{1}{J-1}, \cdots, -\dfrac{1}{J-1}\right), \\ \left(-\dfrac{1}{J-1}, 1, \cdots, -\dfrac{1}{J-1}\right), \\ \vdots \\ \left(-\dfrac{1}{J-1}, -\dfrac{1}{J-1}, \cdots, 1\right) \end{array} \right\}. \tag{6.4.30}$$

前向分步建模通过依次向展开式中添加新的基函数而不调整已经添加的基函数的参数和系数来逼近求解 $\hat{f}$. 具体的求解如算法 6.

算法 6   向前分步可加模型拟合

输入   初始化 $\hat{f}_0(x) = 0$.

1: **for** $b = 1, 2, \cdots, B$ **do**

2:    求解 $(\hat{\beta}^b, \hat{g}^b) = \arg\min\limits_{\beta^b, g^b} \sum_{i=1}^m l(f_{b-1}(x^i) + \beta^b g^b(x^i), y^i)$;

3:    令 $\hat{f}_b(x) = \hat{f}_{b-1}(x) + \hat{\beta}^b \hat{g}^b(x)$.

4: **end for**

在上面的向前分步可加模型拟合算法中, 选取多分类指数损失函数

$$l(f, y) = \exp\left(-\frac{1}{J}(y_1 f_1 + \cdots + y_J f_J)\right)$$

$$= \exp\left(-\frac{1}{J} y^{\mathrm{T}} f\right). \tag{6.4.31}$$

此时, 算法 6 第 2 步可以重写为

$$(\hat{\beta}^b, \hat{g}^b) = \arg\min_{\beta^b, g^b} \sum_{i=1}^{m} \exp\left(-\frac{1}{J}(y^i)^{\mathrm{T}}(f_{b-1}(x^i) + \beta^b g^b(x^i))\right) \quad (6.4.32)$$

$$= \arg\min_{\beta^b, g^b} \sum_{i=1}^{m} w_i \exp\left(-\frac{1}{J}\beta^b (y^i)^{\mathrm{T}} g^b(x^i)\right), \quad (6.4.33)$$

这里 $w_i = \exp\left(-\frac{1}{J}(y^i)^{\mathrm{T}}(f_{b-1}(x^i))\right)$ 是未归一化的损失权重.

另外, 每个基函数 $g^b(x)$ 一一对应一个多类别分类器 $T^b(x)$, 其定义如下

$$T^b(x) = j, \quad g_j^b(x) = 1, \quad (6.4.34)$$

且反之亦然

$$g_j^b(x) = \begin{cases} 1, & T^b(x) = j; \\ -\dfrac{1}{J-1}, & T^b(x) \neq j. \end{cases} \quad (6.4.35)$$

因此, 关于多分类指数损失函数求解 $\hat{g}_j^b(x)$ 等价于寻找一个多类别分类器 $\hat{T}^b(x)$ 可以生成 $\hat{g}_j^b(x)$.

引理 6.4.2　优化问题 (6.4.33) 的解为

$$\hat{T}^b = \arg\min_{T^b} \sum_{i=1}^{m} w_i \delta(T^b(x^i) \neq c^i), \quad (6.4.36)$$

$$\hat{\beta}^b = \frac{(J-1)^2}{J}\left(\ln\frac{1-\varepsilon_b}{\varepsilon_b} + \ln(J-1)\right), \quad (6.4.37)$$

这里 $\varepsilon_b = \sum_{i=1}^{m} w_i \delta(\hat{T}^b(x^i) \neq c^i) / \sum_{i=1}^{m} w_i$.

证明　对于任一给定的 $\beta^b > 0$, 根据定义 (6.4.34), 优化问题 (6.4.33) 中的损失函数可以写成

$$\sum_{T^b(x^i)=c^i} w_i e^{-\frac{\beta}{J-1}} + \sum_{T^b(x^i)\neq c^i} w_i e^{\frac{\beta}{(J-1)^2}}$$

$$= e^{-\frac{\beta}{J-1}} \sum_{i=1}^{m} w_i + \left(e^{\frac{\beta}{(J-1)^2}} - e^{-\frac{\beta}{J-1}}\right) \sum_{i=1}^{m} w_i \delta(T^b(x^i) \neq c^i). \quad (6.4.38)$$

上式仅仅最后一个和式依赖于 T^b, 所以 (6.4.36) 式成立. 将 (6.4.36) 式代入 (6.4.33) 式, 求解 β^b 可得 (6.4.37) 式. 证毕

根据引理 6.4.2, 预测函数的更新公式为

$$\hat{f}^b(x) = \hat{f}^{b-1}(x) + \hat{\beta}^b \hat{g}^b(x),$$

而下一次迭代的权重为

$$w_i \leftarrow w_i \exp\left(-\frac{1}{J}\hat{\beta}^b (y^i)^{\mathrm{T}} \hat{g}^b(x^i)\right)$$

$$= w_i \exp\left(-\frac{(J-1)^2}{J^2} \alpha_b (y^i)^{\mathrm{T}} \hat{g}^b(x^i)\right)$$

$$= \begin{cases} w_i \exp\left(-\dfrac{J-1}{J}\alpha_b\right), & T^b(x^i) = c^i, \\ w_i \exp\left(\dfrac{1}{J}\alpha_b\right), & T^b(x^i) \neq c^i, \end{cases} \quad (6.4.39)$$

这里 α_b 同算法 SAMME 中的定义. 新权重归一化后等价于算法 SAMME 中的权重更新方案. 另外, 容易验证 $\arg\max_j \left(\hat{f}_1^b(x), \cdots, \hat{f}_J^b(x)\right)^{\mathrm{T}}$ 等价于算法 SAMME 中的 $\hat{c}(x) = \arg\max_{j\in\{1,2,\cdots,J\}} \sum_{b=1}^{B} \alpha_b \cdot \delta(\hat{T}^b(x) = j)$. 此时, 我们说明了算法 SAMME 可以看成是在多类别指数损失函数下向前分步可加模型拟合.

接下来说明多分类指数损失函数 (6.4.31) 选择的合理性. 首先, 当 $J = 2$ 时, 对称性约束表明 $f = (f_1, -f_1)$, 多分类指数损失自然化成二分类的指数损失. Friedman 等 (2000) 证明了二分类下指数损失的总体版本的预测误差最小化解等价于二分类的贝叶斯分类器. Zhu 等 (2009) 则证明了多分类指数损失的总体版本的预测误差最小化解等价于多分类任务的贝叶斯分类器. 具体地, 此时的优化问题为

$$\begin{aligned} \arg\min_{f(x)} \quad & E_{Y|X=x} \exp\left(-\frac{1}{J}\left(Y_1 f_1(x) + \cdots + Y_J f_J(x)\right)\right) \\ \text{s.t.} \quad & f_1(x) + \cdots + f_J(x) = 0. \end{aligned} \quad (6.4.40)$$

上述约束优化问题的拉格朗日形式可以进一步写成

$$\exp\left(-\frac{f_1(x)}{J-1}\right)P(c=1|x) + \cdots + \exp\left(-\frac{f_J(x)}{J-1}\right)P(c=J|x) - \lambda(f_1(x)+\cdots+f_J(x)),$$

这里 λ 为拉格朗日乘子. 令关于 f_j 和 λ 导数等于 0, 得到方程组

$$-\frac{1}{J-1} = \exp\left(-\frac{f_1(x)}{J-1}\right)P(c=1|x) - \lambda = 0,$$

$$\vdots$$

$$-\frac{1}{J-1} = \exp\left(-\frac{f_J(x)}{J-1}\right) P(c=J|x) - \lambda = 0,$$

$$f_1(x) + \cdots + f_J(x) = 0.$$

解之得

$$\hat{f}_j(x) = (J-1)\ln P(c=j|x) - \frac{J-1}{J}\sum_{j'=1}^{J} P(c=j'|x), \quad j=1,\cdots,J. \quad (6.4.41)$$

因此

$$\arg\max_j \hat{f}_j(x) = \arg\max_j P(c=j|x),$$

这即为多类别贝叶斯最优分类器, 且根据 (6.4.41) 式, 当得到所有 $\hat{f}_j(x)$ 时, 我们可以得到分类概率

$$P(c=j|x) = \frac{\exp\left(\frac{1}{J-1}\right)\hat{f}_j(x)}{\exp\left(\frac{1}{J-1}\right)\hat{f}_1(x) + \cdots + \exp\left(\frac{1}{J-1}\right)\hat{f}_J(x)}, \quad j=1,\cdots,J. \quad (6.4.42)$$

6.4.4   Boosting 的一般梯度下降算法

AdaBoost 算法的可加模型解释, 为其进一步拓展提供了新的方向. 如损失函数的选取、函数空间中的梯度下降法等问题.

考虑一般的预测问题 (分类或回归), 记训练数据集 $\mathcal{D} = \{(x^1, y^1), \cdots, (x^m, y^m)\}$, 目标是根据训练数据集 $\mathcal{D}$, 寻找预测函数 $\hat{f}$ 作为总体版本下的最优预测函数 $\hat{f}_{\mathrm{pop}}$ 的估计, 用于推断和预测. 这里 $\hat{f}_{\mathrm{pop}}$ 是在某个一般的损失函数 $l(f(x), y)$ 下, 满足

$$\hat{f}_{\mathrm{pop}} = \arg\min_f L(f) \triangleq E[l(f(X), Y)] = \arg\min_f E_X\{E_{Y|X}[l(f(X), Y)|X]\}.$$

根据前面 AdaBoost 可加模型拟合过程的解释可知, 上面的优化问题等价于, 对任一给定的 $x \in \mathcal{X}$, 在条件期望损失函数 $L(f(x)) \triangleq E_{Y|X}[l(f(X), Y)|X=x]$ 下寻找最好的 $\hat{f}_{\mathrm{pop}}(x)$ 使得

$$\hat{f}_{\mathrm{pop}}(x) = \arg\min_{f(x)} L(f(x)) = \arg\min_{f(x)} E_{Y|X}[l(f(X), Y)|X=x]. \quad (6.4.43)$$

注意, 这里 $f(x)$ 中的 x 给定后固定不变, 变化的是对应关系 f. 因此, 可把 $f(x)$ 看成一维参数, 取值区域根据不同任务而定, 如二分类任务可有 $f(x) \in \{-1, 1\}$, 回归任务可有 $f(x) \in \mathbb{R}$. 若使用梯度下降算法来求解上面的优化问题 (6.4.43),

- 首先, 初始化参数 $f(x) = f^0(x)$;
- **for** $b = 1$ **to** B:

(1) 更新参数 $f^b(x) = f^{b-1}(x) - \alpha^b g^b(x)$, 这里梯度 $g^b(x) = \dfrac{\partial L(f(x))}{\partial f(x)}\bigg|_{f(x) = f^{b-1}(x)}$, α^b 是学习率,

(2) 上面更新过程等价地是找一个函数 g^b 和系数 $-\alpha^b$ 去改进 $f^{b-1}(x)$,

(3) 这里 $f^{b-1}(x) = \sum_{i=1}^{b-1} -\alpha^i g^i(x)$.

- **end for**
- **输出** $f_{\text{pop}}(x) = f^B(x)$(或者对于二分类任务输出 $f_{\text{pop}}(x) = \text{sign}[f^B(x)]$).

若假定积分和微分可以交换顺序, 我们有

$$g^b(x) = \left[\frac{\partial L(f(x))}{\partial f(x)}\right]_{f(x) = f^{b-1}(x)} = \left[\frac{\partial E_{Y|X}[l(f(X), Y)|X = x]}{\partial f(x)}\right]_{f(x) = f^{b-1}(x)}$$

$$= E_{Y|X}\left\{\left[\frac{\partial[l(f(X), Y)]}{\partial f(X)}\right]_{f(X) = f^{b-1}(X)}\bigg| X = x\right\}.$$

通过线性搜索等最优化算法进一步得到学习率:

$$\alpha^b = \arg\min_{\alpha} E\left[l\left(f^{b-1}(X) - \alpha g^b(X), Y\right)\right]. \tag{6.4.44}$$

在实际当中, 我们不知道 (X, Y) 的联合分布, 根据有限个训练数据一般不能提供高维 (X, Y) 的联合分布精确的估计. 一种策略是在每一个训练数据点可以计算出相应步的负梯度, 记为

$$-\tilde{y}^b(x^i) = \frac{\partial l(f(x^i), y^i)}{\partial f(x^i)}\bigg|_{f(x^i) = f^{b-1}(x^i)}, \quad i = 1, 2, \cdots, m.$$

为了估计第 b 步的最速下降方向 $-g^b$, 对于回归任务, 可以在平方损失下考虑优化问题:

$$\hat{g}^b = \arg\min_{g^b} \sum_{i=1}^{m} [g^b(x^i) - \tilde{y}^b(x^i)]^2, \tag{6.4.45}$$

然后, 将 $\hat{g}^b$ 代入下式, 求解学习率,

$$\hat{\alpha}^b = \arg\min_{\alpha} \sum_{i=1}^{m} l[f^{b-1}(x^i) - \alpha\hat{g}^b(x^i), y^i]. \tag{6.4.46}$$

从而得到基于训练数据的一般梯度下降算法更新公式:

$$f^b(x) = f^{b-1}(x) - \hat{\alpha}^b \hat{g}^b(x). \tag{6.4.47}$$

注意, 对于二分类任务, 则在估计第 b 步的最速下降方向 $-g^b$ 时可以使用指数损失函数. 通过计算, 可以验证, 此时一般的 Boosting 梯度下降算法则可以给出 AdaBoost.

6.5　集成学习的 Python 实现

6.5.1　决策树的 Python 实现

在 6.1 节, 我们在介绍决策树模型概念时, 曾使用鸢尾花数据集, 训练并可视化了一棵决策树, 其实现代码如下.

```
1  from sklearn.model_selection import train_test_split
2  import pandas as pd
3
4  from sklearn.datasets import load_iris
5  from sklearn.tree import DecisionTreeClassifier
6  from sklearn import tree
7
8  iris = load_iris()
9  X = iris.data[:, 2:]
10 y = iris.target
11
12 tree_clf=DecisionTreeClassifier(max_depth=2,random_state=42)
13 tree_clf.fit(X, y)
14
15 fn=['sepal length (cm)','sepal width (cm)', 'petal length(cm)','petal
       width (cm)']
16 cn=['setosa', 'versicolor', 'virginica']
17 tree.plot_tree(tree_clf,feature_names=fn,class_names=cn,rounded=True,
       filled= False)
18
19 save_fig("decision_tree_model_plot")
```

生成的决策树模型请参考图 6.1.

下面代码和输出结果图展示了决策树的决策边界.

```
1  def plot_decision_boundary(clf, X, y, axes=[0, 7.5, 0, 3],iris=True,
       legend=False, plot_training=True):
2      x1s = np.linspace(axes[0], axes[1], 100)
3      x2s = np.linspace(axes[2], axes[3], 100)
```

```
4     x1, x2 = np.meshgrid(x1s, x2s)
5     X_new = np.c_[x1.ravel(), x2.ravel()]
6     y_pred = clf.predict(X_new).reshape(x1.shape)
7
8     plt.contourf(x1, x2, y_pred, alpha=0.3, cmap='gray')
9     if not iris:
10        plt.contour(x1, x2, y_pred, cmap='gray', alpha=0.8)
11    if plot_training:
12        plt.plot(X[:, 0][y==0], X[:, 1][y==0], "ko", label="Iris setosa")
13        plt.plot(X[:, 0][y==1], X[:, 1][y==1], "ks", label="Iris
              versicolor")
14        plt.plot(X[:, 0][y==2], X[:, 1][y==2], "k^", label="Iris
              virginica")
15        plt.axis(axes)
16    if iris:
17        plt.xlabel("petallength", fontsize=14)
18        plt.ylabel("petalwidth", fontsize=14)
19    else:
20        plt.xlabel(r"$x_1$", fontsize=18)
21        plt.ylabel(r"$x_2$", fontsize=18, rotation=0)
22    if legend:
23        plt.legend(loc="lower right", fontsize=14)
24
25 plt.figure(figsize=(8, 4))
26 plot_decision_boundary(tree_clf, X, y)
27 plt.plot([2.45, 2.45], [0, 3], "k-", linewidth=2)
28 plt.plot([2.45, 7.5], [1.75, 1.75], "k--", linewidth=2)
29 plt.plot([4.95, 4.95], [0, 1.75], "k:", linewidth=2)
30 plt.plot([4.85, 4.85], [1.75, 3], "k:", linewidth=2)
31 plt.text(1.40, 1.0, "Depth=0", fontsize=15)
32 plt.text(3.2, 1.80, "Depth=1", fontsize=13)
33 plt.text(4.05, 0.5, "(Depth=2)", fontsize=11)
34
35 save_fig("decision_tree_decision_boundaries_plot")
36 plt.show()
```

图 6.3 中, 黑色竖直线表示根节点 (深度为 0) 的决策边界 (petallength $= 2.45$ cm). 因为左边的区域仅有一种鸢尾花, 不纯度为 0, 不再需要进一步分支. 而右边区域不纯度大于 0, 这个深度为 1, 右节点在 petalwidth $= 1.75$ cm 处分支. 因为 max_depth 参数设为 2, 决策树在此阶数分支.

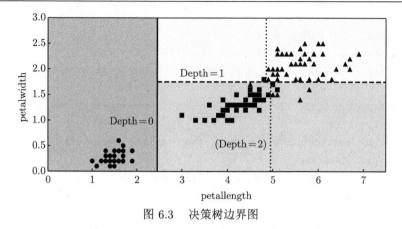

图 6.3   决策树边界图

类别和类别概率的预测代码如下.

```
1   tree_clf.predict_proba([[5, 1.5]])
2   array([[0., 0.90740741, 0.09259259]])
3
4   tree_clf.predict([[5, 1.5]])
5   array([1])
```

决策树也能够执行回归任务. 我们可以使用 Scikit-Learn 的 DecisionTreeRe-gressor 类构建一个回归树, 设置 max_depth = 2 的情形下, 在一个带有噪声的二次曲线数据集上训练它. 简要代码如下.

```
1   np.random.seed(42)
2   m = 200
3   X = np.random.rand(m, 1)
4   y = 4 * (X - 0.5) ** 2
5   y = y + np.random.randn(m, 1) / 10
6
7   from sklearn.tree import DecisionTreeRegressor
8
9   tree_reg = DecisionTreeRegressor(max_depth=2, random_state=42)
10  tree_reg.fit(X, y)
```

6.5.2 Bagging 的 Python 实现

Scikit-Learn 使用 BaggingClassifier 类 (或 BaggingRegressor) 实现 Bagging. 下面代码训练了 500 棵决策树的 Bagging 集成, 每棵树在 100 个有放回抽样获得的训练样本上训练得到.

```
1   from sklearn.model_selection import train_test_split
2   from sklearn.datasets import make_moons
3
4   X, y = make_moons(n_samples=500, noise=0.30, random_state=42)
5   X_train, X_test, y_train, y_test = train_test_split(X, y, random_state=42)
6
7   from sklearn.ensemble import BaggingClassifier
8   from sklearn.tree import DecisionTreeClassifier
9
10  bag_clf = BaggingClassifier(
11      DecisionTreeClassifier(random_state=42), n_estimators=500,
12      max_samples=100, bootstrap=True, random_state=42)
13  bag_clf.fit(X_train, y_train)
14  y_pred = bag_clf.predict(X_test)
15
16  from sklearn.metrics import accuracy_score
17  print(accuracy_score(y_test, y_pred))
18  0.904
19
20  tree_clf = DecisionTreeClassifier(random_state=42)
21  tree_clf.fit(X_train, y_train)
22  y_pred_tree = tree_clf.predict(X_test)
23  print(accuracy_score(y_test, y_pred_tree))
24  0.856
```

6.5.3 随机森林的 Python 实现

随机森林的 Python 实现可以使用 RandomForestClassifier 类, 该类对于决策树更方便 (类似地, 对于回归任务有一个 RandomForestRegressionor 类). 下面的代码用来训练一个具有 500 棵树 (每棵树最多只能有 16 个节点) 的随机森林分类器.

```
1   from sklearn.ensemble import RandomForestClassifier
2
3   rnd_clf = RandomForestClassifier(n_estimators=500, max_leaf_nodes=16,
        random_state=42)
4   rnd_clf.fit(X_train, y_train)
5
6   y_pred_rf = rnd_clf.predict(X_test)
7
```

```
8    np.sum(y_pred == y_pred_rf) / len(y_pred)
9    0.976
```

随机森林的另一个重要特性是, 它们使测量每个特征的相对重要性变得容易. Scikit-Learn 通过查看使用该特性的树节点平均减少了多少不纯度 (在森林中的所有树中), 来衡量特性的重要性. 更准确地说, 它是一个加权平均值, 其中每个节点的权重等于与其相关联的训练样本数. 下面代码给出了一个简单的实例.

```
1    from sklearn.datasets import load_iris
2    iris = load_iris()
3    rnd_clf = RandomForestClassifier(n_estimators=500, random_state=42)
4    rnd_clf.fit(iris["data"], iris["target"])
5    for name, score in zip(iris["feature_names"],
         rnd_clf.feature_importances_):
6        print(name, score)
7
8    sepal length (cm) 0.11249225099876375
9    sepal width (cm) 0.02311928828251033
10   petal length (cm) 0.4410304643639577
11   petal width (cm) 0.4233579963547682
```

6.5.4   Boosting 的 Python 实现

1. AdaBoost 和 SAMME

Scikit-Learn 使用 AdaBoost 的多类版本 SAMME(它代表使用多类别指数损失函数的向前分步可加模型建模). 当只有两个类时, SAMME 相当于 AdaBoost. 如果想要预测函数可以输出分类概率, Scikit-Learn 可以使用 SAMME 的一个变体 SAMME.R(R 代表 "Real"), 它通常预测性能更好.

下面的代码使用 Scikit-Learn 的 AdaBoostClassifier 类 (同样, 还有一个 Adaboots Tressor 类) 基于 200 个决策树桩来训练 AdaBoost 分类器. 决策树桩是一棵最大深度为 1 的决策树, 换句话说, 它是一棵由单个决策节点加上两个叶节点组成的树. 这是 AdaBoostClassifier 类的默认基估计器. 以下是相关代码和效果图 (图 6.4).

```
1    from sklearn.ensemble import AdaBoostClassifier
2    ada_clf = AdaBoostClassifier(
3        DecisionTreeClassifier(max_depth=1), n_estimators=200,
4        algorithm="SAMME.R", learning_rate=0.5, random_state=42)
5    ada_clf.fit(X_train, y_train)
```

```
6   plot_decision_boundary(ada_clf, X, y)
7   save_fig("Ada_decision_boundary_plot")
```

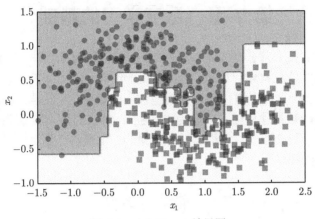

图 6.4   AdaBoost 效果图

2. 梯度 Boosting

另一个非常流行的 Boosting 算法是梯度 Boosting. 就像 AdaBoost 一样, 梯度 Boosting 的工作原理是将预测函数依次添加到一个累加和的集成预测函数中, 每个预测函数都会修正它的前一个预测函数. 然而, 这种方法不是像 AdaBoost 那样在每次迭代中调整训练样本权重, 而是尝试将新的预测函数与前一个预测函数产生的残差进行拟合. 让我们看一个简单的回归示例, 使用决策树作为基分类器 (当然, 梯度增强也适用于回归任务). 这被称为梯度树提升, 或梯度提升回归树 (GBRT).

训练 GBRT 的一个简单方法是使用 Scikit-Learn 的 GradientBoostingRegressor 类. 与 RandomForestRegressor 类非常相似, 它具有控制决策树生长的超参数 (例如, max _depth), 以及控制集成训练的超参数, 例如树的数目 (n_estimators). 请看以下代码.

```
1   from sklearn.ensemble import GradientBoostingRegressor
2   gbrt = GradientBoostingRegressor(max_depth=2, n_estimators=3,
        learning_rate=1.0, random_state=42)
3   gbrt.fit(X, y)
```

第 7 章　深度学习的基础

深度学习的核心部分是人工神经网络. 受到我们大脑结构的启发, 人工神经网络是一种流行的机器学习模型, 其在历史上经历了几番兴衰起伏. 在大数据时代背景下, 由于计算能力增强和训练模型技巧的进步, 深度神经网络模型目前在处理大规模复杂数据建模任务中成为一种强有力的工具, 如在图像分类、目标检测、语音识别、机器翻译等中取得了显著进步. 本章将介绍深度学习模型的基本架构、训练方法和实现.

7.1　前馈神经网络

7.1.1　感知器模型

Rosenblatt (1958) 提出的感知器模型是最简单的人工神经网络架构之一, 可以作为组成人工神经网络的神经元. 感知器模型的示意图如图 7.1 所示.

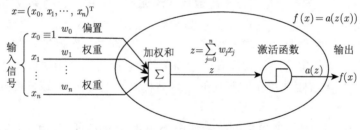

图 7.1　感知器模型示意图

感知器模型图 7.1 中常见的激活函数 $a(z)$ 有阶跃函数

$$a(z) = \text{step}(z) = \begin{cases} 1, & z \geqslant 0, \\ 0, & z < 0, \end{cases} \tag{7.1.1}$$

以及符号函数

$$a(z) = \text{sign}(z) = \begin{cases} 1, & z \geqslant 0, \\ -1, & z < 0. \end{cases} \tag{7.1.2}$$

感知器是一种线性分类器, 和逻辑回归唯一的差异是激活函数, 它们都有线性决策边界. 感知器模型的激活函数为上面的阶跃函数或者符号函数, 不具有逻辑回归中 Sigmoid 函数的光滑性. 下面我们在训练数据标签编码为 $\{-1,1\}$ 和符号函数 $\text{sign}(z)$ 作为激活函数情形下, 考虑感知器模型的基本学习步骤.

记训练数据集 $\mathcal{D} = \{(x^1,y^1),(x^2,y^2),\cdots,(x^m,y^m)\}$, $x^i \in \mathbb{R}^n, y^i \in \{-1,1\}$, 包含 m 个训练样本点. 给定符号函数 $\text{sign}(z)$ 作为激活函数后, 感知器预测函数中未知的就是线性函数的权重系数和偏置了.

因此, 感知器学习基本任务的**第一步**, 即模型定义为函数集合:

$$\mathcal{F} = \{f \mid f(x) = w \cdot x + w_0\},$$

这里 $w = (w_1,\cdots,w_n)^{\mathrm{T}}$.

假设训练数据集是线性可分的, 感知器模型的目标是找到一个超平面 $f(x) = w \cdot x + w_0 = 0$, 能够将正例和负例训练数据完全正确分开, 即该超平面的参数 w, w_0 满足 $w \cdot x^i + w_0 > 0$, 对应的标签 $y^i = 1$, 而 $w \cdot x^i + w_0 < 0$ 对应的标签 $y^i = -1$, 这等价于 $y^i(w \cdot x^i + w_0) > 0$. 找到一个这样的超平面, 就等价于要找到一个对应参数 (w, w_0). 感知器使用了一个超平面产生的所有误分类点到该超平面的距离之和作为损失函数. 该距离如果较大, 直观上说明这样的超平面产生的分类错误程度较大, 反之较小. 我们知道, 对任一点 $x \in \mathbb{R}^n$, 其到超平面 $f(x) = w \cdot x + w_0 = 0$ 的距离为

$$\frac{|w \cdot x + w_0|}{\|w\|},$$

这里 $\|w\|$ 是 w 的欧氏范数, 即 l_2 范数.

根据上面训练数据被一个超平面正确分开的定义可知, 对于误分类数据 (x^i, y^i) 而言,

$$-y^i(w \cdot x^i + w_0) = |w \cdot x + w_0|.$$

若记一个超平面 (w, w_0) 产生的误分类数据集为 $\mathcal{D}_e$, 那么所有误分类点到该超平面的距离之和为

$$\frac{1}{\|w\|} \sum_{x^i \in \mathcal{D}_e} -y^i(w \cdot x^i + w_0).$$

不考虑因子 $-\frac{1}{\|w\|}$, 得到**第二步**, 所有误分类数据对应的损失函数为

$$L(w, w_0) = \sum_{x^i \in \mathcal{D}_e} -y^i(w \cdot x^i + w_0).$$

注意, 这里的损失函数表达式中去掉了原距离公式中的因子 $-\frac{1}{\|w\|}$, 导致同一超平面的两个表达式 $w \cdot x + w_0 = 0$ 和 $tw \cdot x + tw_0 = 0, t \neq 0$ 分别对应不同的损失函

数值 $\sum_{x^i \in \mathcal{D}_e} -y^i(w \cdot x^i + w_0)$ 和 $t\sum_{x^i \in \mathcal{D}_e} -y^i(w \cdot x^i + w_0)$. 因此, $-y^i(w \cdot x^i + w_0)$ 表示了训练数据点 (x^i, y^i) 到超平面 (w, w_0) 的相对距离.

有了损失函数, 我们可以进行感知器学习任务的**第三步**, 求参数 $\hat{w}, \hat{w}_0$, 使得

$$\hat{w}, \hat{w}_0 = \arg\min_{w, w_0} L(w, w_0) = \sum_{x^i \in \mathcal{D}_e} -y^i(w \cdot x^i + w_0). \tag{7.1.3}$$

感知器学习算法采用了常用的随机梯度下降 (stochastic gradient descent) 法, 即随机选择一个误分类点 (x^i, y^i), 在该点上计算损失关于参数的梯度

$$\frac{\partial[-y^i(w \cdot x^i + w_0)]}{\partial w_j} = -y^i x_j^i, \quad j = 0, 1, \cdots, n, \quad x_0^i \equiv 1.$$

然后更新参数

$$w_j \leftarrow w_j + \eta y^i x_j^i, \quad j = 0, 1, \cdots, n. \tag{7.1.4}$$

这样不断迭代, 期望损失函数 $L(w, w_0)$ 能逐渐减小到 0. 下面是相应的感知器学习算法 (算法 7).

算法 7 感知器学习算法

输入 训练数据集 $D = \{(x^1, y^1), (x^2, y^2), \cdots, (x^m, y^m)\}$, 其中 $x^i \in \mathcal{X} = \mathbb{R}^n$, $y^i \in \mathcal{Y} = \{-1, 1\}$, 学习率 η $(0 < \eta \leqslant 1)$; 初始化超平面 w, w_0.

1: **while** 训练数据集中有误分类点 **do**

2:     在训练数据集中选取数据点 (x^i, y^i);

3:     如果 $y^i(w \cdot x^i + w_0) \leqslant 0$, 更新超平面参数

$$w_j \leftarrow w_j + \eta y^i x_j^i, \quad j = 0, 1, \cdots, n;$$

4:     转至 2, 直到训练数据集中没有误分类点.

5: **end while**

输出 $\hat{f}(x) = w \cdot x + w_0$.

该学习算法的直观解释如下: 把参数更新公式重写为 $w \leftarrow w + \eta y^i x^i$; $w_0 \leftarrow w_0 + \eta y^i$. 当训练数据点 (x^i, y^i) 被误分类, 即 $y^i(w \cdot x^i + w_0) \leqslant 0$ 时, 此时调整后的参数 $(w + \eta y^i x^i, w_0 + \eta y^i)$ 会使 $y^i[(w + \eta y^i x^i) \cdot x^i + (w_0 + \eta y^i)] = y^i(w \cdot x^i + w_0) + \eta(y^i)^2[(x^i \cdot x^i) + 1]$ 的第二项为一个正数, 相当于在原结果上加了一个正数, 即更新后的超平面向该误分类点一侧移动, 以减少误分类点与超平面间的距离, 直至超平面越过该误分类点, 从而分类正确.

注 7.1.1 可以证明, 对于线性可分的训练数据集, 感知器算法是收敛的, 即经过有限次迭代可以得到将训练数据集完全正确分类的分离超平面 w, w_0, 具体可参考文献 (李航, 2019) 中的一个证明推导.

注 7.1.2 前面提供的感知器算法是一个原始形式. 实际中常见的感知器算法中的参数更新公式是前面原始算法的一个变体:

$$w_j \leftarrow w_j + \eta(y^i - \hat{y}^i)x_j^i, \quad j = 0, 1, \cdots, n,$$

这里 $\hat{y}^i = \mathrm{sign}(w \cdot x^i + w_0)$.

注 7.1.3 感知器的决策边界是线性的, 因此, 无法学习复杂的模式 (就像 Logistic 回归分类器一样). 事实表明, 通过叠加多个感知器可以消除感知器的一些局限性. 由此产生了下面的神经网络, 称为多层感知器 (multilayer perceptrons, MLP).

7.1.2 多层感知器及其变体

多层感知器预测函数由一个 (直通) 输入层、一个或多个隐藏层 (图 7.2 中简称隐层) 和最后一个称为输出层组成, 见图 7.2. 靠近输入层的层通常称为下层, 靠近输出层的层通常称为上层. 除输出层外的每一层都包含一个偏置神经元, 并完全连接到下一层. 当一个神经网络包含多个隐藏层时, 它被称为深度神经网络 (deep neural network, DNN). 正如在逻辑回归最后的部分所指出的: 输入层输入特征变量观测值 (或称信号), 隐藏层用于特征变换 (提取), 输出层进行分类或者回归任务. 深度学习领域研究 DNN 且包含大量计算的模型. 即便如此, 每当涉及神经网络 (甚至是浅层的网络) 时, 许多人都会论及深度学习. 图 7.2 中的隐藏层中每个小椭圆 (神经元) 中进行的运算操作可以由图 7.1 大椭圆中的加权和以及激活函数构成的复合函数来描述. 因此, 感知器可以看作只有一个输出层且只含一个神经元的特殊神经网络.

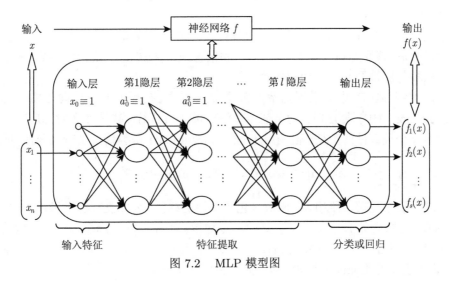

图 7.2 MLP 模型图

深度学习模型虽然多样, 但其基本任务依然像其他机器学习模型一样, 是为了寻找一个预测函数, 分成三个基本步骤来完成, 参见图 7.3.

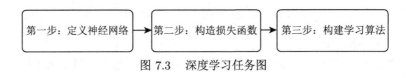

图 7.3　深度学习任务图

下面以多层感知器为例, 介绍这三步的具体内容.

第一步: 定义神经网络.

为了定义出神经网络, 我们需要确定神经网络的连接方式、层数、每层的神经元个数以及激活函数. 多层感知器模型定义为

$$\mathcal{F} = \{f | f(x) = a^o \left(W^o \left[a \left(W^l \cdots a \left(W^2 a \left(W^1 x + w^1 \right) + w^2 \right) \cdots + w^l \right) \right] \right) \},$$
$$(7.1.5)$$

这里对 $k = 1, \cdots, l$, $W^k \in \mathbb{R}^{c_k \times c_{k-1}}$ 表示连接到第 k 层所有神经元的所有边上对应的权重矩阵, $w^k \in \mathbb{R}^{c_k}$ 是连接到第 k 层所有神经元的所有边上的偏置向量, $a(v^k) = \left(a(v^k_1), \cdots, a(v^k_{c_k}) \right)$ 是对第 k 层神经元输出向量 v^k 逐元应用激活函数 $a(\cdot)$ 得到的第 $k+1$ 层神经元输入向量, c_k 是第 k 层神经元的个数. $W^o \in \mathbb{R}^{s \times c_l}$ 表示输出 (output) 层的权重矩阵, 输出层一般不需要偏置向量, $a^o(\cdot)$ 表示输出层的激活函数: 对回归任务常取 $a^o(\cdot)$ 为恒等函数, 有时为了保证取值的非负性而取 ReLU 激活函数或其光滑的变体 Softplus 函数; 对分类任务常取 $a^o(\cdot)$ 为 Softmax 函数等. 以上模型因其连接方式也称作**全连接前馈网络** (fully connected feedforward network).

因此, MLP 中的候选预测函数 $f(x) \in \mathbb{R}^s$ 是一个 x 的复合向量值函数, 给定激活函数后, 权重矩阵 $\left\{ W^k \right\}^l_{k=1}$、$W^o$ 和偏置向量 $\left\{ w^k \right\}^l_{k=1}$ 是待估参数. 神经网络层数和每层神经元个数为超参数.

注意到 MLP 中的激活函数原来是阶跃函数, 在后面介绍反向传播 (back-propagation, BP) 算法时, 为了使该算法能够正常工作, 算法作者对 MLP 的结构做了一个关键性的改变: 他们用 Logistic (Sigmoid) 函数代替了阶跃函数, 即取

$$a(z) = \sigma(z) \triangleq 1/(1 + \exp(-z)). \qquad (7.1.6)$$

这一点很重要, 因为阶跃函数只包含平坦的线段, 因此没有梯度可以处理, 而 Logistic 函数处处有一个定义良好的非零导数, 允许梯度下降在每一步都取得一些进展. 事实上, 为了不同的目的, 反向传播算法可以很好地使用许多其他激活函数, 而不仅仅是 Logistic 函数. 以下是另外两种流行的选择:

$$a(z) = \tanh(z) \triangleq 2\sigma(2z) - 1; \tag{7.1.7}$$

$$a(z) = \mathrm{ReLU}(z) \triangleq \max(0, z). \tag{7.1.8}$$

第一个函数称作双曲正切 (hyperbolic tangent) 函数. 就像 Logistic 函数一样, 这个激活函数是 S 形的、连续的、可微的, 但是它的输出值在 -1 到 1 之间 (而不是 Logistic 函数中的 0 到 1). 这个范围倾向于在训练开始时使每个层的输出或多或少集中在 0 附近, 这通常有助于加速收敛.

ReLU 函数是连续的, 但在 $z = 0$ 时不可微, 当 $z < 0$ 时, 其导数为 0. 然而, 在实践中, 它工作得非常好, 并且具有计算速度快的优点, 因此它已成为默认值. 最重要的是, 它没有有界的最大输出值限制, 这有助于减少梯度下降过程中的一些问题.

众所周知, 线性变换的复合还是线性变换, 因此要想得到复杂的非线性预测函数, 我们需要非线性激活函数的帮助. 理论上, 带有一个非线性激活函数的 DNN 可以逼近任意的连续函数, 因而激活函数对神经网络模型的表征能力至关重要.

第二步: 构造损失函数.

接下来, 第二步的损失函数构造, 和前面章节没有任何区别. 对回归任务, 在训练过程中使用的损失函数通常是均方误差 (MSE), 但是如果训练集中存在大量异常值, 则可能更倾向于使用平均绝对误差 (MAE), 或者可以使用 Huber 损失, 这是两者的组合. 若是多分类任务, 因为我们将要预测一个概率分布, 可以选择交叉熵 (cross entropy) 损失函数. 下面以一个多分类任务为例, 来说明损失函数的构造过程.

例 7.1.1 手写数字识别. 图 7.4 是针对单个训练样本手写数字 "8" 的交叉熵损失计算过程图.

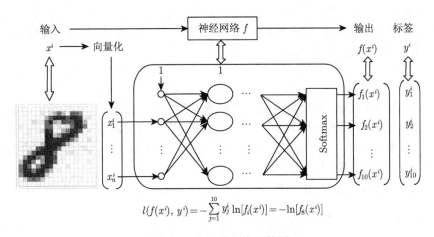

$$l(f(x^i), y^i) = -\sum_{j=1}^{10} y_j^i \ln[f_i(x^i)] = -\ln[f_8(x^i)]$$

图 7.4 交叉熵损失计算图

其中输入特征 x^i 是一幅手写数字 "8" 图像的 (18×18) 像素矩阵, 通过向量化得到一个 324 维的输入向量, 标签 $y^i = (y_1^i, \cdots, y_7^i, y_8^i, y_9^i, y_{10}^i)^{\mathrm{T}} = (0, \cdots, 0, 1, 0, 0)^{\mathrm{T}}$ 是数字 "8" 的 10 维 one-hot 编码向量. $f(x^i)$ 是神经网络模型中的一个候选预测函数 f 的输出向量. 输出 $f(x^i)$ 和训练数据标签 y^i 之间的交叉熵预测损失定义为

$$l\left(f(x^i), y^i\right) = \sum_{j=1}^{10} y_j^i \ln f_j(x^i). \tag{7.1.9}$$

对于所有 m 个训练数据的平均损失为

$$L(w) = \frac{1}{m} \sum_{i=1}^{m} l\left(f(x^i), y^i\right), \tag{7.1.10}$$

这里 w 是预测函数 f 中所有层的权重矩阵 $\{W^k\}_{k=1}^{l}$、W^o 和偏置向量 $\{w^k\}_{k=1}^{l}$ 元素组成的参数向量.

第三步: 构建学习算法.

有了损失函数 $L(w)$, 我们的第三步任务是通过优化算法, 求解损失函数的极值点, 以获得模型参数. 在经常使用的梯度下降法中, 我们需要计算损失函数的梯度 $\nabla L(w)$, 然后建立参数更新公式 $w \leftarrow w - \eta \nabla L(w)$, 求解极值点.

MLP 模型提出后, 研究人员一直在努力寻找训练该模型的方法, 但都没有成功. 但是在 1986 年, Rumelhart、Hinton 和 Williams 发表了一篇开创性的论文, 介绍了至今依旧在使用的 BP 训练算法. 简而言之, 它是一种梯度下降法, 使用了一种有效的技术自动计算梯度. 在通过网络的两次过程中 (一次向前、一次向后), BP 算法能够计算出网络预测损失相对于每个模型参数的梯度. 换言之, 它可以找出策略调整每个连接权重和每个偏置项以减少错误. 一旦它有了这些梯度, 它只需执行一个常规的梯度下降步骤, 重复整个过程, 直到网络收敛到想要的解. 下一小节, 我们详细介绍 BP 算法.

7.1.3　BP 算法

深度学习中的神经网络 f 是一个线性映射和非线性激活函数的层层复合构成的复合函数, 而损失函数又是 f 的复合, 因此在求损失函数的梯度时, 会反复用到求导的链式法则. 为了方便可视化, 我们介绍一个简化版的 BP 算法, 只需用到非常简单的链式法则.

根据 (7.1.10) 式, 损失函数关于某个参数 w_t 的偏导数可以写为

$$\frac{\partial L(w)}{\partial w_t} = \frac{1}{m} \sum_{i=1}^{m} \frac{\partial l\left(f(x^i), y^i\right)}{\partial w_t}. \tag{7.1.11}$$

因此, 我们只需要对任一数据点 (x^i, y^i), 提供 $\dfrac{\partial l\left(f(x^i), y^i\right)}{\partial w_t}$ 的求解公式即可. 为了方便起见, 我们用 (x, y) 表示某一数据点, 且 $x = (x_1, x_2)^{\mathrm{T}}$ 是一个二维特征. 图 7.5 提出了一个神经网络预测函数 $f(x)$ 预测 y 产生的损失 $l(f(x), y)$ 关于第一层第一个神经元输入边上权重 w_1, w_2 和偏置 w_0 的偏导数问题描述.

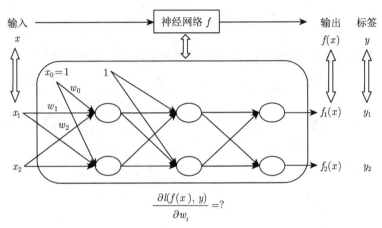

图 7.5 BP 算法问题图

接下来, 我们展开第一层第一个神经元, 见图 7.6.

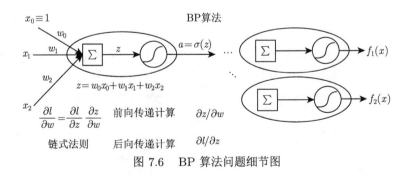

图 7.6 BP 算法问题细节图

图 7.6 展示了该神经网络函数运算和求感兴趣参数偏导数的基本思路. 图 7.7 则说明了 BP 算法中的偏导数求解的前向传递过程.

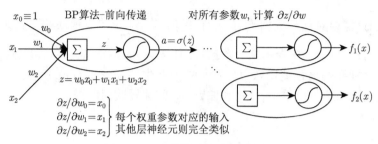

图 7.7　BP 算法前向传递过程图

图 7.8 则描述了 BP 算法中的偏导数求解的后向传递整体过程.

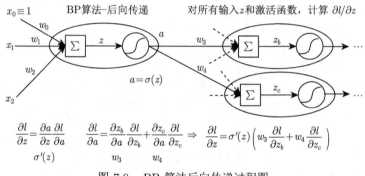

图 7.8　BP 算法后向传递过程图

其再次用到链式法则. 接下来则描述了 BP 算法中的偏导数求解的后向传递由前向后传播过程中, 两个分量和第二个分量在两种情形下的计算示意图 (图 7.9—图 7.11).

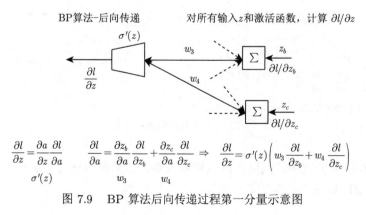

图 7.9　BP 算法后向传递过程第一分量示意图

最后一个则是 BP 算法整个流程的一个缩略过程示意图 (图 7.12).

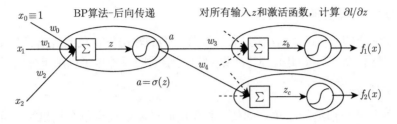

若图中第二层已是输出层, 则由下面公式完成计算

$$\frac{\partial l}{\partial z} = \sigma'(z)\left(w_3\frac{\partial l}{\partial z_b} + w_4\frac{\partial l}{\partial z_c}\right), \qquad \frac{\partial l}{\partial z_b} = \frac{\partial f_1(x)}{\partial z_b}\frac{\partial l}{\partial f_1(x)}, \qquad \frac{\partial l}{\partial z_c} = \frac{\partial f_2(x)}{\partial z_c}\frac{\partial l}{\partial f_2(x)}$$

若图中第二层不是输出层, 则类似图 7.9 中方法递归进行 (图 7.11), 一直到输出层为止.

图 7.10   BP 算法后向传递过程第二分量情形一示意图

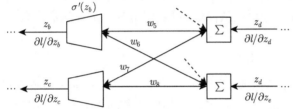

若图中第二层不是输出层, 则由下面公式完成计算

$$\frac{\partial l}{\partial z} = \sigma'(z)\left(w_3\frac{\partial l}{\partial z_b} + w_4\frac{\partial l}{\partial z_c}\right), \quad \frac{\partial l}{\partial z_b} = w_5\frac{\partial l}{\partial z_d} + w_6\frac{\partial l}{\partial z_e}, \quad \frac{\partial l}{\partial z_c} = w_7\frac{\partial l}{\partial z_d} + w_8\frac{\partial l}{\partial z_e},$$

所以, 可以一开始从输出层计算需要的偏导数, 向后传播求出需要的中间层偏导数; 然后, 结合前后传递计算结果, 给出最终的关于某个参数的偏导数. 整个过程可以概括为相关的最后一个示意图(图7.12).

图 7.11   BP 算法后向传递过程第二分量情形二示意图

最后一个则是 BP 算法整个流程的一个缩略过程示意图 (图 7.12).

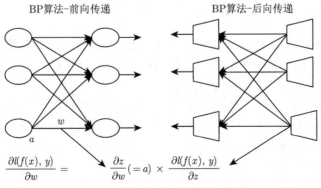

图 7.12   BP 算法过程概略示意图

7.1.4　回归和分类任务中的 MLP

前面详细介绍了 MLP 的结构, 如何计算它们的输出以及反向传播算法. 但我们能用它们做什么呢? 事实上, MLP 既可以用于回归任务也可以用于分类任务.

1. 回归任务

如果我们只想预测一个单一的值, 那么我们只需要设定单个输出神经元, 用于输出预测值. 对于多因变量回归 (即一次预测多个值), 需要用每一个输出神经元输出一个维度. 例如, 在目标识别研究中, 要定位图像中目标的中心, 需要预测二维坐标, 所以需要两个输出神经元. 如果还要在目标周围放置一个边界框, 则还需要两个维度: 目标的宽度和高度. 所以, 需要设置四个输出神经元.

一般来说, 在构建用于回归的 MLP 时, 我们不希望对输出神经元使用任何激活函数, 因此它们可以自由输出任何范围的值. 如果想保证输出总是正的, 那么可以在输出层中使用 ReLU 激活函数, 或者可以使用 Softplus 激活函数, 它是 ReLU 的平滑变体:

$$\text{Softplus}(z) = \ln\left(1 + \exp(z)\right).$$

如果要保证预测落在给定的值域范围内, 则可以使用 Logistic 函数或双曲正切函数, 然后做适当的缩放. 表 7.1 归纳了用于回归任务的 MLP 的典型架构.

表 7.1　用于回归任务的 MLP 的典型架构

超参数	典型取值
输入层神经元个数	每个特征一个
隐藏层数	依赖于具体问题, 常取值 1—5
每个隐藏层神经元数	依赖于具体问题, 常取值 10—100
输出层神经元个数	每个预测维度一个
隐藏层的激活函数	ReLU (或者 SELU (scaled exponential linear units) 等)
输出层的激活函数	无, 或者 ReLU/Softplus(对正值输出需求), 或者 Logistic/tanh(对有界输出需求)
损失函数	MSE 或者 MAE/Huber

2. 分类任务

MLP 也可用于分类任务. 对于二分类问题, 只需要在输出层使用 Logistic 激活函数, 输出将是一个介于 0 和 1 之间的数字, 可以将其解释为正类的估计概率. 负类的估计概率等于 1 减去正类的估计概率.

MLP 还可以轻松地处理所谓的多标签二分类任务. 例如, 一个电子邮件分类系统可以预测每个传入的电子邮件是正常邮件还是垃圾邮件, 同时预测它是紧急邮件还是非紧急邮件. 在这种情况下, 需要两个输出神经元, 都使用 Logistic 激活函数: 第一个神经元输出电子邮件是垃圾邮件的概率, 第二个神经元输出电子邮件是紧急邮件的概率. 一般来说, 我们会为每一个正类指定一个输出神经元. 注意, 这两个神经元的输出概率加起来不一定等于 1. 这允许模型输出标签的任意组合: 可以有非紧急正常邮件、紧急正常邮件、非紧急垃圾邮件, 甚至可能还有紧急垃圾邮件.

如果每个实例只能属于三个或更多可能的类中的一个类 (例如, 数字图像分类的 0 到 9), 那么每个类需要一个输出神经元, 并且应该对整个输出层使用 Softmax 激活函数. Softmax 函数将确保所有估计的概率都在 0 到 1 之间, 并且它们加起来等于 1, 这被称为多类分类 MLP. 表 7.2 归纳了用于分类任务的 MLP 的典型架构.

表 7.2 用于分类任务的 MLP 的典型架构

超参数	二分类	多标签二分类	多分类
输入层和隐藏层	同回归任务	同回归任务	同回归任务
输出层神经元个数	1	每个标签 1 个	每个类 1 个
输出层激活函数	Logistic	Logistic	Softmax
损失函数	交叉熵	交叉熵	交叉熵

7.2 利用 Keras 和 TensorFlow 实施 MLP

Keras 是一个高级的深度学习应用程序接口 (API), 允许用户轻松地构建、训练、评估和执行各种神经网络. Keras 是由 François Chollet 作为一个研究项目的一部分开发, 并于 2015 年 3 月作为一个开源项目发布. 由于其易用性、灵活性和美观的设计, 很快就受到了欢迎. 为了执行神经网络所需的大规模计算, Keras 依赖于计算后台. 目前, 可以从三个流行的开源深度学习库中进行选择: TensorFlow、MicrosoftCognitiveToolkit 和 Theano. 因此, 为了避免任何混淆, 我们将这个 Keras 称为多后台 Keras.

自 2016 年末以来, 已经发布了其他实现. 现在, 用户可以在 Apache MXNet、苹果公司的 Core ML, JavaScript 或 TypeScript 和 PlaidML. 此外, TensorFlow 现在与自己的 Keras 实现 tf.keras 捆绑在一起. 它只支持 TensorFlow 作为后端, 但它的优势是提供一些非常有用的额外特性: 例如, 它支持 TensorFlow 的数据 API, 这使得数据的加载和预处理变得更加容易. 因此, 我们将主要使用 tf.keras 完成一些实例. 因为在本章中, 我们将不使用任何特定于 TensorFlow 的属性, 有关代码只需做如更改导入方式等一些小的修改, 也在其他 Keras 实现上运行良好.

继 Keras 和 TensorFlow 之后, 最受欢迎的深度学习库是 PyTorch 库. 事实上, 它的 API 与 Keras 非常相似 (部分原因是这两个 API 都受到了 Scikit-Learn 和 Chainer 的启发), 因此一旦用户了解 Keras, 切换到 PyTorch 并不困难. PyTorch 的受欢迎程度在 2018 年呈指数级增长, 这主要归功于它的简单性和优秀的文档, 而这并不是 TensorFlow 1.x 的主要优势. 然而, TensorFlow 2 可以说和 PyTorch 一样简单, 因为它采用了 Keras 作为其官方高级 API, 并且它的开发人员已经大大简化和清理了 API 的其余部分. 文档也已经完全重新组织, 现在更容易找到用户需要的内容. 类似地, PyTorch 的主要缺点 (例如, 有限的可移植性和没有计算图分析) 也在 PyTorch 1 中得到了很大的解决. 因此, 作为深度学习 Python 实现的基础, 我们接下来主要介绍 TensorFlow 2 的部分入门知识, 为后面的复杂模型提供基础. PyTorch 1 的使用放到后面第 10—11 章.

在第 1 章安装好 TensorFlow 2 的基础上, 有几种不同水平下对该计算后台的基本使用方式, 下面分别通过一些实例介绍 MLP 的实施步骤.

7.2.1　使用 Sequential API 建立分类器

本小节, 我们以名为 Fashion MNIST 的数据集建立一个 MLP 分类器为例, 来说明 Sequential API 使用过程. Fashion MNIST 的格式与 MNIST (手写数据集) 完全相同 (70000 个灰度图像, 每个 (28×28) 像素, 有 10 个类), 但是这些图像代表的是时尚用品, 而不是手写数字, 因此每个类都更加多样化, 比 MNIST 更具挑战性.

1. 使用 Keras 加载 Fashion MNIST 数据集

Keras 提供了一些实用函数来获取和加载公共数据集:

```
1  fashion_mnist = keras.datasets.fashion_mnist
2  (X_train_full, y_train_full), (X_test, y_test) = fashion_mnist.load_data()
```

这里每个图像都表示为 28×28 二维数组, 而不是长为 784 的一维数组. 此外, 像素强度被表示为整数 (从 0 到 255) 而不是浮点数 (从 0.0 到 255.0). 我们可以用下面代码查看训练集的形状和数据类型:

```
1  X_train_full.shape
2  X_train_full.dtype
```

请注意, 数据集已经分为训练集和测试集, 但没有验证集, 因此我们现在将创建一个验证集. 另外, 由于我们要用梯度下降法训练神经网络, 所以必须对输入特征进行缩放. 为简单起见, 我们将通过像素强度除以 255.0 (这也将它们转换为浮点数) 使其缩小到 0—1 范围.

```
1  X_valid, X_train = X_train_full[:5000] / 255., X_train_full[5000:] / 255.
2  y_valid, y_train = y_train_full[:5000], y_train_full[5000:]
3  X_test = X_test / 255.
```

可以使用 Matplotlib 的 imshow() 函数和 "二进制" 颜色映射来输出图像 (图 7.13).

```
1  plt.imshow(X_train[0], cmap="binary")
2  plt.axis('off')
3  save_fig("Coat_plot")
4  plt.show()
```

图 7.13 外套图像灰度图

对于 MNIST, 当标签等于 5 时, 表示图像代表手写数字 5. 然而, 对于 Fashion MNIST, 我们需要类名列表来了解我们要处理的内容.

```
1  class_names = ["T-shirt/top", "Trouser", "Pullover", "Dress", "Coat",
       "Sandal", "Shirt", "Sneaker", "Bag", "Ankle boot"]
2  class_names[y_train[0]]
3  'Coat'
```

图 7.14 显示了 Fashion MNIST 数据集的一些实例.

图 7.14 Fashion MNIST 一些实例图

2. 使用 Sequential API 创建模型

此创建模型过程涉及了前面提到的机器学习主要任务实现的三步: 定义模型、构造损失、优化算法.

首先, 我们考虑创建带有两个隐藏层的分类 MLP 框架, 可以使用如下 5 句代码实现:

```
1  model = keras.models.Sequential()
2  model.add(keras.layers.Flatten(input_shape=[28, 28]))
3  model.add(keras.layers.Dense(300, activation="relu"))
4  model.add(keras.layers.Dense(100, activation="relu"))
5  model.add(keras.layers.Dense(10, activation="softmax"))
```

(1) 第一行创建一个 Sequential 模型框架. 这是一种最简单的 Keras 神经网络模型, 它只是由一堆按顺序连接的层组成, 故此称为 Sequential API.

(2) 第二行构建了第一层 (输入层), 并将其添加到模型中. 它是一个所谓的 Flatten 层, 其作用是将每个输入图像转换为一维数组: 如果它接收到输入数据 X, 它将计算 X.reshape($-1,1$). 这个层没有任何参数; 它只是在那里做一些简单的预处理. 因为它是模型中的第一层, 所以用户应该指定输入形状, 它不包括批量大小, 只包括实例的形状.

(3) 第三行添加一个所谓的 Dense 层 (第一个隐藏层), 包含 300 个神经元, 每个神经元都使用 ReLU 激活函数. 每个密集层管理自己的权重矩阵, 包含神经元与其输入之间的所有连接权重. 它还管理一个偏差项向量 (每个神经元一个). 当它接收到一些输入数据时, 它计算该层的输出为 $a^1 = \text{ReLU}(XW^1 + b^1)$, 其又接着成为下一个隐藏层的输入.

(4) 第四行作用是添加第二个 Dense 层 (第二个隐藏层), 包含 100 个神经元, 也使用 ReLU 激活函数.

(5) 最后一行, 添加了第三个 Dense 层 (作为输出层), 其中包含 10 个神经元 (每个对应一个类), 这里使用了 Softmax 激活函数.

上面模型也可以用下面的代码实现:

```
1  model = keras.models.Sequential([
2      keras.layers.Flatten(input_shape=[28, 28]),
3      keras.layers.Dense(300, activation="relu"),
4      keras.layers.Dense(100, activation="relu"),
5      keras.layers.Dense(10, activation="softmax")])
```

若想使用 keras.io 网站中的代码示例, 通过改变导入库的方式, 即可以在 tf.keras

下正常运行. 例如, keras.io 中的代码:

```
1  from keras.layers import Dense
2  output_layer=Dense(10)
```

需改为:

```
1  from tensorflow.keras.layers import Dense
2  output_layer=Dense(10)
```

model.summary() 方法可以显示刚刚创建的模型的所有层, 包括每个层的名称 (除非在创建层时设置, 否则将自动生成)、输出形状 (无表示批量大小可以是任何值) 及其参数个数; 最后以参数的总数结束, 其为可训练参数和不可训练参数之和, 这里我们只有可训练的参数.

注意到, Dense 层通常有许多参数. 例如, 第一个隐藏层有 784×300 个连接权重, 加上 300 个偏置项, 总共有 235500 个参数. 这为模型提供了相当大的灵活性来拟合训练数据, 但也意味着模型存在过度拟合的风险, 尤其是在没有大量训练数据的情况下.

我们还可以使用其他一些模型中的方法了解模型的细致结构和参数初始化情况, 请参阅相关文档.

接着, 创建模型后, 需要调用其 compile() 方法来指定损失函数和要使用的优化器; 可选地, 还可以指定在训练和评价时要使用的其他度量的列表, 代码如下:

```
1  model.compile(loss="sparse_categorical_crossentropy",
       optimizer="sgd", metrics=["accuracy"])
```

这等价于代码:

```
1  model.compile(loss=keras.losses.sparse_categorical_crossentropy,
2               optimizer=keras.optimizers.SGD(),
3               metrics=[keras.metrics.sparse_categorical_accuracy])
```

首先, 我们使用 "sparse_categorical_crossentropy" 损失, 因为我们有稀疏标签 (即对于每个实例, 只有一个目标类索引, 在本例中从 0 到 9), 并且类是互斥的. 相反, 如果任一实例属于每个类有一个目标概率 (例如对应一个所谓的 "one-hot" 向量, 如 [0,0,0,1,0,0,0,0,0,0] 来表示类 3), 那么我们需要使用 "categorical_crossentropy" 损失.

如果我们进行二进制分类 (使用一个或多个二进制标签), 那么我们将在输出

层使用 "Sigmoid"(即 Logistic) 激活函数, 而不是 "Softmax" 激活函数, 并且我们将使用 "binary_crossentropy" 损失.

关于优化器 (optimizer), "sgd" 意味着我们将使用简单的随机梯度下降算法来训练模型. 最后, 由于这是为了寻找一个分类器, 因此在训练和评估过程中使用 "准确性"(accuracy) 作为度量.

3. 训练和评估模型

现在模型已经准备好接受训练了. 为此, 我们只需调用 fit() 方法.

```
1  history = model.fit(X_train, y_train, epochs=20,
        validation_data=(X_valid, y_valid))
```

fit() 方法的输入是特征变量和标签对应的训练数据集以及所谓的 epoch 数 (缺省值为 1), 另外还输入了一个可选的参数即验证集. Keras 将在每个 epoch 结束时提供这个集合上的损失和预测精确性指标, 这对于查看模型的实际性能非常有用. 如果训练集上的性能比验证集上的性能好得多, 那么当前的模型可能是过度拟合了训练集, 或者存在某些错误, 例如训练集和验证集之间的数据不匹配.

至此, 我们的模型训练基本步骤完成. fit() 方法的输入还有其他一些参数设置, 可参考有关文献. fit() 方法会返回一个 History 对象, 其包含了训练过程中的参数 (history.params), 存储 epoch 数的列表 (history.epoch), 以及一个重要字典 (history.history), 该字典含有每个 epoch 结束时在训练集和验证集上的损失及额外的精确性度量. 根据该字典可以画出模型训练过程的学习曲线 (图 7.15).

```
1  import pandas as pd
2  hd=pd.DataFrame(history.history)
3
4  plt.plot(hd.loss,c='k',linestyle='-')
5  plt.plot(hd.val_loss,c='k',linestyle='-.')
6  plt.plot(hd.accuracy,c='k',linestyle='--')
7  plt.plot(hd.val_accuracy,c='k',linestyle=':')
8  plt.legend(['loss','val_loss','accuracy','val_accuracy'])
9
10 plt.grid(True)
11 plt.gca().set_ylim(0, 1)
12 save_fig("keras_learning_curves_plot")
13 plt.show()
```

可以看到, 在训练过程中, 训练集和验证集上的精度都在稳步提高, 而训练集和验证集上的损失却都在减少, 这表明训练过程是满意的. 此外, 训练集和验证集

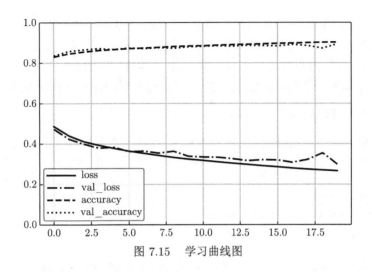

图 7.15   学习曲线图

上的精度曲线很接近, 这意味着没有过拟合. 在这个特定的例子中, 模型在训练开始时在验证集上的表现似乎比在训练集上的表现更好. 但事实上, 验证误差是在每个 epoch 结束时计算的, 而训练误差是在每个 epoch 期间使用运行平均值计算的. 所以训练曲线应该向左移动半个 epoch. 如果这样做, 我们将看到训练和验证曲线在训练开始时几乎完全重叠.

通常情况下, 若训练时间足够长, 训练集上的性能最终会超过验证性能. 可以看出模型还没有完全收敛, 因为验证集上的损失仍在下降, 所以我们可以继续训练, 简单地再次调用 fit() 方法即可, 因为 Keras 只是在上次训练停止的地方继续训练.

如果对模型的性能不满意, 应该返回并调整超参数. 首先要检查的是学习率, 如果没有帮助, 请尝试另一种优化器 (并且总是在更改任何超参数后重新调整学习速率). 如果性能仍然不是很好, 那么可以尝试进一步调整模型的一些超参数, 例如层的数量、每层的神经元的个数以及用于每个隐藏层的激活函数的类型. 还可以尝试调整其他超参数, 例如 batch size (可以在 fit() 方法中使用 batch size 参数设置, 默认值为 32). 一旦对模型的验证精度感到满意, 把模型部署到生产环境之前, 应该在测试集中对其进行评估, 以估计泛化错误. 使用 evaluate() 方法可以很容易地做到这一点.

```
1   model.evaluate(X_test, y_test)
2
3   1s 58us/sample - loss: 0.2455 - accuracy: 0.8783
```

它还支持其他几个参数, 如 batch size 和 sample weight; 有关详细信息, 可参看 Keras 文档. 正如我们在其他机器学习方法中看到的, 测试集上的性能通常比验证集上的性能稍低, 因为超参数是在验证集而不是在测试集上进行调优的 (因为在本例中, 我们没有进行任何超参数调优, 所以较低的精度只是运气不好). 记住不要在测试集上调整超参数, 否则用户对泛化错误的估计将过于乐观.

　　4. 使用训练好的模型去做预测

　　接下来, 我们可以使用模型的 predict() 方法对新实例进行预测. 因为我们没有真正的新实例, 所以我们只使用测试集的前三个实例来演示:

```
1  X_new = X_test[:3]
2  y_proba = model.predict(X_new)
3  y_proba.round(2)
4
5  array([[0. , 0. , 0. , 0. , 0. , 0.01, 0. , 0.03, 0. , 0.95],
6         [0. , 0. , 1. , 0. , 0. , 0. , 0. , 0. , 0. , 0. ],
7         [0. , 1. , 0. , 0. , 0. , 0. , 0. , 0. , 0. , 0. ]],
8        dtype=float32)
```

　　如你所见, 对于每个实例, 模型预测值提供了从 0 到 9 每个类的一个概率. 例如, 对于第一个图像, 它估计类别 9 (踝靴) 的概率为 95%, 类别 5 (凉鞋) 的概率为 3%, 类别 7 (运动鞋) 的概率为 1%, 其他类别的概率可以忽略不计. 换句话说, 模型 "相信" 第一张图片是鞋子, 很可能是踝靴, 但也可能是凉鞋或运动鞋. 如果只关心具有最高估计概率的类, 则可以改用 predict_classes() 方法.

```
1  y_pred = model.predict_classes(X_new)
2  y_pred
3
4  array([9, 2, 1], dtype=int64)
5
6  np.array(class_names)[y_pred]
7
8  array(['Ankle boot', 'Pullover', 'Trouser'])
```

　　现在我们知道了如何使用 Sequential API 来构建、训练、评估和分类 MLP 的实验. 使用 Sequential API 来构建、训练、评估和使用回归 MLP 来进行预测与我们所做的分类任务非常相似. 主要的区别在于输出层只有一个神经元 (因为我们只想预测一个值), 没有使用激活函数, 损失函数是均方误差. 具体细节可参看 Keras 文档.

　　由上所见, Sequential API 非常容易使用. 然而, 尽管序列模型非常常见, 但有时用更复杂的拓扑结构或多个输入或输出建立神经网络是有用的. 为此, Keras 提供了 Functional API.

7.2.2 使用 Functional API 构建复杂模型

非 Sequential 神经网络的一个例子是宽而深的神经网络 (wide and deep neural network). Cheng 等在 2016 年的一篇论文中介绍了这种神经网络架构. Functional API 主要特点就是可以把神经网络的层根据自己的需求灵活地相连, 其中的一层可以作为另一层的输入, 故此得名. Functional API 和 Sequential API 的主要区别在于搭建模型的方式, 至于模型的训练、评估和预测与前面十分相似, 这里从略, 读者使用时可参考 Keras 文档.

7.2.3 使用 Subclassing API 构建动态模型

Sequential API 和 Functional API 都是声明性的: 首先声明要使用哪些层以及它们应该如何连接, 然后才能开始向模型提供一些数据以供训练或推断. 这有许多优点: 模型可以很容易地保存、克隆和共享; 它的结构可以显示和分析; 框架可以推断形状和检查类型, 因此可以及早发现错误 (即在任何数据通过模型之前). 它也很容易调试, 因为整个模型是一个静态的层图. 但另一面是: 它是静态的. 一些模型涉及循环、各种形状、条件分支和其他动态行为. 对于这种情况, 如果用户更喜欢命令式编程风格, 那么 Subclassing API 就是为用户所准备的.

只需对 Model 类进行继承来构建子类, 在构造器中创建所需的层, 并使用它们在 call() 方法中执行所需的计算. 例如, 创建下面的 WideAndDeepModel 类的实例可以为我们提供一个与用 Functional API 构建的模型等价的模型. 用户可以编译它、评估它, 然后用它来做预测, 就像前面做的那样:

```python
class WideAndDeepModel(keras.models.Model):
    def __init__(self, units=30, activation="relu", **kwargs):
        super().__init__(**kwargs)
        self.hidden1 = keras.layers.Dense(units, activation=activation)
        self.hidden2 = keras.layers.Dense(units, activation=activation)
        self.main_output = keras.layers.Dense(1)
        self.aux_output = keras.layers.Dense(1)

    def call(self, inputs):
        input_A, input_B = inputs
        hidden1 = self.hidden1(input_B)
        hidden2 = self.hidden2(hidden1)
        concat = keras.layers.concatenate([input_A, hidden2])
```

```
14          main_output = self.main_output(concat)
15          aux_output = self.aux_output(hidden2)
16          return main_output, aux_output
17
18   model = WideAndDeepModel(30, activation="relu")
```

这个例子看起来很像函数 API, 只是我们不需要创建输入; 我们只在 call() 方法中使用 input 参数. 我们在构造器中 (子类的 _init_() 定义中) 创建层, 而在子类的 call() 方法中使用层. 最大的区别是, 在 call() 方法中, 用户几乎可以做任何想做的事情: 如循环、if 语句、低级 TensorFlow 操作等. 这使得它成为研究人员尝试新想法的一个很好的 API.

这种额外的灵活性的代价是: 模型的架构隐藏在 call() 方法中, 因此 Keras 无法轻松地检查它、无法保存或克隆它; 当调用 summary() 方法时, 用户只会得到一个层的列表, 而没有任何关于它们如何相互连接的信息. 此外, Keras 不能提前检查类型和形状, 更容易出错. 这可以看作第三个水平下对 Keras 的建模、训练神经网络 MLP 的使用方法.

用户知道了如何使用 Keras 构建和训练神经网络后, 就会想要保存它们.

7.2.4 保存和恢复模型

使用 Sequential API 或 Functional API 时, 保存经过训练的 Keras 模型就非常简单:

```
1   model = keras.models.Sequential([ ])
2   model.compile([ ])
3   model.fit([ ])
4   model.save("my_keras_model.h5")
```

Keras 将使用 HDF5 格式保存模型的 z 架构 (包括每个层的超参数) 和每个层的所有模型参数的值 (例如, 连接权重和偏差). 它还保存优化器 (包括其超参数和任何状态). 加载模型和使用它进行预测同样简单:

```
1   model = keras.models.load_model("my_keras_model.h5")
2   model.predict(X_new)
```

除了以上的基本保存和加载模型方法, 还有一些有用的保存和加载方法设置以及可视化操作, 可以参看相应的 Keras 文档.

另外, 神经网络模型的灵活性优点也是其主要的缺点之一: 有许多的超参数要去调整. 不仅可以使用任何可以想象的网络架构, 甚至在一个简单的 MLP 中,也可以更改层的数量、每层的神经元数量、每层中要使用的激活函数的类型、权重初始化策略等等. 一种方法是简单地尝试多种超参数组合, 看看哪种组合在验证集上最有效 (或者使用 K 折交叉验证). 这种方法在有些情形下可能会非常耗时, 因此用一些相应的策略去缓解这些问题. 超参数优化仍然是一个活跃的研究领域, 进化算法正在重新受到重视. 例如, DeepMind 的 2017 年优秀论文作者联合优化了一组模型及其超参数. Google 还采用了一种进化的方法, 不仅搜索超参数, 还寻找解决这个问题的最佳神经网络架构; 他们的 AutoML 套件已经作为云服务提供. 作为初学者, 可以参照 Géron (2019) 在 MLP 中选择隐藏层和神经元数量以及其他一些主要超参数的建议.

第 8 章 卷积神经网络

8.1 简 介

卷积神经网络 (convolutional neural networks, CNN) 起源于对大脑视觉皮层的研究, 自 20 世纪 80 年代以来就被用于图像识别. 近些年来, 由于计算能力的提高, 可用训练数据量的增加, 以及训练深层网络的技巧, CNN 在一些复杂的视觉任务上取得了超越人类的表现. 它们提供图像搜索服务、自动驾驶汽车、自动视频分类系统等. 此外, CNN 并不局限于视觉感知, 它们还成功地完成了许多其他任务, 如语音识别和自然语言处理.

在本章中, 我们将探讨 CNN 来源、网络架构以及如何使用 TensorFlow 和 Keras 实现它们.

8.2 CNN 的网络架构

CNN 本质上是 MLP 的一种特例, 即其可以看作在 MLP 的前面一些层之间的神经元部分相连且权重共享. 该想法受到大脑视觉皮层实验的结果启发. 1958 年和 1959 年, Hubel 和 Wiesel 在猫身上进行了一系列实验, 对视觉皮层的结构给出了至关重要的见解. 他们指出, 视觉皮层中的许多神经元都只有一个小的局部感受野, 这意味着它们只对位于视野有限区域的视觉刺激做出反应. 不同神经元的感受野可能重叠, 共同构成整个视野. 此外, 他们还发现一些神经元只对水平线的图像做出反应, 而另一些神经元只对不同方向的线做出反应 (两个神经元可能有相同的感受野, 但对不同的线方向做出反应). 他们又注意到一些神经元有更大的感受野, 它们对更复杂的模式做出反应, 这些模式是低水平模式的组合. 这些观察结果导致了这样一种想法, 即高水平神经元是基于相邻低水平神经元的输出. 这种强大的体系结构能够在视野的任何区域检测到各种复杂的模式.

这些对视觉皮层的研究启发了 Fukuskjma 于 1980 年提出的新认知理论, 它逐渐演变成我们现在所说的卷积神经网络. 一个重要的里程碑是在 1998 年 LeCun 等的一篇论文, 该论文介绍了著名的 LeNet-5 网络结构, 该体系结构被银行广泛用于识别手写支票号码. 这种架构有一些已知的构建块, 例如完全连接的层和 Sigmoid 激活函数, 但是它还引入了两个新的构建块: 卷积层 (convolutional layers) 和池化层 (pooling layers). 我们现在来讨论这两个模块的结构及其作用.

例如, 在图像识别任务中, 为了识别鸟类, 我们需要抓住鸟嘴特征, 这只需要网络的神经元能提取整幅图像的一个鸟嘴所在的局部区域的像素组合. 而当鸟在一幅图像中不同位置时, 由同样的一些神经元来负责识别即可. 以上两个任务正是由 CNN 的卷积层来完成的. 另外, 根据经验, 当把一幅图像经过下采样部分行和列的像素单元, 并不影响整幅图像的识别, 这启发了池化层.

图 8.1 给出了 CNN 的一个基本架构.

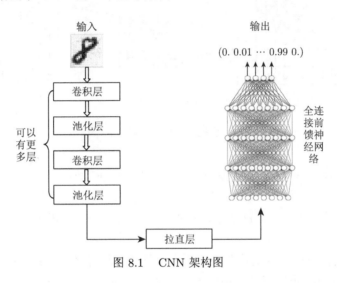

图 8.1　CNN 架构图

卷积层　CNN 中最重要的模块是所谓的卷积层. 第一卷积层中的神经元并没有连接到输入图像中的每一个像素, 而是只连接到感受野中的像素. 同样地, 第二卷积层中的每个神经元只与第一层中一个小矩形内的神经元相连. 这种网络连接方式允许网络将注意力集中在第一个隐藏层的小的底层特征上, 然后在下一个隐藏层将它们组装成更大的高层特征, 以此类推. 这种层次结构在现实图像中很常见, 这也是 CNN 在图像识别中发挥良好效果的原因之一.

我们首先通过图 8.2 介绍卷积层涉及的主要运算操作, 其中 I 表示一幅 7×7 的图像作为输入; K 表示一个 3×3 的卷积核 (或称作滤波器). 我们可以有多个卷积核, 分别用于探测图像中不同位置的相同或不同的模式; 每个卷积核通过在图像平移并做图中所示的运算后得到一个矩阵称作特征图. 根据设定的卷积核, 每次左右或上下滑动的步幅大小 (称作 Stride), 可以得到不同尺寸的特征图. 卷积核 K 中的元素值在实际当中是通过训练得到的连接权重.

当输入为多维图像 (或者多通道特征图) 时, 相应的卷积核也是一个多维的张量. 例如, 若输入图像尺寸为 7×7, 通道数为 3, 卷积核有 2 个, 每个尺寸为 3×3, 通道数为 3 (与输入图像通道数一致), 卷积时, 若取步幅为 1, 仍以滑动窗口的形式, 从左至右, 从上至下, 3 个通道的对应位置相乘求和, 输出结果为 2 张 5×5 的特征图. 一般地, 当输入为 $m \times n \times c$ 时, 每个卷积核为 $k \times k \times c$, 即每个卷积核的通道数应与输入的通道数相同 (因为多通道需同时卷积), 输出的特征图数量与卷积核数量一致, 这里不再赘述.

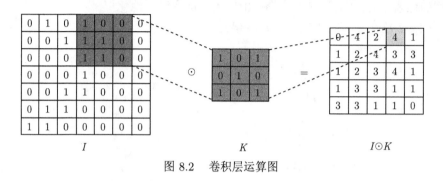

图 8.2　卷积层运算图

如果将 CNN 的卷积层运算和全连接前馈神经网络的连接方式进行比较, 可以看出其中的区别为:

(1) 给定的卷积层中每个不同的神经元只和上一层不同的部分神经元进行连接;

(2) 给定的卷积层中对应于同一个卷积核的神经元之间会共享权重参数, 即同一个卷积核的值. 不同特征图中的神经元使用不同的参数.

这两点区别使得 CNN 和一般的全连接前馈神经网络相比有较少的参数. 一旦 CNN 学会了在一个位置识别一个模式, 它就可以在任何其他位置识别它. 相反, 一旦一个普通的 DNN 学会了在一个位置识别一个模式, 它就只能在那个特定的位置识别它. 另外, 神经元的感受野延伸到所有前一层的特征图上, 这使得卷积核能够在其输入端的任何位置检测多个特征.

在给定的卷积层中, 得到逐元素相乘再求和的结果后, 一般会紧接着进行一个非线性激活函数运算, 增强网络表达能力后, 成为一个完整的卷积层输出, 作为接下来池化层的输入.

根据以上的讨论, 我们有以下几点需要注意:

(1) CNN 每层卷积核中的权重是由训练数据学习得来的, 卷积核的个数、滑动步长等则是超参数;

(2) CNN 逐层学到简单到复杂的特征 (模式), 复杂模式是由简单模式组合而成的;

(3) CNN 使用时, 卷积层和池化层相互配合, 选择合适的激活函数, 以获得更强的表达能力, 局部结构模式蕴含在卷积核中.

在 TensorFlow 中, 每个输入图像通常表示为 3D 张量的形状 [高度、宽度、通道数]. 一小批量图像则表示为 4D 张量形状 [小批量数、高度、宽度、通道数]. 卷积层的权重表示为形状为 $[f_h, f_w, f_c, f_n]$ 的 4D 张量. 卷积层的偏置项简单地表示为一维张量 $[f_n]$.

下面的代码使用 Scikit-Learn 的 load_sample_image() 加载两个示例图像, 然后创建两个过滤器并将其应用于两个图像, 最后显示一个生成的特征图.

```
1  import numpy as np
2  from sklearn.datasets import load_sample_image
3
4  china = load_sample_image("china.jpg") / 255
5  flower = load_sample_image("flower.jpg") / 255
6  images = np.array([china, flower])
7  batch_size, height, width, channels = images.shape
8
9  # 创建两个卷积核
10 filters = np.zeros(shape=(7, 7, channels, 2), dtype=np.float32)
11 filters[:, 3, :, 0] = 1 # 提取竖直线特征
12 filters[3, :, :, 1] = 1 # 提取水平线特征
13
14 outputs = tf.nn.conv2d(images, filters, strides=1, padding="SAME")
15
16 plt.imshow(outputs[0, :, :, 1], cmap="gray")
17 plt.axis("off")
18 plt.show()
```

在这个例子中, 我们手动定义了卷积核, 但是在一个真实的 CNN 中, 通常会将卷积核定义为可训练的变量, 这样神经网络就可以学习哪些卷积核工作得最好. 为此, 可以使用 keras.layers.Conv2D 图层:

```
1  conv = keras.layers.Conv2D(filters=32, kernel_size=3, strides=1,
     padding="SAME", activation="relu")
```

此代码使用步长 1 和 "SAME" 填充创建一个包含 32 个卷积核的 Conv2D 层, 每个卷积核大小为 3×3, 并将 ReLU 激活函数应用于其输出. 正如我们所看到的, 卷积层有很多超参数: 卷积核的数量、它们的高度和宽度、步长和填充类型.

池化层 池化层的目标是对输入图像进行子采样, 以减少计算负载、内存使用和参数数量. 就像在卷积层中一样, 池化层中的每个神经元连接到前一层有限数量的神经元的输出, 这些神经元位于一个小的矩形感受野中. 我们必须定义它

的大小、步幅和填充类型. 然而, 池化层神经元没有权值, 它所做的只是使用聚合函数聚合输入.

池化层常见的一种方式是使用所谓的最大池化层, 即将输入的特征图分成若干个小块, 在每块取最大值作为输出, 就完成了最大池化层. 图 8.3 提供了最大池化层涉及的主要运算操作. 在 TensorFlow 中实现最大池化层非常简单. 下面的代码使用 2×2 的核. 步长默认为内核大小, 因此该层将使用 2 的步长. 默认情况下, 它使用 "valid" 填充:

```
1  max_pool = keras.layers.MaxPool2D(pool_size=2)
```

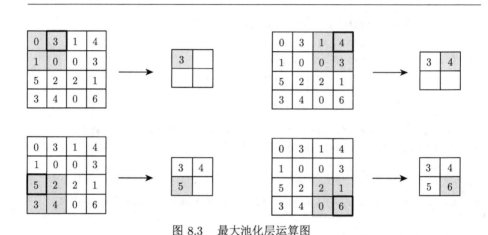

图 8.3　最大池化层运算图

要创建平均池化 (average pooling) 层, 只需使用 AvgPool2D 而不是 Max-Pool2D. 它的工作原理与最大池化层完全相同, 只是它计算平均值而不是最大值. 平均池化层过去非常流行, 但人们现在大多使用最大池化层, 因为它们通常性能更好. 这似乎令人惊讶, 因为计算平均值通常比计算最大值损失更少的信息. 但另一方面, 最大池化只保留最强的特征, 去掉所有无意义的特征, 因此下一层得到更清晰的信号来处理.

CNN 常见的架构　图 8.1 是 CNN 的一种典型结构, 下面是基于 Fashion MNIST 实现一个简单的 CNN 的代码:

```
1  from functools import partial
2
3  DefaultConv2D = partial(keras.layers.Conv2D, kernel_size=3,
       activation='relu', padding="SAME")
4  model = keras.models.Sequential([
5      DefaultConv2D(filters=64, kernel_size=7, input_shape=[28, 28, 1]),
```

```
6    keras.layers.MaxPooling2D(pool_size=2),
7    DefaultConv2D(filters=128),
8    DefaultConv2D(filters=128),
9    keras.layers.MaxPooling2D(pool_size=2),
10   DefaultConv2D(filters=256),
11   DefaultConv2D(filters=256),
12   keras.layers.MaxPooling2D(pool_size=2),
13   keras.layers.Flatten(),
14   keras.layers.Dense(units=128, activation='relu'),
15   keras.layers.Dropout(0.5),
16   keras.layers.Dense(units=64, activation='relu'),
17   keras.layers.Dropout(0.5),
18   keras.layers.Dense(units=10, activation='softmax'),
19 ])
20
21 model.compile(loss="sparse_categorical_crossentropy", optimizer="nadam",
       metrics=["accuracy"])
22 history = model.fit(X_train, y_train, epochs=10,
       validation_data=[X_valid, y_valid])
```

近年来, 这一基本架构的各种变体已经开发出来, 导致该领域取得惊人的进展. 在诸如 ILSVRC ImageNet 挑战赛中, 前五名的图像分类错误率在短短六年内从 26% 下降到了 2.3% 以下. 为了更好地了解 CNN 工作原理, 读者可以研究各种经典网络结构的演变, 如 LeNet-5 架构 (1998)、AlexNet (2012)、GoogLeNet (2014) 和 ResNet (2015).

第 9 章　循环神经网络

9.1　框　　架

前面章节提到的前馈神经网络模型和 CNN 网络中的训练样本假设为独立同分布的数据 (independent identically distributed, IID). 但更多的数据是不满足 IID 的, 如自然语言处理、音频数据分析. 它们是一个序列建模问题, 包括时间序列和空间序列分析, 这时就要用到循环神经网络 (recurrent neural network, RNN). 在本章中, 我们将首先了解 RNN 的基本概念, 以及如何通过时间反向传播来训练 RNN, 然后我们将使用 RNN 来预测时间序列. 之后, 我们将探讨 RNN 面临的两个主要困难: 不稳定的梯度和有限的短期记忆.

9.2　循　环　层

在智能订票系统中, 当用户通过语音输入"我打算 9 月 8 日从北京飞到广州", 系统需要自动将用户的输入词汇归类到出发地、目的地、时间和其他四个类别, 以供下一步的信息处理. 这样一个实际问题的正确解决显然依赖于该句话的上下文信息之间的关系. 循环神经网络正是为了考虑这种需求而提出的.

在前馈神经网络中, 激活函数值只在一个方向流动, 即从输入层到输出层方向. 一个循环神经网络看起来很像一个前馈神经网络, 除了它也有指向后面的连接. 简单的 RNN, 由一个隐藏层接收输入, 产生输出, 并将该输出在下一个时刻发送回自身, 如图 9.1 (左) 所示. 在这个典型的单层 RNN 图中, 左边是 RNN 模型没有展开的图; 而图 9.1 中的右边则是按序列指标 t 展开的图. 这幅图描述了在序列索引号 t 附近 RNN 的模型, 其中:

(1) x^t 代表在序列指标值取 t 时训练样本的输入. 同样地, x^{t-1} 和 x^{t-2} 分别代表在序列指标值取 $t-1$ 和 $t-2$ 时训练样本的输入.

(2) h^t 代表在序列指标值取 t 时模型的隐藏状态, h^t 由 x^t 和 h^{t-1} 共同决定.

(3) $\hat{y}^t$ 代表在序列指标值取 t 时模型的输出. $\hat{y}^t$ 只由模型当前的隐藏状态 h^t 决定.

(4) l^t 代表在序列指标值取 t 时模型的损失函数值.

(5) W, U, V 这三个矩阵是模型的权重参数, 它在 RNN 网络中不同的序列指标值下是不变的.

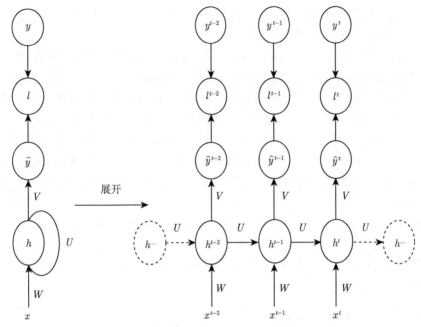

图 9.1　单隐藏层 RNN 图

根据图 9.1 的计算图, 容易给出 RNN 中前向传播算法 (算法 8): 这里 $a^1(\cdot)$ 和 $a^2(\cdot)$ 表示适当的激活函数, b_h 和 b_o 是偏置. 注意 h^t 是 x^t 和 h^{t-1} 的函数, h^{t-1} 又是 x^{t-1} 和 h^{t-2} 的函数, 以此类推. 这使得 $\hat{y}^t$ 是从时间 $t=0$ 开始的所有 输入 $(x^0, x^1, \cdots, x^t)$ 的函数. 通过损失函数 $l^t = l(\hat{y}^t, y^t)$, 比如 l 为交叉熵损失函 数, 我们可以量化模型在当前位置的损失, 即 $\hat{y}^t$ 和 y^t 之间的偏离程度.

算法 8　RNN 的前向传播过程 (forward pass)

输入　训练序列 $D = \{x^1, x^2, \cdots, x^\tau\}$; 初始化模型权重 W, U, b_h, V, b_o.

1: **for** $t = 1, 2, \cdots, \tau$ **do**
2:　　$z^t = Wx^t + Uh^{t-1} + b_h$;
3:　　$h^t = a^1(z^t)$;
4:　　$o^t = Vh^t + b_o$;
5:　　$\hat{y}^t = a^2(o^t)$.
6: **end for**

需要注意的是, 该 RNN 中前一时刻到当前时刻只有一个权重矩阵, 该权重矩 阵与时间无关. 整个前向传播算法与 BP 网络的前向传播算法的差别是多了一个 前一时刻隐藏层的信息. 此处前向传播算法将传播过程中的各个阶段都拆分开来 表示, 即在进入激活函数前先用额外的两个变量表示, 分别是进入隐藏层激活函

数 a^1 前的变量和进入输出层激活函数 a^2 前的变量. 进行这样的拆分能更好地描述反向传播算法, 即复合函数链式求导法则.

值得注意的是, RNN 的前向传播算法流程是有时间上的先后顺序的, 其与 MLP 的输入数据方式不同的是, RNN 的输入数据样本先后次序不能打乱. 除此之外, RNN 与其 MLP 的前向传播算法和反向传播算法的实现其实并没有什么特别之处, 只是多了上一时刻记忆单元中的存储作为新的输入特征变量.

记忆神经元　由于在时间步长 t 处, 一个循环神经元的输出是前面所有时间步输入的函数, 因此可以说它有某种形式的记忆能力. RNN 中考虑了输入序列顺序, 序列顺序的改变会影响输出的结果, 正因为如此, RNN 能够提取输入序列中的相关信息.

BPTT (back propagation through time) 的反向传播算法　在 RNN 的前向传播过程输出的基础上, 提供了损失函数关于各个权重矩阵和偏置项的梯度求解. 算法 9 中为方便说明, 取激活函数 a^1 为 tanh 函数, a^2 为 Softmax 函数, 损失函数 l 为交叉熵损失.

算法 9　BPTT 的反向传播算法

输入　$z^t, h^t, o^t, \hat{y}^t$.

1: **for** $t = \tau, \tau - 1, \cdots, 1$ **do**

2: $\quad \dfrac{\partial l}{\partial o^t} = \hat{y}^t - y^t;$

3: $\quad \dfrac{\partial l}{\partial h^t} = U^{\mathrm{T}}(\mathrm{diag}(1 - (h^{t+1})^2))\dfrac{\partial l}{\partial h^{t+1}} + V^{\mathrm{T}}(\hat{y}^t - y^t);$

4: $\quad \dfrac{\partial l}{\partial U} = \sum_{t=1}^{\tau} \mathrm{diag}(1 - (h^t)^2)\dfrac{\partial l}{\partial h^t}(h^{t-1})^{\mathrm{T}};$

5: $\quad \dfrac{\partial l}{\partial b_h} = \sum_{t=1}^{\tau} \mathrm{diag}(1 - (h^t)^2)\dfrac{\partial l}{\partial h^t};$

6: $\quad \dfrac{\partial l}{\partial W} = \sum_{t=1}^{\tau} \mathrm{diag}(1 - (h^t)^2)\dfrac{\partial l}{\partial h^t}(x^t)^{\mathrm{T}};$

7: $\quad \dfrac{\partial l}{\partial b_o} = \sum_{t=1}^{\tau} \hat{y}^t - y^t;$

8: $\quad \dfrac{\partial l}{\partial V} = \sum_{t=1}^{\tau} (\hat{y}^t - y^t)(h^t)^{\mathrm{T}}.$

9: **end for**

RNN 的使用形式　首先, 一般地, RNN 可以将一个序列样本作为输入, 并产生一个序列作为输出 (参见图 9.1 中右边的网络). 这种类型的序列到序列网络

对于预测时间序列 (如股票价格) 非常有用: 向它提供过去 N 天每一天的价格, 它输出未来一天内 (即从过去 $N-1$ 天到明天) 的价格.

其次, 可以向 RNN 提供一个序列样本作为输入, 只保留最后一个时刻的输出. 换句话说, 这是一个序列到向量的网络. 例如, 可以向网络提供一个与电影评论相对应的单词序列, 网络将输出情感分数 (例如, 从 -1 [恨] 到 1 [爱]). 相反, 可以在每一个时间步一次又一次地给网络输入相同的输入向量, 让它输出一个序列 (参见图 9.2 右上角的网络). 这是一个向量到序列的网络. 例如, 输入可以是图像 (或 CNN 的输出), 输出可以是该图像的标题.

然后, 可以有一个序列到向量的网络, 称为编码器; 最后是一个向量到序列的网络, 称为解码器 (参见图 9.2 下半部分的网络). 例如, 这可以用于将一个句子从一种语言翻译成另一种语言. 用户可以给网络提供一种语言的句子, 编码器将这个句子转换成一个向量表示, 然后解码器将这个向量解码成另一种语言的句子. 这种两步模式称为编码器–解码器, 比尝试使用单个序列到序列 RNN (图 9.1) 进行动态翻译要好得多, 这是因为句子的最后一个单词可能会影响翻译的第一个单词, 因此需要等看到整个句子后再进行翻译.

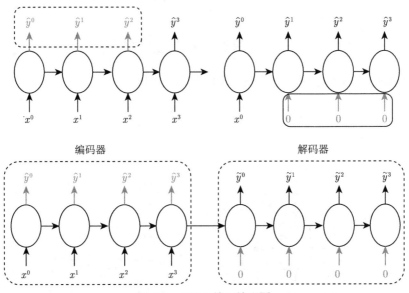

图 9.2 RNN 输入输出图

以上我们只是讨论了单个隐藏层的 RNN 模型结构和梯度计算方法. 实际中, RNN 同样可以有多个隐藏层, 每个隐藏层有上面单隐藏层相同的结构.

双向循环神经网络 在很多实际问题中, 如在前面提到的智能客服系统的序列建模中, 需要知道上下文的信息才可以正确地理解输出的类别, 这就需要搭建双向的循环神经网络, 如图 9.3 所示. 从图中可以看出, 双向 RNN 的隐藏层要存储两个值, 一个值是模型上一时刻隐藏层的输出, 另一个值是下一时刻隐藏层的输出, 最终的输出由这两个值和当前时刻的输入共同决定.

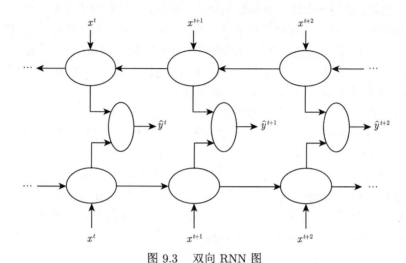

图 9.3 双向 RNN 图

9.3 长短期记忆网络

由 RNN 的前向传播过程可知, 其基本的结构是

$$(\hat{y}^t, h^t) = g\left(x^t, h^{t-1}\right). \tag{9.3.1}$$

用图 9.4(左) 表示.

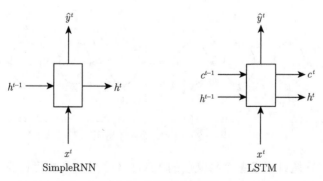

图 9.4 LSTM 结构图

为了在长序列上训练 RNN, 我们必须在许多时间步上运行它, 使展开的 RNN

成为一个非常深的网络. 就像任何深度神经网络一样, 它可能会遇到不稳定的梯度问题: 训练可能需要很长时间, 或者训练可能不稳定. 此外, 当 RNN 处理一个长序列时, 它会逐渐忘记序列中的第一个输入. 让我们从不稳定梯度问题开始, 考虑这两个问题.

我们在深的网络中用于缓解不稳定梯度问题的许多技巧也可用于 RNN: 良好的参数初始化、更快的优化器、dropout 等. 然而, 非饱和激活函数 (如 ReLU) 在这里可能没有多大帮助. 事实上, 它们可能导致 RNN 在训练期间更加不稳定. 为什么? 假设梯度下降以一种在第一个时间步略微增加输出的方式更新权重. 因为在每个时间步使用相同的权重, 所以第二个时间步的输出也可能略微增加, 第三个时间步的输出也可能略微增加, 以此类推, 直到输出爆炸, 而非饱和激活函数不能阻止这一点. 可以通过使用较小的学习速率来降低这种风险, 但也可以简单地使用双曲正切之类的饱和激活函数 (这解释了为什么它是默认值). 同样, 梯度本身也会爆炸. 如果训练不稳定, 可能需要监测梯度的大小, 或者使用梯度裁剪 (Gradient Clipping).

此外, Batch Normalization (BN) 不能像深度前馈网络那样有效地用于 RNN, Laurent 等 (2015) 指出了这一点. 另一种形式的标准化通常更适合 RNN: Layer Normalization. 这个想法是由 Ba 等在 2016 年的一篇论文中提出的: 它非常类似 BN, 但不是 Batch 维度进行规范化, 而是跨特征维度进行标准化. 一个优点是, 它可以在每个时间步动态计算每个实例所需的统计信息. 这也意味着它在训练和测试期间的行为方式相同 (与 BN 相反), 并且它不需要使用指数移动平均来估计训练集中所有实例的特征统计信息. 像 BN 一样, 层标准化学习每个输入的比例和偏移参数. 在 RNN 中, 它通常在输入和隐藏状态的线性组合之后使用. 通过这些技术, 可以缓解不稳定梯度问题, 并更有效地训练 RNN. 现在让我们看看如何处理短期记忆问题.

由于在通过 RNN 时数据经过的转换在每个时间步都会丢失一些信息. 过了一段时间后, RNN 的状态实际上不包含第一个输入的信息. 为了解决这个问题, 人们引入了各种具有长期记忆的神经元. 它们被证明是如此成功, 以至于基本循环神经元很少再被大量使用. 让我们先看看这些最流行的长期记忆神经元: LSTM 神经元.

图 9.4(右) 表示长短期记忆 (long short-term memory, LSTM) 网络基本结构, 用公式可以表示为

$$(\hat{y}^t, h^t, c^t) = g\left(x^t, h^{t-1}, c^{t-1}\right). \tag{9.3.2}$$

在 LSTM 网络中, c 随时间变化较慢, 一般地, c^t 是 c^{t-1} 加上某个量; 而 h 随时间变化较快, 一般地, h^t 和 h^{t-1} 有很大差异. 图 9.5 给出了 LSTM 网络一个神经

元按时间展开详细的计算图.

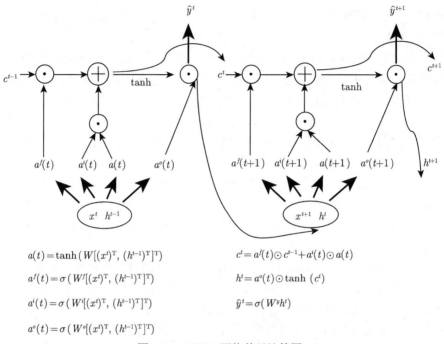

$$a(t) = \tanh\left(W[(x^t)^{\mathrm{T}}, (h^{t-1})^{\mathrm{T}}]^{\mathrm{T}}\right)$$

$$a^f(t) = \sigma\left(W^f[(x^t)^{\mathrm{T}}, (h^{t-1})^{\mathrm{T}}]^{\mathrm{T}}\right)$$

$$a^i(t) = \sigma\left(W^i[(x^t)^{\mathrm{T}}, (h^{t-1})^{\mathrm{T}}]^{\mathrm{T}}\right)$$

$$a^o(t) = \sigma\left(W^o[(x^t)^{\mathrm{T}}, (h^{t-1})^{\mathrm{T}}]^{\mathrm{T}}\right)$$

$$c^t = a^f(t) \odot c^{t-1} + a^i(t) \odot a(t)$$

$$h^t = a^o(t) \odot \tanh\left(c^t\right)$$

$$\hat{y}^t = \sigma\left(W^y h^t\right)$$

图 9.5   LSTM 网络单元计算图

门控循环单元   LSTM 网络通过门控机制使循环神经网络不仅能记忆过去
的信息, 同时还能选择性地忘记一些不重要的信息而对长期语境等关系进行建模,
而 GRU (gate recurren unit) 基于这样的想法在保留长期序列信息下减少梯度消
失问题. GRU 也可以被视为 LSTM 的变体, 因为它们基础的理念都是相似的, 且
在某些情况能产生同样出色的结果.

GRU 有两个门, 即一个重置门 (reset gate) 和一个更新门 (update gate). 从
直观上来说, 重置门决定了如何将新的输入信息与前面的记忆相结合, 更新门定
义了前面记忆保存到当前时间步的量. 如果我们将重置门设置为 1, 更新门设置为
0, 那么我们将再次获得标准 RNN 模型. 使用门控机制学习长期依赖关系的基本
思想和 LSTM 一致, 但还是有一些关键区别:

(1) GRU 有两个门 (重置门与更新门), 而 LSTM 有三个门 (输入门、遗忘门
和输出门);

(2) GRU 并不会控制并保留内部记忆 (c^t), 且没有 LSTM 中的输出门;

(3) LSTM 中的输入门与遗忘门对应于 GRU 的更新门, 重置门直接作用于前
面的隐藏状态.

为了解决标准 RNN 的梯度消失问题, GRU 使用了更新门与重置门. 基本上, 这两个门控向量决定了哪些信息最终能作为门控循环单元的输出. 这两个门控机制的特殊之处在于, 它们能够保存长期序列中的信息, 且不会随时间而清除或因为与预测不相关而移除. 图 9.6 给出了 GRU 和 LSTM 计算图的比较.

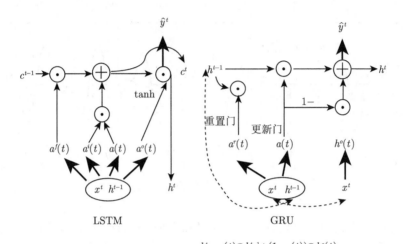

$$h^t = a(t) \odot h^{t-1} + (1 - a(t)) \odot h^o(t)$$

图 9.6　GRU 和 LSTM 计算图

9.4　基于 RNN 的时间序列预测

时间序列建模和预测任务在实际各领域中都有着广泛的应用. 假设你正在研究你的网站上每小时活跃用户的数量, 或者你所在城市的每日气温, 或者你公司每季度使用多种指标来衡量的财务状况. 在所有这些情况下, 数据将是每个时间步一个或多个值的序列, 这叫作时间序列. 在前两个例子中, 每个时间步有一个值, 因此, 这些是单变量时间序列; 而在财务例子中, 每个时间步有多个值 (例如, 公司的收入、债务等), 因此, 它是一个多变量时间序列. 一个典型的任务是预测未来的价值, 这被称为预测. 另一个常见的任务是填空: 预测 (或者更确切地说是 "后记") 过去缺失的值, 这叫作插补. 例如, 图 9.7 显示了 3 个单变量时间序列, 每个时间序列有 50 个时间步长, 这里的目标是预测每个时间序列在下一个时间步长 (用 × 表示) 的值. 为简单起见, 我们使用 generate_time_series() 函数生成的时间序列, 其定义代码如下所示.

```
1   def generate_time_series(batch_size, n_steps):
2       freq1, freq2, offsets1, offsets2 = np.random.rand(4,batch_size, 1)
3       time = np.linspace(0, 1, n_steps)
```

```
4    series = 0.4 * np.sin((time - offsets1) * (freq1 * 8 + 10))
5    series += 0.3 * np.sin((time - offsets2) * (freq2 * 18 + 20))
6    series += 0.1 * (np.random.rand(batch_size, n_steps) - 0.5)
7    return series[..., np.newaxis].astype(np.float32)
```

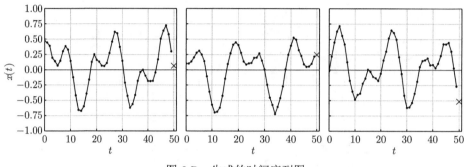

图 9.7   生成的时间序列图

此函数根据请求创建任意多个时间序列 (通过 batch_size 参数), 每个长度为 n_steps, 每个序列中每个时间步只有一个值 (即所有序列都是单变量的). 该函数返回一个形状为 [batch size, time steps, 1] 的 NumPy 数组, 其中每个序列是两个振幅固定但频率和相位为随机变量的正弦波加上一点噪声的总和. 在处理时间序列 (以及其他类型的序列, 如句子) 时, 输入特征通常表示为形状的三维数组 [批量大小, 时间步长, 维数], 其中, 单变量时间序列的维数为 1, 多变量时间序列的维数则大于 1.

现在, 让我们使用以下函数创建一个训练集、一个验证集和一个测试集:

```
1    np.random.seed(0)
2
3    n_steps = 50
4    series = generate_time_series(10000, n_steps + 1)
5    X_train, y_train = series[:7000, :n_steps], series[:7000, -1]
6    X_valid, y_valid = series[7000:9000, :n_steps], series[7000:9000, -1]
7    X_test, y_test = series[9000:, :n_steps], series[9000:, -1]
```

X_train 包含 7000 个时间序列 (即其形状为 [7000, 50, 1]), X_valid 包含 2000 个 (从第 7000 个到第 8999 个时间序列值), X_test 包含 1000 个 (从 9000 到 9999). 因为我们要为每个序列预测一个值, 所以目标是列向量 (例如, y_train 的形状为 [7000, 1]).

在我们开始使用 RNN 之前, 通常最好有一些基准度量, 否则可能会认为我们的模型工作得很好, 而实际上它比基准模型做得更差. 例如, 最简单的方法是使用长度为 50 的序列最后一个值作为下一时刻的预测值, 这被称为 Naive 预测, 有时很难超越它. 在这种情况下, 我们得到的均方误差约为 0.023.

```
1  y_pred = X_valid[:, -1]
2  np.mean(keras.losses.mean_squared_error(y_valid, y_pred))
3
4  0.02297483
```

另一个简单的方法是使用全连接网络. 因为它通常以一个特征向量作为一个输入, 所以我们需要添加一个 Flatten 层. 这里, 我们只使用简单的线性回归模型, 每个预测将是时间序列中值的线性组合.

```
1  np.random.seed(0)
2  tf.random.set_seed(0)
3
4  model = keras.models.Sequential([
5      keras.layers.Flatten(input_shape=[50, 1]),
6      keras.layers.Dense(1)
7  ])
8
9  model.compile(loss="mse", optimizer="adam")
10 history = model.fit(X_train, y_train, epochs=20,
11                 validation_data=(X_valid, y_valid))
12
13 model.evaluate(X_valid, y_valid)
14 0.0035649151653051377
```

如果我们使用 MSE loss 和默认的 Adam 优化器来编译这个模型, 然后在训练集上拟合 20 个 epochs, 并在验证集上评估它, 我们得到的 MSE 大约为 0.004. 这比 Naive 方法好多了!

简单 RNN 的实现　下面是一个最简单的 RNN 模型.

```
1  np.random.seed(0)
2  tf.random.set_seed(0)
3
4  model = keras.models.Sequential([
5      keras.layers.SimpleRNN(1, input_shape=[None, 1])
6  ])
7
```

```
8    optimizer = keras.optimizers.Adam(lr=0.005)
9    model.compile(loss="mse", optimizer=optimizer)
10   history = model.fit(X_train, y_train, epochs=20,
         validation_data=(X_valid, y_valid))
11
12   0.012325210988521577
```

该模型包含只有一个神经元的一个隐藏层. 模型实例化代码中, 我们不需要
指定输入序列的长度 (与之前的模型不同), 因为递归神经网络可以处理任意数量
的时间步长 (这就是为什么我们将第一个输入维设置为 None). 默认情况下, Sim-
pleRNN 层使用双曲正切激活函数. 它的工作原理和我们前面看到的完全一样:
初始状态 h^{init} 被设置为 0, 它与第一个时间步的序列值 x^0 一起传递给一个循环
神经元. 神经元计算这些值的加权和, 并对结果应用双曲正切激活函数, 这将给出
第一个输出 y^0. 在一个简单 RNN 中, 这个输出也是新的状态 h^0. 这个新的状态
和下一个时刻输入值 x^1 再一起传递给这个循环神经元, 这个过程一直重复到最
后一个时间步. 然后该循环层只输出最后一个值 y^{49}. 所有这些都是对每个时间序
列同时执行的. 默认情况下, Keras 中的循环层只返回最后一个时刻的输出. 要使
它们每个时间步返回一个输出, 必须将 return_sequences 设置为 True.

在编译、拟合和评估这个模型后, 简单 RNN 的 MSE 仅达到 0.012, 因此它比
Naive 方法要好, 但没有胜过简单的线性模型. 请注意, 对于每个神经元, 线性模
型每个输入和每个时间步长有一个参数, 外加一个偏差项 (在我们使用的简单线
性模型中, 总共有 51 个参数). 相反, 在这个简单 RNN 中的每个循环神经元, 每
个输入和每个隐藏状态只有一个参数, 再加上一个偏差项, 总共只有三个参数. 显
然, 我们的简单 RNN 太简单, 无法获得良好的性能. 所以让我们尝试添加更多的
重复层.

深度 RNN   用 "tf.keras" 实现深层 RNN 非常简单: 只需堆叠循环层. 在
本例中, 我们使用了三个 SimpleRNN 层 (但是我们可以添加任何其他类型的递归
层, 例如 LS-TM 层或 GRU 层).

```
1    np.random.seed(0)
2    tf.random.set_seed(0)
3
4    model = keras.models.Sequential([
5        keras.layers.SimpleRNN(20, return_sequences=True, input_shape=[None,
             1]),
6        keras.layers.SimpleRNN(20, return_sequences=True),
7        keras.layers.SimpleRNN(1)
```

```
8    ])
9
10   model.compile(loss="mse", optimizer="adam")
11   history = model.fit(X_train, y_train, epochs=20,
         validation_data=(X_valid, y_valid))
12
13   model.evaluate(X_valid, y_valid)
14   0.0029817423494532705
```

同样进行编译、拟合和评估这个模型, 会发现它的 MSE 接近 0.003, 这表明在 MSE 准则下, SimpleRNN 优于线性模型.

值得注意的是, 为了预测一个一维时间序列值, 上述模型最后一层必须只有一个神经元, 这意味着该层每个时间步必须有一个单一的输出值. 但是, 拥有一个神经元意味着隐藏状态也只是一个数字, 这限制了信息随着时间步的传递. 不过, 在更多情况下, RNN 将主要使用其他循环层的隐藏状态来将它所需的所有信息从一个时间步传递到另一个时间步, 不会太多地使用最后一层的隐藏状态. 此外, 由于 SimpleRNN 层默认使用双曲正切激活函数, 因此预测值必须在 -1 到 1 的范围内. 但是如果使用另一个激活函数呢? 出于这两个考量, 最好用 dense 层替换输出层使用的 SimpleRNN 层结构. 这时运行速度稍快, 精度大致相同, 并且允许我们选择所需的任何输出激活函数. 在进行此更改时, 请确保从上述代码中第二个循环层中删除 return_sequences = True.

```
1    model = keras.models.Sequential([
2        keras.layers.SimpleRNN(20, return_sequences=True, input_shape=[None,
             1]),
3        keras.layers.SimpleRNN(20),
4        keras.layers.Dense(1)
5    ])
```

训练这个模型, 我们会发现它收敛得更快, 性能也一样好. 另外, 如果需要, 可以更改输出激活函数.

未来多个时间步预测   到目前为止, 我们只预测了下一个时间步的值, 但我们也可以通过适当地更改标签来预测提前几步的值. 例如, 要预测未来的 10 步, 只需将标签更改为未来 10 步的值, 而不是未来的 1 步. 但是如果我们想预测未来 11—20 步的值呢? 第一种选择是使用我们已经训练过的模型, 让它预测下一个 10 步的值, 然后将这些值添加到输入中 (就是把这个预测值近似作为真实观测值的替代).

```
1  np.random.seed(1) set
2
3  series = generate_time_series(1, n_steps + 10)
4  X_new, Y_new = series[:, :n_steps], series[:, n_steps:]
5  X = X_new
6  for step_ahead in range(10):
7      y_pred_one = model.predict(X[:, step_ahead:])[:, np.newaxis, :]
8      X = np.concatenate([X, y_pred_one], axis=1)
9
10 Y_pred = X[:, n_steps:]
```

正如我们所料, 紧接着的下一步预测通常比后面时间步的预测更准确, 因为错误可能会累积 (图 9.8). 如果在验证集上评估此方法, 则会发现 MSE 约为 0.032. 这比以前的模型要高得多, 但由于这是一项更难的任务, 因此对比意义不大. 将这种性能与 Naive 预测 (时间序列预测值在未来的 10 个时间步内保持常量) 或简单的线性模型进行比较更有意义. 天真的方法很糟糕 (它给出的 MSE 约为 0.201), 但线性模型给出的 MSE 约为 0.0203: 它比使用我们的 RNN 一步一步地预测要好得多, 而且训练和运行速度也快得多. 不过, 如果在更复杂的任务中提前预测几个时间步, 那么这种方法可能会很管用. 第二种选择是训练一次预测接下来 10 个值的 RNN. 我们仍然可以使用序列到向量模型, 但它将输出 10 个值而不是 1 个值. 为此, 我们首先需要将目标更改为包含以下 10 个值的向量.

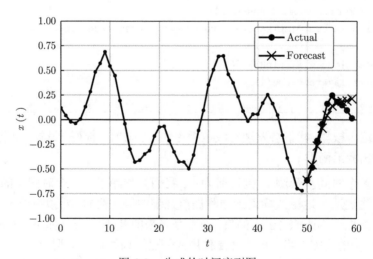

图 9.8　生成的时间序列图

```
1  np.random.seed(0)
2
3  n_steps = 50
4  series = generate_time_series(10000, n_steps + 10)
5  X_train, Y_train = series[:7000, :n_steps], series[:7000, -10:, 0]
6  X_valid, Y_valid = series[7000:9000, :n_steps], series[7000:9000, -10:, 0]
7  X_test, Y_test = series[9000:, :n_steps], series[9000:, -10:, 0]
```

现在, 让我们创建一个 RNN, 它可以同时预测接下来的 10 个值.

```
1  model = keras.models.Sequential([
2      keras.layers.SimpleRNN(20, return_sequences=True, input_shape=[None,
          1]),
3      keras.layers.SimpleRNN(20),
4      keras.layers.Dense(10)
5  ])
```

训练此模型后, 我们可以很容易地依次预测接下来的 10 个值.

```
1  np.random.seed(1)
2
3  series = generate_time_series(1, 50 + 10)
4  X_new, Y_new = series[:, :50, :], series[:, -10:, :]
5  Y_pred = model.predict(X_new)[..., np.newaxis]
```

这个模型效果很好: 接下来 10 个时间步的 MSE 约为 0.010. 这比线性模型好得多. 但我们仍然可以做得更好: 事实上, 我们不需要训练模型只在最后一个时间步预测接下来的 10 个值, 而是训练它在每个时间步预测接下来的 10 个值. 换句话说, 我们可以把这个 sequence-to-vector RNN, 变成 sequence-to-sequence RNN. 这种技术的优点是, 损失将包含 RNN 在每个时间步的输出, 而不仅仅是最后一个时间步的输出. 这意味着将有更多的误差梯度通过模型, 它们不必只通过时间, 它们也将通过每个时间步的输出. 这将稳定和加速训练.

要清楚的是, 在时间步长 0, 模型将输出一个包含时间步长 1 到 10 的预测向量, 然后在时间步长 1, 模型将预测时间步长 2 到 11, 以此类推. 所以每个标签必须是一个与输入序列长度相同的序列, 其每个时间步包含一个 10 维向量. 让我们准备这些标签序列:

```
1  np.random.seed(0)
2
```

```
3   n_steps = 50
4   series = generate_time_series(10000, n_steps + 10)
5   X_train = series[:7000, :n_steps]
6   X_valid = series[7000:9000, :n_steps]
7   X_test = series[9000:, :n_steps]
8   Y = np.empty((10000, n_steps, 10))
9   for step_ahead in range(1, 10 + 1):
10      Y[..., step_ahead - 1] = series[..., step_ahead:step_ahead+n_steps,0]
11  Y_train = Y[:7000]
12  Y_valid = Y[7000:9000]
13  Y_test = Y[9000:]
```

要将模型转换为 sequence-to-sequence 模型, 必须在所有循环层中设置 return_sequences = True, 并且必须在每个时间步使用输出密集层. Keras 为此提供了一个 TimeDistributed 层: 它可以封装任何层 (例如, 密集层), 并在其输入序列的每个时间步应用被封装的层. TimeDistributed 层通过修改输入的维度做到这一点, 从而使每个时间步都被视为一个单独的实例 (即 TimeDistributed 层将输入从 [batch size, time steps, input dimensions] 改变为 [batch size × time steps, input dimensions]; 在本例中, 输入维度的数目是 20, 因为前面的 SimpleRNN 层有 20 个神经元), 然后 TimeDistributed 层运行密集层, 最后 TimeDistributed 层将输出改变维度的序列 (即 TimeDistributed 层将 [batch size × time steps, output dimensions] 变回到 [batch size, time steps, output dimensions]; 在这个例子中, 输出维度的数量是 10, 因为密集层有 10 个神经元). 以下是更新的模型.

```
1   model = keras.models.Sequential([
2       keras.layers.SimpleRNN(20,return_sequences=True,input_shape=[None,1]),
3       keras.layers.SimpleRNN(20, return_sequences=True),
4       keras.layers.TimeDistributed(keras.layers.Dense(10))
5   ])
```

Dense 层实际上支持序列作为输入 (甚至更高维的输入): 处理它们就像 TimeDistributed(Dense(...)) 一样. 因此, 我们可以将最后一层替换为 Dense(10). 然而, 为了清晰起见, 我们将继续使用 TimeDistributed(Dense(...)), 因为它清楚地表明, Dense(...) 层在每个时间步都是独立应用的, 并且模型将输出一个序列, 而不仅仅是一个向量.

训练期间需要所有输出用于计算损失, 但只有最后一个时间步的输出对预测和评估有用. 因此, 尽管我们将依赖所有输出的 MSE 进行训练, 但我们将使用自定义度量进行评估, 即仅在最后一个时间步计算输出的 MSE.

```
1  def last_time_step_mse(Y_true, Y_pred):
2      return keras.metrics.mean_squared_error(Y_true[:, -1], Y_pred[:, -1])
3
4  model.compile(loss="mse", optimizer=keras.optimizers.Adam(lr=0.01),
       metrics=[last_time_step_mse])
```

我们得到的验证 MSE 约为 0.006, 比以前的模型好 40%. 我们可以将此方法与第一种方法相结合: 只需使用此 RNN 预测接下来的 10 个值, 然后将这些值连接到输入序列, 再次使用模型预测接下来的 10 个值, 并根据需要重复此过程多次. 使用这种方法, 可以生成任意长的序列. 对于长期预测来说, 这可能不是很准确, 但如果我们的目标是生成原创音乐或文本, 这可能就很好了.

简单的 RNN 可以很好地预测时间序列或处理其他类型的序列, 但它们在长时间序列或序列上的性能不好. 前面已经讨论了原因, 并引入了 LSTM 和 GRU 等方法进行改进. 如果把 LSTM 神经元看作一个黑盒子, 它可以像一个基本循环神经元一样使用, 只是它的性能会更好; 训练将更快地收敛, 它将检测数据中的长期依赖性. 在 Keras 中, 我们可以简单地使用 LSTM 层或 GRU 而不是 SimpleRNN 层.

```
1  np.random.seed(0)
2  tf.random.set_seed(0)
3
4  model = keras.models.Sequential([
5      keras.layers.LSTM(20, return_sequences=True, input_shape=[None, 1]),
6      keras.layers.LSTM(20, return_sequences=True),
7      keras.layers.TimeDistributed(keras.layers.Dense(10))
8  ])
9
10 model.compile(loss="mse", optimizer="adam", metrics=[last_time_step_mse])
11 history = model.fit(X_train, Y_train, epochs=20,
12                     validation_data=(X_valid, Y_valid))
```

我们得到的验证 MSE 约为 0.0043, 比前面的模型有了新的提升.

第 10 章　无监督学习

10.1　无监督学习的主要任务

到目前为止, 前面任务中的数据集都带有标签, 称作有监督学习. 而无监督学习是相对有监督学习在实际中广泛遇到的另一类的任务, 其形式多样. 本章主要考虑两类任务: 一类任务可表述为 "化繁为简", 如聚类和降维等; 另一类任务可表述为 "无中生有", 如生成模型. 所谓的自编码器 (autoencoder) 和生成式对抗网络 (generative adversarial networks, GAN) 是本章主要考虑的方法.

自编码器是一种人工神经网络, 能够无监督学习输入数据的密集表示, 称为潜在表示或编码. 这些编码通常具有比输入数据低得多的维数, 使得自动编码器对于降维非常有用, 特别是对于可视化目的. 自动编码器还可以作为特征检测器, 用于深度神经网络的无监督预训练. 最后, 一些自动编码器是生成模型: 它们能够随机生成与训练数据非常相似的新数据. 例如, 可以训练一个自编码器处理人脸图片, 然后它就可以生成新的人脸.

相比之下, GAN 生成的人脸现在如此令人信服, 以至于很难相信它们所代表的人不存在. GAN 现在被广泛用于超分辨率、着色、强大的图像编辑、将简单草图转换为照片级真实感图像、预测视频中的下一帧、增强数据集、生成其他类型的数据等.

自编码器和 GAN 都是无监督的, 既可以学习密集表示, 又可以用作生成模型, 并且有许多相似的应用. 然而, 它们的工作方式却截然不同.

(1) 自编码器只是学习将输入复制到输出. 这听起来似乎是一项微不足道的任务, 但我们将看到, 以各种方式约束网络可能会使其变得相当困难. 例如, 可以限制潜在表示的维数大小, 也可以向输入添加噪声并训练网络以恢复原始输入. 这些约束阻止自编码器将输入直接复制到输出, 迫使它学习表示数据的有效方法. 简言之, 编码是自编码器在某些约束条件下学习恒等函数的副产品.

(2) GAN 由两个神经网络组成. 一个神经网络是生成器试图生成与训练数据相似的数据, 另一个神经网络是判别器试图区分真实数据和生成的虚假数据. 这种体系结构在深度学习中非常新颖, 因为生成器和判别器在训练期间相互竞争, 生成器经常被比作试图制造真实假币的罪犯, 而判别器就像警察调查员试图区分真假一样. 近年来, 对抗训练被广泛认为是最重要的思想之一.

在本章中, 我们将更深入地探讨自编码器的工作原理, 以及如何将其用于降维、特征提取、无监督预训练或作为生成模型. 这自然会使我们进入 GAN 的讨论. 我们首先构建一个简单的 GAN 来生成图像, 但是我们将看到训练通常是相当困难的. 我们将讨论在对抗性训练中遇到的主要困难, 以及克服这些困难的一些主要技巧. 我们首先从自编码器开始.

10.2 自 编 码 器

聚类是一种常见的无监督学习任务. 该任务是将不带标签的样本分到合适的类别. 这是一种相对粗糙的概括样本属性的表述, 只用一维的标签描述. 因此, 带有更多信息的方法是分布式表征方法, 其使用一个向量来描述某个样本的多维度特性. 比如, 用 k 维向量的第 i 个分量表示该样本属于第 i 类的概率. 这可以看成一种降维方法, 下面介绍的自编码器是一种流行的降维工具.

自编码器查看输入, 将其转换为有效的潜在表示, 然后输出看起来非常接近输入的内容. 自动编码器通常由两部分组成: 一个编码器 (或识别网络) 将输入转换为潜在表示, 另一个解码器 (或生成网络) 将内部表示转换为输出 (图 10.1). 如图 10.1 所示, 自编码器与通常的多层感知器 (MLP) 有相似的结构, 除了输出层中的神经元数量必须等于输入的数量. 在这个例子中, 只有一个隐藏层由两个神经元组成 (编码器), 一个输出层由三个神经元组成 (解码器). 输出通常被称为重构, 因为自编码器试图重构输入, 而损失函数就使用重构损失.

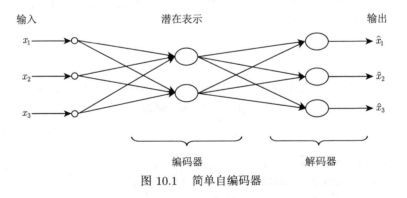

图 10.1　简单自编码器

注意到潜在表示比输入数据具有较低的维数, 因此自编码器被称为欠完全的. 这样的自编码器不能简单地将其输入复制到编码, 而它必须找到一种有效方法来使输出近似输入, 被迫学习输入数据中最重要的特征 (并删除不重要的特征).

事实上, 我们熟知的主成分分析 (principal component analysis, PCA) 是一种特别的自编码器. 如果一个自编码器只使用线性激活函数且损失函数选择为均

方误差 (MSE), 那么它最终就是在执行主成分分析.

10.2.1　栈式自编码器

　　就像我们讨论过的其他神经网络一样, 自编码器可以有多个隐藏层, 这被称作栈式自编码器 (stacked autoencoders). 添加更多层有助于自动编码器学习更复杂的编码. 与此同时, 必须谨慎地不要使自编码器功能太强. 如果一个编码器功能强大, 它只需学习将每个输入映射到一个任意数字 (解码器学习其逆映射). 显然, 这样的自动编码器可以完美地重建训练数据, 但在这个过程中, 它不会学习到任何有用的数据表示 (并且不可能很好地推广到新的实例).

　　一个自编码器的架构通常关于中间隐藏层 (编码层) 对称. 例如, MNIST 的自编码器可以具有 784 维的输入, 接着有 80 个神经元的隐藏层, 然后有 25 个神经元的中央隐藏层, 最后有 80 个神经元的另一隐藏层, 以及具有 784 个神经元的输出层, 如图 10.2 所示. 我们可以像一个常规的 MLP 一样实现一个栈式自编码器. 特别是, 可以使用前面深层神经网络相同的训练技术. 例如, 下面的代码使用 SELU 激活函数为 Fashion MNIST 构建了一个栈式自编码器.

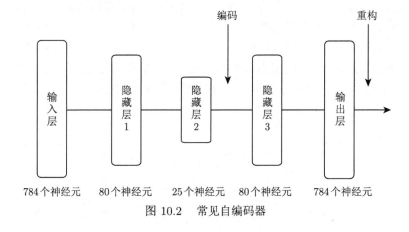

图 10.2　常见自编码器

```
1  stacked_encoder = keras.models.Sequential([
2      keras.layers.Flatten(input_shape=[28, 28]),
3      keras.layers.Dense(80, activation="selu"),
4      keras.layers.Dense(25, activation="selu"),
5  ])
6  stacked_decoder = keras.models.Sequential([
7      keras.layers.Dense(80, activation="selu", input_shape=[25]),
8      keras.layers.Dense(28 * 28, activation="sigmoid"),
9      keras.layers.Reshape([28, 28])
```

```
10  ])
11  stacked_ae = keras.models.Sequential([stacked_encoder, stacked_decoder])
12  stacked_ae.compile(loss="binary_crossentropy",
13                     optimizer=keras.optimizers.SGD(lr=1.5),
                       metrics=[rounded_accuracy])
14  history = stacked_ae.fit(X_train, X_train, epochs=20,
15                     validation_data=[X_valid, X_valid])
```

图 10.3 所示的为上面模型在测试集上原图片和重构图片的对比图.

图 10.3 　栈式自编码器重构图

现在我们已经训练了一个栈式自编码器, 可以用它来降低数据集的维数. 对于可视化而言, 与其他降维算法相比, 这并不能给出很好的结果, 但是自动编码器的一个最大优点是, 它们可以处理具有许多实例和许多特性的大型数据集. 因此, 一种策略是使用自编码器将维数降低到合理的水平, 然后使用另一种降维算法进行可视化. 而自编码器的另一个应用是无监督的预训练.

正如前面所讨论的, 如果正在处理一个复杂的有监督的任务, 但是没有很多有标签的训练数据, 一个解决方案是找到一个执行类似任务的神经网络并重用它的低水平层. 这使得用很少的训练数据训练高性能模型成为可能, 因为神经网络不必学习所有的低级特征, 它将只重用现有网络学习的特征探测器. 类似地, 如果有一个很大的数据集, 但其中大部分是未标记的, 则可以首先使用所有数据训练自编码器, 然后重用较低的层为实际任务创建一个神经网络, 并使用有标签的数据微调它.

栈式自编码器的训练技巧

如果一个自编码器的层次是严格轴对称的 (图 10.2), 一个常用的技术是将解码器层的权重绑定到对应的编码器层. 这使得模型参数减半, 加快了训练速度并降低了过拟合风险. 具体地, 假设自编码器一共有 N 层 (不算输入层), W_L 表示

第 L 层的权重 (例如, 第一层是第一个隐藏层, 第 $\dfrac{N}{2}$ 层是编码层, 第 N 层是输出层), 那么解码层的权重可以表示为 $W_{N-L+1} = W_L^{\mathrm{T}}, L = 1, 2, \cdots, \dfrac{N}{2}$. 偏置项一般不会绑定.

与之前训练整个栈式自编码器不同, 可以训练多个浅层的自编码器, 之后再将它们合并为一体, 这样要快得多. 首先, 在训练的第一阶段, 第一个自编码器学习重建输入. 其次使用第一个自编码器对整个训练集进行编码, 这将为我们提供一个新的 (降维的) 训练集. 然后在这个新数据集上训练第二个自动编码器, 这是第二阶段的训练. 最后, 使用所有这些自编码器构建一个更深的自编码器, 如图 10.4.

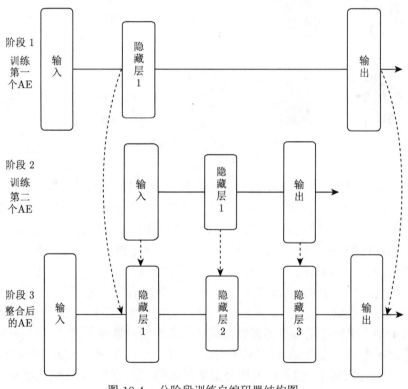

图 10.4   分阶段训练自编码器结构图

另外, 自编码器并不局限于密集网络. 还可以构建卷积自编码器, 甚至循环自编码器.

10.2.2 变分自编码器

另一类重要的自编码器于 2013 年由 Diederik Kingma 和 Max Welling 引入, 并迅速成为最流行的自动编码器类型之一: 变分自编码器 (variational autoencoder, VAE). 它与我们目前讨论的所有自编码器有很大的不同, 具体表现在以下几个方面:

(1) 它是概率自编码器, 这意味着它的输出部分是由偶然决定的, 即使是在训练之后.

(2) 最重要的是, 它是生成式的自编码器, 这意味着它可以生成看起来像是从训练集中采样的新实例.

当学习生成模型时, 我们假设数据来自某个未知分布密度函数 $p_r(x)$ (这里 r 表示 real) 的总体 X. 我们想要学习一个分布密度 $p(x|w)$ 近似 $p_r(x)$, w 是未知参数. 常见的有两种方法来完成这件事.

(1) 直接学习总体 X 的概率密度函数 $p_r(x)$. 此时, 常使用极大似然估计 $p(x|w)$.

(2) 学习一个函数 G_w, 将一个带有常见分布的随机变量 Z 变换成随机变量 $G_w(Z)$, 这里 G_w 是某个函数, Z 服从常见的分布 (如均匀分布或者高斯分布), 使得近似地 $X \stackrel{d}{=} G_w(Z)$.

1. 最大似然估计

为了后面叙述方便, 我们提供最大 (又称极大) 似然估计方法的框架. 设有一个密度函数 $p(x|w)$, 它由一组参数 w 控制 (例如, 可能是一组高斯密度函数的均值向量和协方差矩阵). 一个大小为 m 的数据集 $\mathcal{D} = \{x^1, \cdots, x^m\} \subseteq \mathbb{R}^n$ 来自这个分布族, 即假设这些数据向量是独立的, 并且具有相同的分布密度 $p(x|w)$. 产生数据集 $\mathcal{D}$ 的似然函数定义为样本的联合密度, 即

$$\mathcal{L}(w|\mathcal{D}) \triangleq p(\mathcal{D}|w) = \prod_{i=1}^{m} p(x^i|w), \tag{10.2.1}$$

给定数据集 $\mathcal{D}$, 似然函数 $\mathcal{L}(w|\mathcal{D})$ 看作参数 w 的函数. 在最大似然估计问题中, 我们的目标是寻找使得 $\mathcal{L}(w|\mathcal{D})$ 达到最大的 w, 即求解下面的优化问题:

$$\hat{w} = \arg\min_{w} \mathcal{L}(w|\mathcal{D}). \tag{10.2.2}$$

若总体分布服从正态分布, 上述任务容易获得解析解. 但是, 在许多问题中, 无法获得解析解, 需要采用其他特别设计的算法.

2. EM 算法

EM 算法就是这样一种通用的方法, 当数据不完整或缺失时, 可以从给定的数据集中寻找潜在分布参数的最大似然估计 (Dempster et al., 1977).

　　EM 算法有两种主要应用情况. 第一种情况是由于观测过程的问题或限制, 数据确实缺少值. 第二种情况发生在似然函数优化在分析上难以解决, 但似然函数可以通过假设存在额外但缺失 (或隐藏) 的参数和参数值来简化时. 后者在模式识别领域更为常见.

　　和以前一样, 假设数据 $\mathcal{D}$ 是观察到的, 并且是通过某种分布 $p(x|w)$ 生成的, 我们称之为不完全数据. 同时假设存在一个完整的数据集 $(\mathcal{D}, \mathcal{M})$, $\mathcal{M} = \{z^1, \cdots, z^v\}$, 并假设有一个联合密度函数:

$$p(x, z|w) = p(z|x, w)p(x|w). \tag{10.2.3}$$

在新的联合密度函数下, 我们可以定义一个新的似然函数:

$$\mathcal{L}(w|\mathcal{D}, \mathcal{M}) \triangleq p(\mathcal{D}, \mathcal{M}|w). \tag{10.2.4}$$

这称作完全数据的似然函数. 注意到这个似然函数实际上是一个随机变量, 因为缺失数据 $\mathcal{M}$ 是未被观测的, 假设服从某个潜在的分布, 即可以定义 $h_{\mathcal{D},w}(\mathcal{M}) \triangleq \mathcal{L}(w|\mathcal{D}, \mathcal{M})$, 这里 $\mathcal{D}$ 和 w 是固定的常数, $\mathcal{M}$ 是随机变量. 原来的似然 $\mathcal{L}(w|\mathcal{D})$ 称作不完全数据似然.

　　EM 算法首先在给定观测数据和当前参数估计的情况下, 找到关于未知数据 $\mathcal{M}$ 的完全数据对数似然的期望值, 即我们定义

$$Q(w, w^{i-1}) = E\left[\ln p(\mathcal{D}, \mathcal{M}|w)|\mathcal{D}, w^{i-1}\right], \tag{10.2.5}$$

其中 w^{i-1} 是用来求期望的当前参数估计, w 是用于优化以增加 Q 的新参数.

　　这种期望的计算称为 EM 算法的 E 步. 注意函数 $Q(w, w^{i-1})$ 中两个参数的含义. 第一个参数 w 对应于最终将被优化的参数, 以使似然最大化. 第二个参数 w^{i-1} 对应于我们用来计算期望的参数.

　　EM 算法的第二步 (M 步) 是使第一步计算的期望值最大化. 也就是说, 我们寻找:

$$w^i = \arg\min_w Q(w, w^{i-1}). \tag{10.2.6}$$

必要时重复这两个步骤. 每一次迭代都保证增加对数似然, 并保证算法收敛到似然函数的局部极大值.

3. 基于 EM 算法的混合分布参数估计

　　混合密度参数估计问题可能是 EM 算法在模式识别领域应用最广泛的问题之一. 在这种情况下, 我们假设以下概率模型:

$$p(x|w) = \sum_{i=1}^{k} \alpha_i p_i(x|\theta^i), \tag{10.2.7}$$

这里参数 $w = (\alpha_1, \cdots, \alpha_k, \theta^1, \cdots, \theta^k)$, $\sum_{i=1}^{k} \alpha_i = 1$, $p_i(x|\theta^i)$ 是由 θ^i 参数化的密度函数.

混合密度参数估计的不完全数据对数似然函数为

$$\ln\left(\mathcal{L}(w|\mathcal{D})\right) = \ln\left(\prod_{i=1}^{m} p(x^i|w)\right) = \sum_{i=1}^{m} \ln\left(\sum_{j=1}^{k} \alpha_j p_j(x^i|\theta^j)\right). \tag{10.2.8}$$

上面的似然因包含和式的对数, 难以直接优化. 如果把 $\mathcal{D}$ 看作不完全数据, 并且假设存在未观测的数据集 $\mathcal{M} = \{z^1, \cdots, z^m\}$, 其值告诉我们每个 $\mathcal{D}$ 中每个样本是由哪个分量密度生成的. 也就是说, 对任意的 i, $z^i \in \{1, 2, \cdots, k\}$, 且如果第 i 个样本由第 j 个混合分量生成, 则 $z^i = j$. 如果我们知道 $\mathcal{M}$ 的值, 完全数据的对数似然为

$$\ln\left(\mathcal{L}(w|\mathcal{D}, \mathcal{M})\right) = \ln\left(P(\mathcal{D}, \mathcal{M}|w)\right) = \sum_{i=1}^{m} \ln\left(P(x^i|z^i)P(z^i)\right)$$

$$= \sum_{i=1}^{m} \ln\left(\alpha_{z^i} p_{z^i}(x^i|\theta^{z^i})\right), \tag{10.2.9}$$

对特定的分量密度, 上式可以使用各种优化技术求解.

实际上, 我们并不知道 $\mathcal{M}$ 的值, 但若假设 $\mathcal{M}$ 是一个随机向量, 可以继续下面的任务. 首先, 导出未观测数据的 (条件) 分布. 给定 $w = (\alpha_1, \cdots, \alpha_k, \theta^1, \cdots, \theta^k)$, 我们容易计算 $p_j(x^i|\theta^j)$. 另外, $\alpha_j = P(z^i = j)$ 看作 z^i 的先验概率. 因此, 由贝叶斯公式, 有

$$p(z^i|x^i, w) = \frac{\alpha_{z^i} p_{z^i}(x^i|\theta^{z^i})}{p(x^i|w)} = \frac{\alpha_{z^i} p_{z^i}(x^i|\theta^{z^i})}{\sum\limits_{j=1}^{k} \alpha_j p_j(x^i|\theta^j)} \tag{10.2.10}$$

和

$$p(\mathcal{M}|\mathcal{D}, w) = \prod_{i=1}^{m} p(z^i|x^i, w), \tag{10.2.11}$$

这里 $(x^i, z^i)_{i=1}^{m}$ 看成独立同分布的样本, 再使用贝叶斯公式可得结论.

此时由 (10.2.5) 式可以求得

$$Q(w, w^{r-1}) = \sum_{\mathcal{M} \in \mathbb{K}} \ln\left(\mathcal{L}(w|\mathcal{D}, \mathcal{M})\right) p(\mathcal{M}|\mathcal{D}, w^{r-1})$$

$$= \sum_{\mathcal{M} \in \mathbb{K}} \sum_{i=1}^{m} \ln\left(\alpha_{z^i} p_{z^i}(x^i|\theta^{z^i})\right) \prod_{j=1}^{m} p(z^j|x^j, w^{r-1})$$

$$= \sum_{z^1=1}^{k} \cdots \sum_{z^m=1}^{k} \sum_{i=1}^{m} \ln \left(\alpha_{z^i} p_{z^i}(x^i|\theta^{z^i}) \right) \prod_{j=1}^{m} p(z^j|x^j, w^{r-1})$$

$$= \sum_{z^1=1}^{k} \cdots \sum_{z^m=1}^{k} \sum_{i=1}^{m} \sum_{l=1}^{k} \delta_{l,z^i} \ln \left(\alpha_l p_l(x^i|\theta^l) \right) \prod_{j=1}^{m} p(z^j|x^j, w^{r-1})$$

$$= \sum_{l=1}^{k} \sum_{i=1}^{m} \ln \left(\alpha_l p_l(x^i|\theta^l) \right) \sum_{z^1=1}^{k} \cdots \sum_{z^m=1}^{k} \sum_{i=1}^{m} \delta_{l,z^i} \prod_{j=1}^{m} p(z^j|x^j, w^{r-1}),$$

$$\tag{10.2.12}$$

注意到

$$\sum_{z^1=1}^{k} \cdots \sum_{z^m=1}^{k} \sum_{i=1}^{m} \delta_{l,z^i} \prod_{j=1}^{m} p(z^j|x^j, w^{r-1})$$

$$= \left(\sum_{z^1=1}^{k} \cdots \sum_{z^m=1}^{k} \sum_{i=1}^{m} \prod_{j=1, j\neq i}^{m} p(z^j|x^j, w^{r-1}) \right) p(l|x^i, w^{r-1})$$

$$= \left[\prod_{j=1, j\neq i}^{m} \left(\sum_{z^j=1}^{k} p(z^j|x^j, w^{r-1}) \right) \right] p(l|x^i, w^{r-1}) = p(l|x^i, w^{r-1}), \tag{10.2.13}$$

这里的最后一个等号成立, 需注意到求和指标 z^j 是依赖于求积指标 j 的, 即给定指标 j, 前面只需计算指标 z^j 从 1 到 k 可自由变动的求和过程. 使用上式, 可得

$$Q(w, w^{r-1}) = \sum_{l=1}^{k} \sum_{i=1}^{m} \ln \left(\alpha_l p_l(x^i|\theta^l) \right) p(l|x^i, w^{r-1})$$

$$= \sum_{l=1}^{k} \sum_{i=1}^{m} \ln \left(\alpha_l \right) p(l|x^i, w^{r-1}) + \sum_{l=1}^{k} \ln \left(p_l(x^i|\theta^l) \right) p(l|x^i, w^{r-1}),$$

$$\tag{10.2.14}$$

这完成了 EM 算法的 E 步, 其中的 $Q(w, w^{r-1})$ 和后验分布 $p(l|x^i, w^{r-1})$ 紧密相关. 为了最大化 $Q(w, w^{r-1})$, 我们可以分别去最大化包含 α_l 和 θ^l 的项, 因为它们之间是分离的.

注意到约束 $\sum_{l=1}^{k} \alpha_l = 1$, 我们需要解下面的拉格朗日形式的方程:

$$\frac{\partial}{\partial \alpha_l} \left[\sum_{l=1}^{k} \sum_{i=1}^{m} \ln \left(\alpha_l \right) p(l|x^i, w^{r-1}) + \lambda \left(\sum_{l=1}^{k} \alpha_l - 1 \right) \right] = 0, \tag{10.2.15}$$

即

$$\sum_{i=1}^{m} \left(\frac{1}{\alpha_l} p(l|x^i, w^{r-1}) + \lambda \right) = 0,$$

解之得

$$\alpha_l^r = \frac{1}{m} \sum_{i=1}^{m} p(l|x^i, w^{r-1}). \qquad (10.2.16)$$

对于高斯混合分布, 也可以得到 θ^l 的解析表达式. 假设第 l 个分量密度是一个均值为 μ^l、协方差矩阵为 Σ^l 的 d 维高斯分布, 即 $\theta^l = (\mu^l, \Sigma^l)$, 那么

$$p_l\left(x|\mu^l, \Sigma^l\right) = \frac{1}{(2\pi)^{d/2}|\Sigma^l|^{1/2}} \exp\left(-\frac{1}{2}(x-\mu^l)^{\mathrm{T}}(\Sigma^l)^{-1}(x-\mu^l)\right). \qquad (10.2.17)$$

使用一些矩阵代数工具, 可以得到高斯混合分布参数估计 M 步更新的公式:

$$(\mu^l)^r = \frac{\displaystyle\sum_{i=1}^{m} x^i p(l|x^i, w^{r-1})}{\displaystyle\sum_{i=1}^{m} p(l|x^i, w^{r-1})}, \qquad (10.2.18)$$

$$(\Sigma^l)^r = \frac{\displaystyle\sum_{i=1}^{m} p(l|x^i, w^{r-1})(x^i - (\mu^l)^r)(x^i - (\mu^l)^r)^{\mathrm{T}}}{\displaystyle\sum_{i=1}^{m} p(l|x^i, w^{r-1})}. \qquad (10.2.19)$$

从 α_l^r, $(\mu^l)^r$ 和 $(\Sigma^l)^r$ 的更新公式可以看出, 它们只依赖于后验分布 $p(l|x^i, w^{r-1})$, 所以高斯混合分布参数估计的 E 步简化为根据上一步的先验分布和均值及协方差矩阵估计计算出当前的后验分布即可.

4. 变分自编码器

变分自编码器是变分推断 (variational inference, VI) 的一种情形, 和 EM 算法是密切相关的. 实际上可以将 EM 看作 VAE 的特殊形式.

以下首先简要谈一谈为什么需要 VAE, 然后看看为什么说 EM 是 VAE 的特殊形式.

VAE 的基本目标是构建一个从隐变量 $Z \in \mathcal{Z}$ 生成目标数据 X 的模型. 更准确地讲, 它假设 $Z \sim P(z)$ 是某些常见的分布 (比如多元正态分布或均匀分布). 然后, 假设有一族确定性函数即**模型**: $\{g(z;w), w \in \mathcal{W}\}$, 这里 $g : \mathcal{Z} \times \mathcal{W} \to \mathcal{X}$,

$\mathcal{W}$ 是某个参数空间. g 是确定性的函数, 但如果 Z 是随机变量且 w 固定, 那么 $g(Z; w) \in \mathcal{X}$ 是一个随机变量. 我们希望优化参数 w, 使得我们能从 $P(z)$ 中抽样 z 且以大概率 $g(z; w)$ 像我们训练集 $\mathcal{D}$ 中的样本.

为了使这个概念在数学上更精确, 我们的目标是在整个生成过程中, 使训练集 $\mathcal{D}$ 中每个 x 的出现可能性最大化, 即最大化:

$$P(x) = \int P(x|z; w)P(z)dz. \tag{10.2.20}$$

这里, 使用条件分布 $P(x|z; w)$ 替换了 $g(z; w)$, 明确了 x 对 z 的依赖性. 上述框架显然使用了极大似然的思想. 在 VAE 中, 通常选择多元正态分布作为条件分布 $P(x|z; w) = \mathcal{N}(x|g(z; w), \sigma^2 I)$, 即其有均值 $g(z; w)$ 和协方差矩阵 $\sigma^2 I$. 这种替换是必要的, 以形式化告诉我们一些 z 需要产生只像此 x 的样本. 一般来说, 特别是在训练初期, 我们的生成器不会产生与任何特定 x 相同的输出. 通过假设高斯条件分布 $P(x|z; w) = \mathcal{N}(x|g(z; w), \sigma^2 I)$, 我们可以使用梯度下降 (或任何其他优化技术) 对某些 z 使得 $g(z; w)$ 逼近 x, 即逐渐地使训练数据更可能来自调参后的生成模型.

要最大化 (10.2.20), VAE 必须处理两个问题: 如何定义潜变量 z (即决定它们代表什么信息), 以及如何处理 z 上的积分. 对于问题一, 和 EM 算法不同, VAE 采取了一种不寻常的方法来处理: 假设 z 的维数没有简单的解释性, 而是直接假设 z 的样本可以从一个简单的分布 $\mathcal{N}(z|0, I)$ 中提取. 之所以能够这样做, 关键是注意到任何在 d 维空间上的分布都可以取一个服从 d 维正态分布的数据变量, 并通过一个足够复杂的函数映射它来生成. 事实上, 注意到 $P(x|z; w) = \mathcal{N}(x|g(z; w), \sigma^2 I)$. 如果 $g(z; w)$ 是一个多层神经网络, 那么我们可以设想这个网络使用它的前几层将正态分布的 z 映射到具有恰当统计信息的潜变量值 (如手写数字任务中的数字标识、笔画权重、角度等). 然后该网络可以使用后面的层将这些潜变量值映射到完全呈现出的数字. 一般来说, 我们不需要担心潜在结构是否存在. 如果这种潜在结构有助于模型准确地再现 (即最大化训练集产生的可能性), 那么网络将在某一层学习该结构.

取定 $P(z) = \mathcal{N}(z|0, I)$ 后, 为了最大化 (10.2.20) 式, 我们可以像通常的机器学习算法一样, 如果可以找到 $P(x)$ 的一个可计算的公式, 那么我们可以使用随机梯度上升算法去优化模型. 为了近似地计算出 $P(x)$, 概念上非常容易: 首先根据 $P(z) = \mathcal{N}(z|0, I)$ 抽取大量的样本 $\{z^1, \cdots, z^m\}$, 然后计算出

$$P(x) = \frac{1}{m} \sum_{i=1}^{m} P(x|z^i; w). \tag{10.2.21}$$

这里的问题是, 在高维空间中, 为了精确估计 $P(x)$, m 可能需要非常大. 要了解原因, 请考虑手写数字的例子. 假设我们的数字数据点存储在 28×28 的像素空间中, 如图 10.5 所示. 由于 $P(x|z; w)$ 是各向同性多元正态分布, x 的负对数似然正比于 0 向量和 x 之间的欧氏距离的平方 (后面常省略参数 w). 假设图 10.5(a) 是目标图像 x, 我们正在计算其对应的 $P(x)$. 生成图 10.5(b) 的函数可能是一个不好的生成函数, 因为这个数字视觉上不太像数字 2. 所以, 我们应该设置多元正态分布的 σ^2 超参数, 使得这种错误的数字不会对 $P(x)$ 产生太多贡献. 但是, 生成图 10.5(c) (与 x 相同, 但向下和向右移动了半个像素) 的函数可能是一个好的模型. 我们希望这个样本能对 $P(x)$ 有贡献. 不幸的是, 我们不能两全其美: x 和图 10.5(c) 之间的平方距离是 0.2693 (假设像素范围在 0 到 1 之间), 但是 x 和图 10.5(b) 之间的平方距离只有 0.0387. 这里的教训是, 为了拒绝掉 10.5(b) 这样的样本, 需要将 σ^2 设置得非常小, 这样模型为了生成比图 10.5(c) 更像 x 的东西, 即使我们的模型是一个精确的手写数字生成器, 在生成一个与图 10.5(c) 中的 2 足够相似的 2 之前, 可能需要进行数千个数字采样. 我们可以通过使用更好的相似性度量来解决这个问题. 但是在实践中, 这些度量很难在像视觉这样的复杂领域中进行工程设计, 而且如果没有指示哪些数据点彼此相似的标签, 它们很难进行训练. 相反, VAE 改变了采样过程, 使其更快, 而不用改变相似性度量.

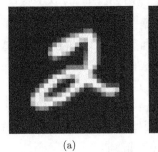

(a)   (b)   (c)

图 10.5   高维似然抽样计算问题图

5. 定义 VAE 的目标函数

下面考虑用抽样法计算公式 (10.2.20) 的快速方法. 根据上节的分析, 通常情况下, 对于大多数 z, $P(x|z)$ 几乎为零, 因此从最大化 $P(x)$ 的估计角度来看几乎没有贡献. 变分自动编码器背后的关键思想是尝试对可能产生 x 的 z 值进行采样, 并从中计算 $P(x)$. 这意味着我们需要一个新的函数 $Q(z|x)$, 它可以对取定的 x 值, 给出 $\mathcal{Z}$ 上的一个分布, 这个分布下产生的 z 很可能产生 x. 我们自然希望在 $Q(z|x)$ 下可能出现的 z 值的空间比在先验 $P(z)$ 可能出现的 z 值空间小得多. 现在的问题是, 如果 z 是从带有密度 $Q(z)$ 的任意分布抽样获得的样本, 其

如何帮助我们来优化 $P(x)$ 呢？首先, 类似于计算公式 (10.2.20), 我们需要建立 $E_{z\sim Q(z)}P(x|z)$ 和 $P(x)$ 之间的联系, 而 $E_{z\sim Q(z)}P(x|z)$ 和 $P(x)$ 之间的联系也是变分贝叶斯方法的基石之一.

首先, 我们考察 $P(z|x)$ 和任意 $Q(z)$(不一定不依赖于 x) 之间的 KL 散度:

$$\mathcal{K}[Q(z)\|P(z|x)] = E_{z\sim Q(z)}[\ln Q(z) - \ln P(z|x)]. \tag{10.2.22}$$

使用贝叶斯法则, 可以将上式转换为

$$\mathcal{K}[Q(z)\|P(z|x)] = E_{z\sim Q(z)}[\ln Q(z) - \ln P(x|z) - \ln P(z)] + \ln P(x). \tag{10.2.23}$$

经过简单的变形, 上式可以重写为

$$\ln P(x) - \mathcal{K}[Q(z)\|P(z|x)] = E_{z\sim Q(z)}\ln P(x|z) - \mathcal{K}[Q(z)\|P(z)]. \tag{10.2.24}$$

此时, 注意到 x 是固定的, $Q(z)$ 是任意的分布, 不一定该分布下产生的 z 很可能产生 x. 因为我们对推断 $P(x)$ 感兴趣, 所以构造一个依赖于 x 的 Q 是有意义的. 特别是, 一个使得 $\mathcal{K}[Q(z)\|P(z|x)]$ 很小的 Q:

$$\ln P(x) - \mathcal{K}[Q(z|x)\|P(z|x)] = E_{z\sim Q(z|x)}\ln P(x|z) - \mathcal{K}[Q(z|x)\|P(z)]. \tag{10.2.25}$$

这个表达式是 VAE 的核心, 值得花些时间思考它的含义. 注意到, 上式左边有我们想要最大化的量: $\ln P(x)$ (加上一个误差项, 如果模型 $Q(z|x;w)$ 是大容量的, 则该项将有望变小). 右手边为 $\ln P(x)$ 的下界称为证据下界 (evidence lower bound, ELBO), 是我们可以通过随机梯度上升来优化的东西. 优化目标 (10.2.25) 式左边要想最大化, 我们需要最大化 $\ln P(x)$ 同时最小化 $\mathcal{K}[Q(z|x)\|P(z|x)]$. $P(z|x)$ 是无法解析地进行计算, 但上述目标是朝着将 $Q(z|x)$ 逼近 $P(z|x)$ 方向前进. 如果 $Q(z|x)$ 所对应的模型复杂度足够高, 通过优化 $Q(z|x)$ 有望使得 $\mathcal{K}[Q(z|x)\|P(z|x)]$ 为 0, 然后将变成直接来最大化 $\ln P(x)$. 作为一个额外的好处, 我们已经使难处理的 $P(z|x)$ 变得容易处理, 即我们可以使用 $Q(z|x)$ 来计算它.

6. VAE 优化的目标函数

我们考虑如何在式 (10.2.25) 的右边进行随机梯度上升. 首先, 我们需要具体地描述 $Q(z|x)$ 将采用的形式. 通常的选择是 $Q(z|x) = \mathcal{N}(z|\mu(x;\vartheta), \Sigma(x;\vartheta))$, 其中 μ 和 Σ 是具有参数 ϑ 的任意确定性函数, 可以从数据中学习 (我们将在后面的表达式中省略 ϑ). 在实际应用中, μ 和 Σ 再次通过神经网络实现, Σ 被约束为对角矩阵. 这种选择的优点是计算性, 因为它们清楚地说明了如何计算右手边, 其中, 第二项 $\mathcal{K}[Q(z|x)\|P(z)]$ 现在是两个多元高斯分布之间的 KL 散度, 可以显示表达式计算为

$$\mathcal{K}[\mathcal{N}(z|\mu(x), \Sigma(x))\|\mathcal{N}(z|0, I)]$$

$$= \frac{1}{2} \left\{ \text{tr}[\Sigma(x)] + [\mu(x)]^{\text{T}}[\mu(x)] - k - \ln \det[\Sigma(x)] \right\}. \tag{10.2.26}$$

而 (10.2.25) 式的右边第一项有点棘手. 可使用抽样来估计 $E_{z \sim Q(z|x)} \ln P(x|z)$, 但是要得到一个好的估计值需要多个 z 的样本通过 g, 这将产生巨大的计算负担. 因此, 像标准的随机梯度下降算法一样, 我们取一个样本 z, 并将 $\ln P(x|z)$ 视为 $E_{z \sim Q(z|x)} \ln P(x|z)$ 的近似值. 毕竟, 我们已经对从数据集 $\mathcal{D}$ 采样的 x 的不同值进行随机梯度上升了. 要优化的完整目标是

$$E_{x \sim \mathcal{D}} \left\{ \ln P(x) - \mathcal{K}[Q(z|x) \| P(z|x)] \right\}$$

$$= E_{x \sim \mathcal{D}} \left\{ E_{z \sim Q(z|x)} \ln P(x|z) - \mathcal{K}[Q(z|x) \| P(z)] \right\}. \tag{10.2.27}$$

如果取上式目标的梯度, 梯度运算可以移到期望值中 (这里的描述也说明, 完整的优化目标可以转化成单个样本 (x, z) 对应的优化目标). 因此, 可以根据抽取的一个 x, 从分布 $Q(z|x)$ 中取一个 z 值, 计算下式的梯度:

$$\ln P(x|z) - \mathcal{K}[Q(z|x) \| P(z)]. \tag{10.2.28}$$

然后, 可以在任意多个 x 和 z 构成的样本上求该函数的梯度平均, 结果收敛到完整优化目标的梯度.

然而, 式 (10.2.28) 存在一个重要的问题. $E_{z \sim Q(z|x)} \ln P(x|z)$ 不仅取决于 P 的参数, 而且还取决于 Q 的参数. 然而, 在式 (10.2.28) 中, $\ln P(x|z)$ 这种依赖性已经消失了. 为了使 VAE 工作, 必须驱动 $Q(z|x)$ 为 x 生成使得 $P(x|z)$ 可靠解码的编码 z. 从另一个角度来看问题, 式 (10.2.28) 中描述的网络更像一个前馈网络 (图 10.6(a)), 如果输出在 x 和 z 的多个样本上平均, 则产生正确的期望值, 前向传递过程可工作正常. 然而, 我们需要通过从 $Q(z|x)$ 中采样 z 的层来反向传播误差, 这是一种非连续运算操作, 并且没有梯度. 通过反向传播的随机梯度下降可以处理随机输入, 但不能处理网络中的随机单元. 解决方案是文献中的 "重新参数化技巧", 其将采样移到输入层. 给定 $Q(z|x)$ 的均值和协方差 $\mu(x)$ 和 $\Sigma(x)$, 我们可以首先采样 $\varepsilon \sim \mathcal{N}(0, I)$, 然后计算 $z = \mu(x) + \Sigma^{\frac{1}{2}}(x)\varepsilon$, 得到 $\mathcal{N}(\mu(x), \Sigma(x))$ 中的样本. 因此, 我们实际采用的梯度公式是下面完整目标

$$E_{x \sim \mathcal{D}} \left\{ [E_{\varepsilon \sim \mathcal{N}(0, I)} \ln P(x|z = \mu(x) + \Sigma^{\frac{1}{2}}(x)\varepsilon)] - \mathcal{K}[Q(z|x) \| P(z)] \right\} \tag{10.2.29}$$

的随机梯度, 如图 10.6(b) 所示. 注意到, 上面的期望运算都不依赖于任何模型参数, 所以我们可以将梯度运算实施在内部. 也就是说, 给定一个固定的 x 和 ε, 这

个函数关于 P 和 Q 的参数是确定的和连续的, 这意味着反向传播可以计算出一个适用于随机梯度上升的梯度.

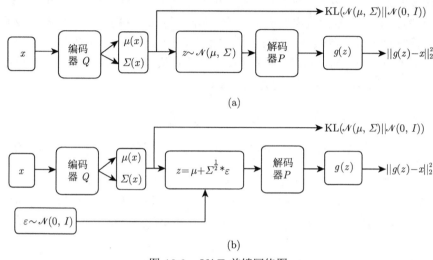

图 10.6　VAE 前馈网络图

完成了误差反向传播的任务设置后, 我们从另一个角度来考察 VAE 的目标函数的第一部分为什么最终成为现在的形状. 事实上, 这和之前的初始目标即最大化 $P(x)$ 时有同样的思路. 现在为了最大化 $E_{\varepsilon \sim \mathcal{N}(0,I)} \ln P(x|z) = \mu(x) + \Sigma^{\frac{1}{2}}(x)\varepsilon$, 用抽样的方式计算其近似. 则我们需要通过训练模型产生 $(\mu(x), \Sigma(x))$, 使得编码器产生相应的 z 能使对应的 $\ln P(x|z)$ 尽可能大. 这一目标由编码器和解码器共同学习来完成; 编码器通过学习 $(\mu(x), \Sigma(x))$ 产生合适的 z; 对生成的 z, 目标是使 $\ln P(x|z)$ 尽可能大. 在假设条件分布 $P(x|z)$ 为高斯分布下, 最大化对数似然 $\ln P(x|z)$ 等价地是让解码器学习条件期望函数 $E(x|z)$, 即损失函数为给定 z 下的输出 $g(z)$ 与响应变量 x 之间的二次损失 $\|g(z) - x\|_2^2$.

7. VAE 模型生成测试

在测试时, 当我们想要生成新的样本时, 只需将 $z \sim \mathcal{N}(0,I)$ 的值输入解码器. 也就是说, 删除 "编码器", 包括乘法和加法运算.

假设要评估模型下一个测试实例 x 的产生可能性. 一般来说, 这是不易处理的. 然而, 注意到 $\mathcal{K}[Q(z|x)\|P(z|x)]$ 是非负的, 这意味着式 (10.2.25) 的右侧是 $P(x)$ 的下界. 由于关于 z 上的期望值需要抽样, 所以这个下界仍然不能以显式形式计算. 我们知道, 从 $Q(z|x)$ 中采样 z 给出的 $P(x)$ 的期望估计量, 其收敛速度通常比从 $\mathcal{N}(0,I)$ 中采样 z 要快得多. 因此, 这个下界可以作为一个有用的工具

来粗略了解我们的模型生成特定数据点 x 的情况.

8. EM 算法和 VAE 的联系

上面的 VAE 是在后验分布 $P(z|x)$ 无法解析地进行计算时, 引入 $Q(z|x)$ 去逼近 $P(z|x)$. EM 算法则是在 $P(z|x)$ 容易处理时, 令 $Q(z|x) = P(z|x)$ 得到的. 此时,

$$\ln P(x) = E_{z\sim P(z|x)} \ln P(x|z) - \mathcal{K}[P(z|x)\|P(z)], \tag{10.2.30}$$

其中的 $P(z|x)$ 在 E 步中已确定, M 步中只需最大化下式:

$$E_{z\sim P(z|x)} \ln P(x|z). \tag{10.2.31}$$

因此, 极大似然法是 VAE 模型的驱动基本思想. EM 算法是极大似然法的一种求解方法, 当模型含有隐变量时, 且因变量的后验分布容易处理时, 可以使用 EM 算法. EM 算法是 VAE 的一种特例. VAE 中由于用连续隐变量的高斯混合分布来建模, 在维度较高时, 积分难以求解. 所以 EM 走不通, 转向使用 VAE 模型中的优化算法逼近后验分布 $P(z|x)$.

最后, 我们说明 VAE 存在的一个问题. 事实上, 我们在图 10.5 中遇到了这样的问题. 即由于 VAE 的重构损失使用的是欧氏距离的平方, 使得 VAE 没有真正地学会生成一张更接近真实的图像. 例如, 图 10.5(c) 比图 10.5(b) 更接近真实的图 10.5(a), 但是图 10.5(c) 和图 10.5(a) 的距离平方更大. 因此, 10.3 节将介绍另一个重要的生成模型: GAN.

10.3 GAN

Ian Goodfello 等在 2014 年的一篇论文中提出了 GAN, 这一想法立刻引起了研究者的广泛关注. 像许多伟大的想法一样, 事后看来似乎很简单: 让神经网络相互竞争, 希望这种竞争能推动它们脱颖而出.

生成式模型基本流程是: 基于真实数据的分布 P_{data}, 训练一个生成器 (generator) G, 使得生成器产生的数据分布 P_G 与真实数据分布差异最小. 在 GAN 当中, 除了生成器之外, 还会有一个判别器 (discriminator) D, 去判断生成器的好坏; 生成器和判别器不断对抗训练, 达到最终的目标; 由于生成器和判别器的模型结构都是神经网络 (neural network, NN), 故此得名生成式对抗网络 (GAN), 如图 10.7 所示.

我们现在对生成模型能做什么以及为什么能构建一个可取的模型有了一些初步想法. 现在我们可以问: 生成模型实际上是如何工作的? 尤其是, 与其他生成模型相比, GAN 是如何工作的?

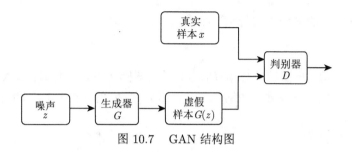

图 10.7　GAN 结构图

10.3.1　经典 GAN 的基本思想

为了在某种程度上简化讨论, 我们将首先讨论通过最大似然原理工作的生成模型. 一些生成模型默认情况下不使用最大似然, 但可以这样做 (GAN 属于这一类). 然后, 讨论 GAN 与基于最大似然原理的生成模型的联系.

m 个真实数据 $\{x^1, x^2, \cdots, x^m\}$ 的总体分布为 $P_r(x)$(有时也记为 $P_{\text{data}}(x)$), 而设 $P_G(x; w)$ (有时省略 w, 有时也记为 $P_w(x)$) 属于某个密度函数族, w 是参数. 极大似然方法估计的目标是

$$\max_{w \in \mathbb{R}^d} \frac{1}{m} \sum_{i=1}^{m} \ln P_G(x^i), \tag{10.3.1}$$

在极限意义下, 这等价于最小化 KL 散度 $\mathcal{K}(P_r \| P_G)$. 这是因为

$$\lim_{m \to \infty} \max_{w \in \mathbb{R}^d} \frac{1}{m} \sum_{i=1}^{m} \ln P_w(x^i) = \max_{w \in \mathbb{R}^d} \int_x P_r(x) \ln P_w(x)\, dx$$

$$= \min_{w \in \mathbb{R}^d} - \int_x P_r(x) \ln P_w(x)\, dx$$

$$= \min_{w \in \mathbb{R}^d} \int_x P_r(x) \ln P_r(x)\, dx - \int_x P_r(x) \ln P_w(x)\, dx$$

$$= \min_{w \in \mathbb{R}^d} \mathcal{K}(P_r \| P_w). \tag{10.3.2}$$

注意到, (10.3.1) 式中的 $P_G(\cdot)$ 如果假设是特殊的形式, 如混合高斯分布, 则我们可以使用前面介绍的 EM 算法来求解相应的优化问题. 但在早期使用该假设生成的图片非常模糊, 不适用图片作为高维空间中的低维流形的特征. 现在的问题是, 如何定义一般的假设 $P_G(\cdot)$ 来改善生成图片的清晰程度. 为了得到更一般的生成器或者数据分布, 现在的思路就是使用神经网络来定义. 根据随机变量合适的函数还是一个随机变量, 以及给定一个网络权重参数, 即定义了一个具体的函数. 因

此, 给定服从常见分布的随机变量 z, 可以得到 $G(z)$ 服从一个概率分布 $P_G(z)$. 同时, 受到 (10.3.2) 式启发, 优化问题变为

$$G^* = \arg\min_G \text{Div}\left(P_G, P_{\text{data}}\right),\tag{10.3.3}$$

这里 $\text{Div}\left(\cdot, \cdot\right)$ 表示两种分布之间的某种散度. 问题是我们实际上既不知道数据的真实分布 P_{data}, 也不知道 P_G, 那么如何计算 Div 呢? 尽管我们不知道 P_{data} 和 P_G, 但可以分别从 P_{data} 和给定参数 w 对应的 G 的 P_G 中抽样. 基于此, GAN 的策略是引入一个判别器来判别真实数据中的和生成器 G 生成的样本, 且通过选择合适的目标函数, 其对应的最优判别器下的目标函数值正好是给定 G 的 P_G 和 P_{data} 的某种散度.

具体而言, 原始 GAN 中, 目标函数为

$$\begin{aligned}
V(G, D) &= E_{x \sim P_{\text{data}}}[\ln D(x)] + E_{z \sim p(z)}[\ln(1 - D(G(z)))] \\
&= E_{x \sim P_{\text{data}}}[\ln D(x)] + E_{x \sim P_G}[\ln(1 - D(x))] \\
&= \int_x P_{\text{data}}(x) \ln D(x) dx + \int_x P_G(x) \ln(1 - D(x)) dx \\
&= \int_x \left[P_{\text{data}}(x) \ln D(x) + P_G(x) \ln(1 - D(x))\right] dx,
\end{aligned}\tag{10.3.4}$$

从判别器 D 的角度看, 给定 G 后, 它希望自己能尽可能区分真实样本和虚假样本, 因此希望 $D(x)$ 尽可能大, $D(G(z))$ 尽可能小, 即 $V(G, D)$ 尽可能大. 从生成器 G 的角度看, 给定 D 后, 它希望自己尽可能骗过 D, 也就是希望 $D(G(z))$ 尽可能大, 即 $V(G, D)$ 尽可能小. 两个模型相对抗, 最后达到全局最优.

注意到, 上面的目标函数对应的样本版本正好和二分类的交叉熵损失取负值是一致的, 即训练判别器和训练二分类器是一致的. 同时, 我们可以证明, 若假设 $D(x)$ 可以是任意的函数, 在给定 $G = G^t$ (表示第 t 步对应的生成器) 的情况下, 使 $V(G^t, D)$ 最大的 D^t 对应的 $V(G^t, D^t)$ 正好等于 P_{G^t} 和 P_{data} 的 JS 散度 (Jensen-Shannon divergency, JSD), 下面证明这一点.

事实上, 在给定 $G = G^t$ 的情况下, 目标是找到使 $V(G^t, D)$ 最大的 D^t. 根据积分的单调性质, 若被积函数在任意 x 点处都是最大的, 则积分也是最大的. 因此, 问题转变成, 任给定 x, 由于 $P_{\text{data}}(x)$ 和 $P_G^t(x)$ 都为常数项, 最优的 D^t 应该最大化下式

$$f(D(x)) = P_{\text{data}}(x) \ln D(x) + P_G^t(x) \ln(1 - D(x)).\tag{10.3.5}$$

通过令上式关于 $D(x)$ 的导数等于 0, 可以解出

$$D^t(x) = \frac{P_{\text{data}}(x)}{P_{\text{data}}(x) + P_{G^t}(x)}. \tag{10.3.6}$$

将该表达式代入 $V(G^t, D)$, 可得

$$V(G^t, D^t)$$
$$= E_{x \sim P_{\text{data}}}\left[\ln \frac{P_{\text{data}}(x)}{P_{\text{data}}(x) + P_{G^t}(x)}\right] + E_{x \sim P_{G^t}}\left[\ln \frac{P_{G^t}(x)}{P_{\text{data}}(x) + P_{G^t}(x)}\right]$$
$$= \int_x P_{\text{data}}(x) \ln \frac{P_{\text{data}}(x)}{P_{\text{data}}(x) + P_{G^t}(x)} dx + \int_x P_{G^t}(x) \ln \frac{P_{G^t}(x)}{P_{\text{data}}(x) + P_{G^t}(x)} dx$$
$$= -2\ln 2 + \int_x P_{\text{data}}(x) \ln \frac{P_{\text{data}}(x)}{(P_{\text{data}}(x) + P_{G^t}(x))/2} dx$$
$$\quad + \int_x P_{G^t}(x) \ln \frac{P_{G^t}(x)}{(P_{\text{data}}(x) + P_{G^t}(x))/2} dx$$
$$= -2\ln 2 + \mathcal{K}\left(P_{\text{data}} \left\| \frac{P_{\text{data}} + P_{G^t}}{2}\right.\right) + \mathcal{K}\left(P_{G^t} \left\| \frac{P_{\text{data}} + P_{G^t}}{2}\right.\right)$$
$$= -2\ln 2 + 2\text{JSD}\left(P_{\text{data}} \| P_{G^t}\right), \tag{10.3.7}$$

由此, 我们得到下面的命题.

命题 10.3.1   给定的生成器 G, 对应的最优判别器 D 是

$$D_G^*(x) = \frac{P_{\text{data}}(x)}{P_{\text{data}}(x) + P_G(x)}. \tag{10.3.8}$$

注意到该最优的 D 在实践中并不是可计算的, 但在理论上十分重要. 我们并不知道训练数据的总体分布 $P_{\text{data}}(x)$, 所以我们在训练中永远不会用到它. 但是, 它的存在令我们可以证明上述最小值优化问题的最优的 G 是存在的, 并且在训练中我们只需要逼近 D.

GAN 的目标是寻找到 $P_G(x) = P_{\text{data}}(x)$. 此时, 由命题 10.3.1 易知最优的判别器为

$$D_G^*(x) = \frac{P_{\text{data}}(x)}{P_{\text{data}}(x) + P_G(x)} = \frac{P_{\text{data}}(x)}{P_{\text{data}}(x) + P_{\text{data}}(x)} \equiv \frac{1}{2}. \tag{10.3.9}$$

这意味着判别器已经完全困惑了, 它完全分辨不出 $P_G(x)$ 和 $P_{\text{data}}(x)$ 的区别, 即判断样本来自 $P_G(x)$ 和 $P_{\text{data}}(x)$ 的概率都为 $1/2$. 基于这一观点, 我们进一步讨论极小极大博弈的解. 记 $L(G) = \max\limits_D V(G, D)$, 则有如下定理.

定理 10.3.1 $L(G)$ 达到全局最小值, 当且仅当 $P_G(x) = P_{\text{data}}(x)$. 此时, $L(G)$ 的最小值是 $-\ln 4$.

证明 由命题 10.3.1, 给定任意生成器 G, 将对应的最优判别器 D_G^* 代入 $V(G, D)$, 类似于 (10.3.7) 式得到

$$L(G) = \int_x P_{\text{data}}(x) \ln \frac{P_{\text{data}}(x)}{P_{\text{data}}(x) + P_G(x)} dx + \int_x P_G(x) \ln \frac{P_G(x)}{P_{\text{data}}(x) + P_G(x)} dx$$

$$= -2\ln 2 + 2\text{JSD}\left(P_{\text{data}} \| P_G\right),$$

根据 JSD 等于 0, 当且仅当 $P_G(x) = P_{\text{data}}(x)$, 定理的第一个结论成立, 第二个结论显然. 证毕.

GAN 训练算法

GAN 的作者证明了算法 10 在足够的训练数据和正确设置下, 训练算法将收敛到最优的 G, 参见 Goodfellow 等 (2014) 的文献.

算法 10 GAN 的 Minibatch 随机梯度算法

输入 训练集 $\mathcal{D}$ 和判别器 D 的每次迭代更新次数 k.

1: **for** $a = 1, 2, \cdots, A$ **do**
2:     **for** $t = 1, 2, \cdots, k$ **do**
3:         从噪声先验分布 $p(z)$ 中抽取一个 Minibatch 的噪声样本 $\{z^1, z^2, \cdots, z^s\}$;
4:         从训练集 $\mathcal{D}$ 中抽取一个 Minibatch 的样本 $\{x^1, x^2, \cdots, x^s\}$;
5:         更新判别器参数:

$$\theta_{D^{t+1}} = \theta_{D^t} - \nabla_{\theta_{D^t}} \frac{1}{s} \sum_{i=1}^s \left[\ln D(x^i) + \ln(1 - D(G(z^i))) \right].$$

6:     **end for**
7:     从噪声先验分布 $p(z)$ 中抽取一个 Minibatch 的噪声样本 $\{z^1, z^2, \cdots, z^s\}$;
8:     更新生成器参数:

$$w_{G^{t+1}} = w_{G^t} + \nabla_{w_{G^t}} \frac{1}{s} \sum_{i=1}^s \left[\ln(1 - D(G(z^i))) \right].$$

9: **end for**

输出 G.

10.3.2　经典 GAN 的推广

自从经典的 GAN 模型提出之后, 已出现大量 GAN 的变体. 关于 GAN 的理论, 可以把 GAN 模型按照正则化、非正则化模型分成两大类. 非正则化包括经典 GAN 模型以及大部分变种, f-GAN 就是关于经典 GAN 的一般框架的总结. 这些模型的共同特点是对要生成的样本的分布不做任何先验假设, 而是使用最小化差异的度量, 尝试去解决一般性的数据样本生成问题. 我们首先考虑 KL 散度的拓展.

1. f-散度

给定两个分布 P 和 Q, $p(x)$ 和 $q(x)$ 分别是对应的概率函数, f-散度 (f-divergence) 定义如下

$$D_f(P\|Q) = \int_x q(x)f\left(\frac{p(x)}{q(x)}\right)dx, \tag{10.3.10}$$

这里, f 为凸函数, 且 $f(1) = 0$. 由于 f 为凸函数, 因此

$$\begin{aligned}
D_f(P\|Q) &= \int_x q(x)f\left(\frac{p(x)}{q(x)}\right)dx \\
&\geqslant f\left(\int_x q(x)\frac{p(x)}{q(x)}dx\right) \\
&\geqslant f\left(\int_x p(x)dx\right) = 0,
\end{aligned}$$

可以验证, 当取 $f(x) = x\ln x$ 时, 得到 KL 散度; 当取 $f(x) = -\ln x$ 时, 得到逆 KL 散度; 当取 $f(x) = (x-1)^2$ 时, 得到卡方散度.

为了说明 f-散度和 GAN 有什么关系, 下面介绍 Fenchel 共轭 (Fenchel conjugate) 的概念.

2. Fenchel 共轭

对于每个凸函数 f, 都可以定义它的共轭函数 f^*:

$$f^*(t) = \max_{x\in\mathrm{dom}(f)}\{xt - f(x)\}. \tag{10.3.11}$$

例如, 若 $f(x) = x\ln x$, 易得它的共轭函数 f^* 为

$$f^*(t) = \max_{x\in\mathrm{dom}(f)}\{xt - x\log x\} = \exp(t-1).$$

对于共轭函数, 我们有

$$f(x) = \max_{t \in \mathrm{dom}(f^*)} \{xt - f^*(t)\},$$

将上式代入 f-散度函数, 同时假设要训练一个判别器 D, 使得 $D(x)$ 能近似解 $D(x) = \arg \max_{t \in \mathrm{dom}(f^*)} \left\{ \dfrac{p(x)}{q(x)} t - f^*(t) \right\}$, 则有

$$
\begin{aligned}
D_f(P\|Q) &= \int_x q(x) \left(\max_{t \in \mathrm{dom}(f^*)} \left\{ \frac{p(x)}{q(x)} t - f^*(t) \right\} \right) dx \\
&\geqslant \int_x q(x) \left(\frac{p(x)}{q(x)} D(x) - f^*(D(x)) \right) dx \\
&= \int_x p(x) D(x) dx - \int_x q(x) f^*(D(x)) dx.
\end{aligned}
$$

如果 $D(x)$ 能有足够的模型容量, 并且能优化到最好, 使得上面最后一个式子最大值能近似 $D_f(P\|Q)$, 则有

$$
\begin{aligned}
D_f(P\|Q) &\approx \max_D \int p(x) D(x) dx - \int_x q(x) f^*(D(x)) dx \\
&= \max_D \left\{ E_{x \sim P}[D(x)] - E_{x \sim Q}[f^*(D(x))] \right\},
\end{aligned}
$$

若取 $P = P_{\mathrm{data}}$, $Q = P_G$, $f^*(t) = -\ln(1 - \exp(t))$, 则得到原始 GAN 的优化目标函数:

$$
\begin{aligned}
G^* &= \arg \min_G D_f\left(P_{\mathrm{data}}\|P_G\right) \\
&= \arg \min_G \max_D \left\{ E_{x \sim P_{\mathrm{data}}}[D(x)] - E_{x \sim P_G}[f^*(D(x))] \right\} \\
&= \arg \min_G \max_D V(G, D).
\end{aligned}
$$

3. GAN 的优势

(1) 根据实际的结果, 它们看上去可以比其他模型产生更好的样本 (图像更锐利、清晰).

(2) 生成式对抗网络框架能训练任何一种生成器网络 (实践中, 用强化算法来训练带有离散输出的生成网络非常困难). 大部分其他的框架需要该生成器网络有一些特定的函数形式, 比如输出层是高斯的. 重要的是所有其他的框架需要生成器网络遍布非零质量 (non-zero mass). 生成式对抗网络能学习可以仅在与数据接近的细流形 (thin manifold) 上生成点.

(3) 不需要设计遵循任何种类的因式分解的模型, 任何生成器网络和任何判别器都会有用.

(4) 无需利用马尔可夫链反复采样, 无需在学习过程中进行推断 (inference), 回避了近似计算棘手的概率的难题.

4. GAN 和经典拓展模型的不足

(1) 目前面临的基本问题是: 所有的理论都认为 GAN 应该在纳什均衡 (Nash equilibrium) 上有卓越的表现, 但梯度下降只有在凸函数的情况下才能保证实现纳什均衡. 当博弈双方都由神经网络表示时, 在没有实际达到均衡的情况下, 让它们永远保持对自己策略的调整是可能的.

(2) 崩溃问题 (collapse problem): GAN 模型被定义为极小极大问题, 没有损失函数, 在训练过程中很难区分是否正在取得进展. GAN 的学习过程可能发生崩溃问题, 生成器开始退化, 总是生成同样的样本点, 无法继续学习. 当生成模型崩溃时, 判别模型也会对相似的样本点指向相似的方向, 训练无法继续.

(3) 无需预先建模, 模型过于自由不可控. 与其他生成式模型相比, GAN 这种竞争的方式不再要求假设数据来自的总体的真实分布形式, 而是使用一种分布直接进行采样 (sampling), 从而真正达到理论上可以完全逼近真实数据, 这也是 GAN 最大的优势. 然而, 这种不需要预先建模的方法缺点是太过自由了, 对于较大的图片、较多的像素的情形 (超高维), 基于简单 GAN 的方式就不太可控了. 在 GAN(Goodfellow et al., 2014) 中, 每次学习参数的更新过程, 被设为 D 更新 k 步, G 才更新 1 步, 也是出于类似的考虑.

(4) 在实际过程中, 生成数据和实际数据在低维流形上, 重叠很少, 意味着生成的数据分布和实际差别较大. 从另一个角度来看, 在训练时, 由于采用抽样的方式去度量散度, 因此数据分布间的重合变得很少. 以 JS 散度为例, 只要两个分布的支撑不重叠, 无论两个分布相差多远, $JSD(P\|Q) = \ln 2$, JS 散度无法度量两者有多不接近. 这个问题就会导致生成器在初始的位置就会梯度为 0 或者很小, 训练变得很难.

鉴于上面提到的问题, 接下来我们将会介绍 WGAN (Wasserstein GAN), 尝试解决 GAN 训练不稳定的问题, 不再需要小心平衡生成器和判别器的训练程度; 基本解决了模式崩溃的问题, 确保了生成样本的多样性. 训练过程中有一个像交叉熵、准确率这样的数值来指示训练的进程, 这个数值越小代表 GAN 训练得越好, 代表生成器产生的图像质量越高. 以上一切优点不需要靠精心设计的网络架构, 最简单的多层全连接网络就可以做到.

10.3.3　WGAN

关于生成模型, 给定分布之间距离 d 的定义, 我们可以把 $d(P_{\text{data}}, P_w)$ 看作损失函数. 关于 w 最小化 $d(P_{\text{data}}, P_w)$ 将使 P_w 逼近 P_{data}. 不同的距离定义会产生不同的收敛性. 如果每个在 d' 下收敛的序列都在 d 下收敛, 则称距离 d 弱于距离

d'. 为了引出 WGAN (Arjovsky et al., 2017), 我们需要简要介绍几种度量分布之间距离 (广义上) 的概念.

常见的有:

(1) TV (total variation) 距离

$$\delta(P_{\text{data}}, P_G) = \sup_{A \in \mathscr{A}} |P_{\text{data}}(A) - P_w(A)|, \tag{10.3.12}$$

这里 $\mathscr{A}$ 为某个 σ 代数.

(2) KL 散度

$$\text{KL}(P_{\text{data}} \| P_G) = \int_x \log\left(\frac{P_{\text{data}}(x)}{P_G(x)}\right) P_{\text{data}}(x) \, dx. \tag{10.3.13}$$

(3) JS 散度, 记 $M = P_{\text{data}}/2 + P_G/2$,

$$\text{JS}(P_{\text{data}}, P_G) = \frac{1}{2}\text{KL}(P_{\text{data}} \| P_m) + \frac{1}{2}\text{KL}(P_G \| P_m). \tag{10.3.14}$$

(4) 推土机 (earth mover, EM) 或 Wasserstein 距离

$$W(P_{\text{data}}, P_G) = \inf_{\gamma \in \Pi(P_{\text{data}}, P_G)} \mathbb{E}_{(x,y) \sim \gamma}\big[\, \|x - y\| \,\big], \tag{10.3.15}$$

这里 $\Pi(P_{\text{data}}, P_G)$ 为所有边缘分布为 P_{data}, P_G 的联合分布 γ 的集合, $\|x - y\|$ 是某种距离.

1. Wasserstein 距离的解释

事实上, 概率分布是由它们在每个点上分配的多少概率质量来定义的. 假设我们从分布 P_{data} 开始, 想通过移动质量, 把分布变成 P_G. 若移动质量为 m, 移动距离为 d, 则花费 $m \cdot d$ 的代价. Wasserstein 距离则表示由 P_{data} 分布确定的在各点的质量, 通过移动质量, 把分布变成 P_G 需要花费的最小代价.

为何在集合 $\Pi(P_{\text{data}}, P_G)$ 上的下确界能给出最小的代价呢? 我们可以把每一个 $\gamma \in \Pi(P_{\text{data}}, P_G)$ 看作为一种运输计划. 为了完成一个运输计划, 对于所有 x, y, 我们需要将 $\gamma(x, y)$ 大小的质量从 x 移动到 y. 该计划需要满足哪些属性才能将 P_{data} 转换为 P_G 呢?

(1) 离开 x 的质量是 $\int_y \gamma(x, y) \, dy$, 这必须等于 $P_{\text{data}}(x)$, 即最初在 x 所有的质量.

(2) 进入 y 的质量是 $\int_x \gamma(x, y) \, dx$, 这必须等于 $P_G(y)$, 即最终在 y 的质量. 这说明为什么 γ 的边缘分布必须是 P_{data} 和 P_G. 一个运输方案的总代价为

$$\int_x \int_y \gamma(x, y) \|x - y\| \, dy \, dx = \mathbb{E}_{(x,y) \sim \gamma}\big[\|x - y\|\big].$$

通过计算所有符合约束的 γ 的总代价的下确界, 即得出 Wasserstein 距离. 下面通过一个简单的例子来说明为什么我们应该关心 Wasserstein 距离.

例 10.3.1　考虑在 $\mathbb{R}^2$ 上定义的概率分布. 设真数据分布为 $(0, y)$, y 服从 $U[0, 1]$ 均匀分布. 考虑分布族 P_w, 其中 $P_w = (w, y)$, y 也服从 $U[0, 1]$ 均匀分布. 我们希望我们的优化算法学习将 w 更新逼近到 0. 随着 $w \to 0$, 距离 $d(P_0, P_w)$ 应减小. 但对于许多常见的距离函数, 这种情况不会发生.

(1) TV 距离: 对任意 $w \neq 0$, 记 $A = \{(0, y) : y \in [0, 1]\}$. 则

$$\delta(P_0, P_w) = \begin{cases} 1, & w \neq 0 \,, \\ 0, & w = 0 \,. \end{cases}$$

(2) KL 散度: 注意到如果存在使得 $P(x, y) > 0, Q(x, y) = 0$ 的点 (x, y), KL 散度 $\mathrm{KL}(P\|Q)$ 是 $+\infty$, 因此

$$\mathrm{KL}(P_0\|P_w) = \begin{cases} +\infty, & w \neq 0 \,, \\ 0, & w = 0 \,. \end{cases}$$

(3) JS 散度: 易得

$$\mathrm{JS}(P_0, P_w) = \begin{cases} \ln 2, & w \neq 0 \,, \\ 0, & w = 0 \,. \end{cases}$$

(4) Wasserstein 距离: 因为这两个分布只是彼此的平移, 所以最佳的运输方案是将质量从 $(0, y)$ 直线移动到 (w, y). 因此

$$W(P_0, P_w) = |w|.$$

这个例子表明存在 JS 散度、KL 散度或 TV 距离下不收敛, 但在 Wasserstein 距离下收敛的分布序列. 这个例子还表明, 对于 JS 散度、KL 散度和 TV 距离, 存在梯度始终为 0 的情况. 从优化的角度来看, 任何通过采用梯度的方法在这些情况下将失效.

的确, 这是一个人为的例子, 因为分布的支撑是不相交的. 但提出 WGAN 的文献指出, 当分布的支撑是高维空间中的低维流形时, 交集很容易为零测集, 这就足以给出类似的差结果. 下面的定理加强了这个论点.

定理 10.3.2　设 P_{data} 为固定分布, Z 为随机变量, G_w 是由 w 参数化的确定性函数, $P_w = G_w(Z)$. 那么:

(1) 如果 G_w 是 w 的连续函数, 则 $W(P_{\mathrm{data}}, P_w)$ 也是 w 的连续函数;

(2) 如果 G_w 满足一定的条件, 则 $W(P_{\text{data}}, P_w)$ 处处连续, 且几乎处处可微;

(3) 对于 JS 散度 $\text{JS}(P_{\text{data}}, P_w)$ 和所有 KL 散度, 陈述 (1)-(2) 是错误的.

另外, 文献中还证明了在 KL 散度、逆 KL 散度、TV 距离和 JS 散度下收敛的每个分布也在 Wasserstein 距离下收敛; 它还证明了小的 Wasserstein 距离对应于小的分布差异. 综合起来, 这表明 Wasserstein 距离对于生成模型来说是一个有竞争力的损失函数.

2. WGAN 训练算法

Wasserstein 距离的计算是难以处理的, 而 Kantorovich-Rubinstein 对偶的一个结果表明 W 等价于

$$W(P_{\text{data}}, P_w) = \sup_{\|f\|_L \leqslant 1} \mathbb{E}_{x \sim P_{\text{data}}}[f(x)] - \mathbb{E}_{x \sim P_w}[f(x)], \tag{10.3.16}$$

其中上确界是关于所有 1-Lipschitz 函数集合上定义的. 1-Lipschitz 函数的定义如下: 记 $d_{\mathcal{X}}$ 和 $d_{\mathcal{Y}}$ 分别是定义在空间 $\mathcal{X}$ 和 $\mathcal{Y}$ 上的距离函数. 一个函数 $f : \mathcal{X} \to \mathcal{Y}$ 称作是 K-Lipschitz 函数, 如果对任意的 $x^1, x^2 \in \mathcal{X}$, 有

$$d_{\mathcal{Y}}(f(x^1), f(x^2)) \leqslant K d_{\mathcal{X}}(x^1, x^2).$$

直观地说, 在更一般的斜率定义下, K-Lipschitz 函数的斜率不会超过 K. 当 $K = 1$ 时, 函数 f 称作是 1-Lipschitz 函数.

如果用 K-Lipschitz 函数集上的上确界代替 1-Lipschitz 函数集上的上确界, 则上确界为 $K \cdot W(P_{\text{data}}, P_w)$ 代替, 这是因为每个 K-Lipschitz 函数除以 K 都是 1-Lipschitz 函数, 且 $W(P_{\text{data}}, P_w)$ 关于 f 是线性的. K-Lipschitz 函数集 $\{f : \|f\|_L \leqslant K\}$ 仍然难以处理, 但现在更容易逼近. 假设有一个参数化函数族 $\{f_{\theta \in \Theta}\}$, 其中 θ 是权重, Θ 是所有可能权重的集合. 进一步假设这些函数都是 K-Lipschitz 函数, 那我们有

$$\max_{w \in \mathcal{W}} \mathbb{E}_{x \sim P_{\text{data}}}[f_\theta(x)] - \mathbb{E}_{x \sim P_w}[f_\theta(x)] \leqslant \sup_{\|f\|_L \leqslant K} \mathbb{E}_{x \sim P_{\text{data}}}[f(x)] - \mathbb{E}_{x \sim P_w}[f(x)]$$

$$= K \cdot W(P_{\text{data}}, P_w).$$

为了优化, 我们甚至不需要知道 K 是什么, 知道它的存在就足够了, 而且它在整个训练过程中都是固定的. 当然, $W(P_{\text{data}}, P_w)$ 的梯度会被一个未知的 K 缩放, 但是它们也会被学习率 α 缩放, 所以 K 会被超参数调整时吸收.

现在, 让我们回到生成模型. 我们想训练 $P_w = G_w(z)$ 来匹配 P_{data}. 直观地说, 给定一个固定的 G_w, 可以计算 Wasserstein 距离的最优 f_θ. 然后可以通过

$W(P_{\text{data}}, P_w)$ 反向传播到关于 w 的梯度:

$$\nabla_w W(P_{\text{data}}, P_w) = \nabla_w (\mathbb{E}_{x \sim P_{\text{data}}}[f_\theta(x)] - \mathbb{E}_{z \sim Z}[f_\theta(G_w(z))])$$
$$= -\mathbb{E}_{z \sim Z}[\nabla_w f_\theta(G_w(z))].$$

训练过程现已分为三个步骤:

(1) 对给定的 w, 通过训练 f_θ 到收敛, 去计算 $W(P_{\text{data}}, P_w)$ 的近似;

(2) 找出最优的 f_θ 后, 通过抽样 $z \sim Z$, 计算梯度 $-\mathbb{E}_{z \sim Z}[\nabla_w f_\theta(G_w(z))]$;

(3) 更新 w, 然后重复这三个步骤.

最后还需注意, 只有当函数族 $\{f_\theta : \theta \in \Theta\}$ 是 K-Lipschitz 的, 上述过程才是有效的. 为了保证这一点, 原始 WGAN 文献中使用权重夹紧 (weight clamping) 技巧, 即在每次更新到 θ 之后, 通过裁剪 θ, 使得权重 θ 被限制在 $[-c, c]$ 中. 具体的算法如下 (算法 11).

算法 11　WGAN 算法

输入　学习率 α、裁剪参数 c、批量大小 m、评价器 (critic) 迭代更新次数 n_c; 初始评价器参数 θ_0、初始生成器参数 w_0.

1: **while** w 未收敛 **do**

2:　　**for** $t = 1, 2, \cdots, n_c$ **do**

3:　　　　从噪声先验分布 $p(z)$ 中抽取一个 Minibatch 的噪声样本 $\{z^1, z^2, \cdots, z^m\}$;

4:　　　　从训练集 $\mathcal{D}$ 中抽取一个 Minibatch 的样本 $\{x^1, x^2, \cdots, x^m\}$;

5:　　　　更新评价器参数:

$$g_\theta \leftarrow \nabla_\theta \left[\frac{1}{m} \sum_{i=1}^m f_\theta(x^i) - \frac{1}{m} \sum_{i=1}^m f_\theta(G_w(z^i)) \right],$$

$$\theta \leftarrow \theta + \alpha \cdot \text{RMSProp}(\theta, g_\theta),$$

$$\theta \leftarrow \text{clip}(\theta, -c, c).$$

6:　　**end for**

7:　　从噪声先验分布 $p(z)$ 中抽取一个 Minibatch 的噪声样本 $\{z^1, z^2, \cdots, z^s\}$;

8:　　更新生成器参数:

$$g_w \leftarrow \nabla_w \left[-\frac{1}{m} \sum_{i=1}^m f_\theta(G_w(z^i)) \right],$$

$$w \leftarrow w - \alpha \cdot \text{RMSProp}(w, g_w).$$

9: **end while**

输出　G 和 f.

---

3. WGAN 和 GAN 算法比较

(1) 在 GAN 中, 判别器最大化

$$\frac{1}{m}\sum_{i=1}^{m}\log D_\theta(x^i) + \frac{1}{m}\sum_{i=1}^{m}\log(1 - D_\theta(G_w(z^i))),$$

这里我们约束 $D_\theta(x)$ 是一个概率值 $p \in (0,1)$.

在 WGAN 中, 没有要求 $f_\theta(x)$ 输出是概率. 这就解释了为什么 WGAN 文献倾向于称 $f_\theta(x)$ 为评价器而不是判别器——它并没有明确地试图将输入分类为真或假.

(2) 原始的 GAN 论文表明, 在极限意义下, 除去尺度和常数因子外, 上述判别器目标的最大值是 JS 散度. 而在 WGAN 中是 Wasserstein 距离.

(3) 虽然 GAN 是一个极小极大问题, 但在实际中我们从不训练 D 到收敛. 事实上, 通常判别器需要某种微妙的平衡, 我们要在 D 和 G 之间交替进行梯度更新, 以获得合理的生成器更新.

我们不是针对 JS 散度, 或者甚至是近似的 JS 散度来更新 G, 我们是针对一个朝向 JS 散度但并不是指导收敛的目标来更新 G. 它当然是有效的, 但鉴于前面关于 JS 散度梯度的问题, 确实令人惊奇.

相反, 由于 Wasserstein 距离几乎处处可微, 我们可以 (而且应该) 在每次生成器 G 更新之前, 训练 f_θ 收敛, 以获得尽可能精确的 $W(P_{\text{data}}, P_w)$ 的估计, 因为 $W(P_{\text{data}}, P_w)$ 越精确, 梯度 $\nabla_w W(P_{\text{data}}, P_w)$ 越精确.

10.3.4 条件 GAN

前面介绍的 GAN 和 WGAN 能够通过训练学习到数据分布, 进而生成新的样本. 可是 GAN 是将随机生成的噪声通过生成器, 进而生成的图像是随机的, 不能控制生成图像属于何种类别. 比如, 训练数据集原本包含飞机、汽车和房屋等类别, 原始 GAN 并不能在测试阶段控制输出属于哪一类. 又比如根据文字输出想要的图片问题中: 假设训练数据集中每张图片带有相应的描述性文字, 用传统的有监督学习的机器学习算法获得的预测函数会给出非常模糊的图片. 这主要是对于同样的输入 "火车", 在训练集中对应的图片有各种形态的火车, 理论上我们的算法是逼近给定输入特征 "火车" 条件下各种火车的条件期望, 所以经过训练后的预测函数会输出这些火车的平均值, 图像自然会变得模糊.

解决上述问题的一种想法是: 利用 GAN 的技术, 将条件 "文字" 和随机噪声合在一起作为训练好的生成器的输入, 而输出则是该 "文字" 对应类别的图片. 2014 年, Mirza 和 Osindero 正是基于这一想法, 提出了原始的条件生成式对抗

网络 (conditional generative adversarial nets, CGAN). 下面首先描述原始的条件 GAN.

　　具体而言, CGAN 是在 GAN 基础上做的一种拓展, 考虑当样本带有辅助性信息时, 通过给原始 GAN 的生成器 G 和判别器 D 的输入中添加这些条件信息, 实现条件生成模型. CGAN 额外的条件信息可以是类别标签或者其他的辅助信息, 且使用 y 作为信息表示的编码. 在生成器中, 先验输入噪声 z 和 y 被组合成联合隐表示, 对抗性训练框架允许在如何组合这种隐表示方面具有相当大的灵活性. 在判别器中, 真假样本 x 和 y 被表示为一个判别函数的输入. CGAN 的两个玩家的极小化极大目标函数为

$$V(G, D) = \mathbb{E}_{x \sim P_{\text{data}}(x)}[\ln D(x, y)] + \mathbb{E}_{z \sim p(z)}[\ln(1 - D(G(z), y))], \quad (10.3.17)$$

直观上, 目标函数对真实的图片和相应条件信息合并成的输入, 判别器函数值 $D(x, y)$ 越接近 1 越好; 而对生成的图片和条件信息合并成的输入, 判别器函数值 $D(G(z), y)$ 越接近 0 越好. 但是该目标函数没有考虑真实的图片和不匹配的条件信息作为输入时, 判别器函数值也应该越接近 0 越好. 因此, Reed 等 (2016) 的文献中有了改进的 CGAN, 如图 10.8 所示.

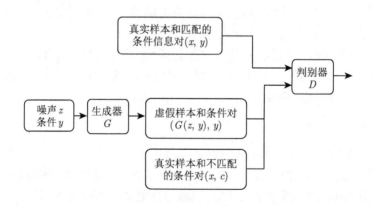

图 10.8　CGAN 结构图

1. 改进的 CGAN

根据上面的讨论, 下面给出改进的 CGAN 训练算法 (算法 12).

算法 12　改进的 CGAN 训练算法

输入　学习率 η、批量大小 m、判别器迭代更新次数 n_D; 初始判别器参数 θ_0; 初始生成器参数 w_0.

1: **while** w 未收敛 **do**

2:   **for** $t = 1, 2, \cdots, n_D$ **do**

3:     从训练集 $\mathcal{D}$ 中抽取正例样本 $\{(x^1, y^1), (x^2, y^2), \cdots, (x^m, y^m)\}$;

4:     从噪声先验分布 $p(z)$ 中抽取一个 Minibatch 的噪声样本 $\{z^1, z^2, \cdots, z^m\}$;

5:     获得生成的样本 $\{\tilde{x}^1, \tilde{x}^2, \cdots, \tilde{x}^m\}$, 这里 $\tilde{x}^i = G(z^i, y^i)$;

6:     从训练集 $\mathcal{D}$ 中抽取一个 Minibatch 的样本 $\{\hat{x}^1, \hat{x}^2, \cdots, \hat{x}^m\}$;

7:     更新判别器参数, 去最大化:

$$V = \frac{1}{m} \sum_{i=1}^{m} \ln D_\theta(x^i, y^i)$$

$$+ \frac{1}{m} \sum_{i=1}^{m} \ln \left(1 - D_\theta(\tilde{x}^i, y^i)\right) + \frac{1}{m} \sum_{i=1}^{m} \ln \left(1 - D_\theta(\hat{x}^i, y^i)\right),$$

$$\theta \leftarrow \theta + \eta \cdot \nabla V_\theta.$$

8:   **end for**

9:     从噪声先验分布 $p(z)$ 中抽取一个 Minibatch 的噪声样本 $\{z^1, z^2, \cdots, z^s\}$;

10:     从条件信息数据集中抽取 m 个条件 $\{c^1, c^2, \cdots, c^m\}$;

11:     更新生成器参数, 去最大化:

$$V = \frac{1}{m} \sum_{i=1}^{m} \ln D(G_w(z^i, y^i)),$$

$$w \leftarrow w - \eta \cdot \nabla V_w.$$

12: **end while**

输出 G 和 D.

通过以上算法, CGAN 通过生成器的输入添加外部信息的训练过程实现了扩展的 GAN 模型. Douzas 和 Bacao (2018) 将 CGAN 应用于二分类非平衡大数据集, 其中对应 CGAN 条件的外部信息是非平衡大数据集的类标签. Zhu 等 (2017) 使用类似的 GAN 将情绪强加到中立的脸上, 以扩展未充分表示的类.

一般来说, GAN 在保持生成能力的同时, 在半监督学习 (semi-supervised learning, SSL) 中也被证明是有效的. 在相同的两人博弈框架下, CatGAN 用一个分类判别网络和一个新的目标函数来推广 GAN. SSL 的现有 GAN 存在两个主要问题: ① 生成器和判别器 (也当作分类器) 一般不能同时达到最优; ② 生成器无法控制生成样本的语义. Li 等 (2017) 认为它们本质上是由只有两个玩家的网络架构造成的, 其中判别器必须扮演两个不相容的角色, 即识别假样本和预测标签. 对于问题②, 将有意义的因素 (如对象标签) 从具有有限监督的潜在表征中分离出来是一个普遍的问题. Li 等 (2017) 为了解决在 SSL 中的这些问题, 提出了一个灵活的博弈理论框架的分类和类条件图像生成, 称作 Triple-GAN. 他们所得到的模型不仅有三个网络, 而且考虑了三个联合分布, 即真实数据标签分布和两个条件网络定义的分布. 下面, 将介绍 Triple-GAN.

2. Triple-GAN

Triple-GAN 是基于 CGAN 的改进, 它主要想解决的问题是, 在实际训练中, 我们拥有的已配对的数据 (x, y) 往往是非常少量的. 因此, 考虑在半监督任务下, 我们有一个部分标记的数据集, 并且用 x 表示输入数据, y 表示输出标签. 目标有两个, 一个是预测未标记数据的标签 y, 另一个是生成以 y 为条件的新样本 x. 这与纯生成的无监督任务不同, 纯生成的唯一目标是从生成器中采样数据 x 以骗过判别器. 因此, 一个两人博弈架构就足以像原始 GAN 一样来描述这个过程. 而在目前的设置中, 由于标签信息 y 是不完整的 (因此是不确定的), 我们的密度模型应该表征 x 和 y 的不确定性, 即联合分布 $p(x, y)$.

由 y 上的缺失值, 直接应用两人博弈的 GAN 是不可行的. 考虑到联合分布可以通过两种方式分解的观点, 即 $p(x, y) = p(x)p(y|x)$ 和 $p(x, y) = p(y)p(x|y)$, 条件分布 $p(y|x)$ 和 $p(x|y)$ 分别对应着分类和条件生成任务. 建立的博弈目标, 是为了联合估计这些条件分布. 其中定义的判别网络, 它唯一的作用是区分样本是来自真实数据分布还是来自生成模型. 因此, 自然地将 GAN 扩展到 Triple-GAN, 即一个三玩家的博弈.

具体地, Triple-GAN 由三部分组成: ① 一个分类器 C(近似) 刻画条件分布 $p_C(y|x) \approx p(y|x)$; ② 一类条件生成器 G (近似) 刻画另一方向上的条件分布 $p_G(x|y) \approx p(x|y)$; ③ 辨别一对数据 (x, y) 是否来自真实分布 $p(x, y)$. 所有分量都被参数化为神经网络, 而所期望的均衡是分类器和生成器定义的联合分布都收敛到真实的数据分布. Triple-GAN 结构如图 10.9 所示.

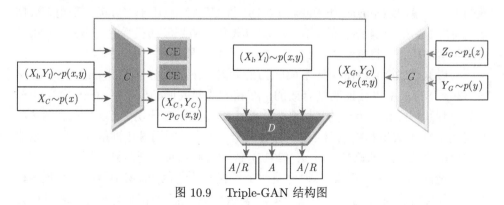

图 10.9　Triple-GAN 结构图

为了实现刚刚提到的目标, 需要为三个玩家设计一个具有兼容性的效用目标函数. 具体而言, 假设来自 $p(x)$ 和 $p(y)$ 的样本容易获得. 在抽取 $p(x)$ 的一个样本 x 后, 分类器 C 根据条件分布 $p_C(y|x)$ 产生一个伪标签 y. 因此, 相应的伪输入-标签对是来自联合分布 $p_C(x,y) = p(y)p_C(y|x)$ 的一个样本. 类似地, 一个伪输入-标签对可以先抽取 $p(y)$ 的一个样本 y 后, 再由条件分布 $p_G(x|y)$ 产生一个伪样本 $x|y$, 即来自联合分布 $p_G(x,y) = p(y)p_G(x|y)$. 至于 $p_G(x|y)$, 假设 x 是在给定标签 y 下通过潜变量 z 变换获得的, 即 $x = G(z,y), z \sim p_z(z)$, 这里 $p_z(z)$ 是一个简单的分布, 例如是均匀分布或者标准正态分布. 然后, 由 C 和 G 产生的伪输入-标签对 (x,y) 被送到判别器 D 进行判断. D 还可以访问来自真实数据分布的输入-标签对作为正例样本. 我们把这个过程中的效用函数称为对抗性损失, 可以用下面极小极大博弈来描述:

$$\min_{C,G} \max_D U(C,G,D) = \mathbb{E}_{(x,y)\sim p(x,y)}[\ln D(x,y)] + \alpha\mathbb{E}_{(x,y)\sim p_C(x,y)}[\ln(1-D(x,y))]$$

$$+ (1-\alpha)\mathbb{E}_{(x,y)\sim p_G(x,y)}[\ln(1-D(G(z,y),y))], \quad (10.3.18)$$

这里的 $\alpha \in (0,1)$ 是控制生成和分类的相对重要性的常量. 后面将可以证明, 上面的博弈达到均衡, 当且仅当 $p(x,y) = (1-\alpha)p_G(x,y) + \alpha p_C(x,y)$. 均衡表明, 如果 C 和 G 中的一个趋向于数据分布, 另一个也将趋向于数据分布. 然而, 它不能保证 $p(x,y) = p_G(x,y) = p_C(x,y)$ 是唯一的全局最优解, 这不是我们想要的. 为了处理这个问题, Li 等 (2017) 对分类器 C, 引入交叉熵损失 $\mathcal{R}_{\mathcal{L}} = \mathbb{E}_{(x,y)\sim p(x,y)}[-\ln p_C(y|x)]$, 其等价于 $p_C(x,y)$ 和 $p(x,y)$ 之间的 KL 散度. 这样得到下面的极小极大博弈:

$$\min_{C,G} \max_D \tilde{U}(C,G,D)$$

$$= \mathbb{E}_{(x,y)\sim p(x,y)}[\ln D(x,y)] + \alpha\mathbb{E}_{(x,y)\sim p_C(x,y)}[\ln(1-D(x,y))]$$

$$+ (1-\alpha)\mathbb{E}_{(x,y)\sim p_G(x,y)}[\ln(1-D(G(z,y),y))] + \mathcal{R}_{\mathcal{L}}. \quad (10.3.19)$$

此时, 将可以证明效用 $\tilde{U}$ 具有唯一的全局最优解 C 和 G.

引理 10.3.1 对于任意固定的 C 和 G, 关于效用函数 $U(C,G,D)$ 最优的判别器函数 D 是

$$D_{C,G}^*(x,y) = \frac{p(x,y)}{p(x,y) + p_\alpha(x,y)}, \quad (10.3.20)$$

这里 $\alpha \in (0,1)$, $p_\alpha(x,y) = (1-\alpha)p_G(x,y) + \alpha p_C(x,y)$ 为一个混合分布.

证明 给定分类器 C 和生成器 D, 效用函数可以重写为

$$U(C,G,D)$$

$$= \iint p(x,y)[\ln D(x,y)]dydx + \alpha \iint p(x)p_C(y|x)[\ln(1 - D(x,y))]dydx$$

$$+ (1-\alpha) \iint p(y)p_z(z)[\ln(1 - D(G(z,y),y))]dydz$$

$$= \iint p(x,y)[\ln D(x,y)]dydx + \iint p_\alpha(x,y)[\ln(1 - D(x,y))]dydx.$$

同原始 GAN 中的证明一样, 上式在 $D_{C,G}^*(x,y) = \dfrac{p(x,y)}{p(x,y) + p_\alpha(x,y)}$ 达到最大.
证毕.

记 $V(C,G) = \max\limits_D U(C,G,D)$. 则有下面的引理.

引理 10.3.2　达到 $V(C,G)$ 的全局最小值点, 当且仅当 $p(x,y) = p_\alpha(x,y)$.

证明　给定 $D_{C,G}^*(x,y)$, 效用函数 U 可以重写为

$$V(C,G) = \iint p(x,y) \ln \frac{p(x,y)}{p(x,y) + p_\alpha(x,y)} dydx$$

$$+ \iint p_\alpha(x,y) \ln \frac{p(x,y)}{p(x,y) + p_\alpha(x,y)} dydx,$$

类似于 GAN 的证明, $V(C,G)$ 可以表示为

$$V(C,G) = -\ln 4 + 2\mathrm{JSD}(p(x,y)\|p_\alpha(x,y)), \tag{10.3.21}$$

其是非负的, 且唯一的最小值点被达到当且仅当 $p(x,y) = p_\alpha(x,y)$. 证毕.

推论 10.3.1　当 $p(x,y) = p_\alpha(x,y)$ 时, 各边缘分布相等, 即 $p(x) = p_G(x) = p_C(x)$ 且 $p(y) = p_G(y) = p_C(y)$.

证明　注意到 $p_G(x,y) = p(y)p_G(x|y)$ 且 $p_C(x,y) = p(x)p_C(y|x)$, 等式 $p(x,y) = p_\alpha(x,y)$ 两边取积分可得

$$\int p(x,y)dx = (1-\alpha) \int p_G(x,y)dx + \alpha \int p_C(x,y)dx,$$

故

$$p(y) = (1-\alpha)p(y) + \alpha p_C(y),$$

即

$$p_C(y) = p(y) = p_G(y).$$

类似地, 关于 y 取积分可以证明 $p_G(x) = p(x) = p_C(x)$. 证毕.

根据上面的推论, 当 $p(x,y) = p_\alpha(x,y)$ 时, C 不是竞争关系, 且容易验证 $p(x,y) = p_G(x,y) = p_C(x,y)$ 是一个全局最小值点, 但可能不是唯一的最小值点. 因此需要添加额外的目标进入效用函数. 下面的定理说明效用函数 $\tilde{U}(C,G,D)$ 满足要求.

定理 10.3.3 $\tilde{U}(C,G,D)$ 达到均衡点, 当且仅当 $p(x,y) = p_G(x,y) = p_C(x,y)$.

证明 根据 $\tilde{U}(C,G,D)$ 的定义, $\tilde{U}(C,G,D) = (C,G,D) + \mathcal{R}_\mathcal{L}$, 这里 $\mathcal{R}_\mathcal{L} = \mathbb{E}_{(x,y)\sim p(x,y)}[-\ln p_C(y|x)]$ 可以重写为

$$\text{KL}(p(x,y)\|p_C(x,y)) + H_{p(x,y)}(y|x),$$

这里 $H_{p(x,y)}(y|x)$ 是条件熵与参数无关, 即最小化 $\mathcal{R}_\mathcal{L}$ 等价于最小化 $\text{KL}(p(x,y)\|p_C(x,y))$, 其等于 0 当且仅当 $p(x,y) = p_C(x,y)$. 充分性可由条件 $p(x,y) = p_G(x,y) = p_C(x,y)$ 能使得到效用函数 $\tilde{U}(C,G,D) = U(C,G,D) + \mathcal{R}_\mathcal{L}$ 中两个表达式分别达到最小. 必要性可使用前面引理相同的证明方法, 因为 $U(C,G,D)$ 后面加上的一项: $\mathcal{R}_\mathcal{L}$ 在给定 C 和 G 后与 D 无关. 注意到这一点后, 用反证法. 若 $p(x,y) \neq p_\alpha(x,y)$, 则 $U(C,G,D)$ 没有达到最小值, 对应的解肯定不是均衡点. 这是因为能找到一个解 (即充分条件) 对应的值比它小, 再用反证法证明 $p(x,y) = p_C(x,y)$, 最后得到必要条件. 证毕.

10.4 无监督学习的 Python 实现

PyTorch 是一个基于 Python 的科学计算库, 它有以下特点:

(1) 类似于 NumPy, 但是它可以使用 GPU;

(2) 可以用它定义深度学习模型, 可以灵活地进行深度学习模型的训练和使用.

本节考虑使用 PyTorch 科学计算库进行 VAE、GAN 两种代表性的无监督学习方法的代码实现.

10.4.1 PyTorch 实战基础

1. 张量

首先, 简要介绍称为张量 (Tensor) 的数据结构. Tensor 类似于 NumPy 的 ndarray, 主要的区别是 Tensor 可以在 GPU 上加速运算.

其次, 在激活的 PyTorch 环境中打开 jupyter notebook, 然后导入 torch 包.

```
1  import torch
```

有很多方式可以构造一个张量, 如

```
x = torch.rand(3,5)
```

返回一个张量, 包含了从区间 [0, 1] 上均匀分布中抽取的一组随机数. 张量的形状由下面的命令查看.

```
x.shape
torch.Size([3, 5])
```

张量也有许多基本运算, 如加法:

```
y = torch.rand(5,3)
x+y
```

和 in-place 加法:

```
y.add_(x)
```

任何 in-place 的运算都会以 "_" 结尾. 举例来说:

```
x.copy_(y)
x.t_()
```

会改变 x 的值. 各种张量运算, 包括 transposing, indexing, slicing, mathematical operations, linear algebra, random numbers 可以参考网站: https://pytorch.org/docs/torch.

NumPy 和 Tensor 之间的转化 Torch Tensor 和 NumPy Array 会共享内存, 所以改变其中一项也会改变另一项. 首先看如何把 Torch Tensor 转变成 NumPy Array.

```
x = torch.ones(5)
x
tensor([1., 1., 1., 1., 1.])

y = x.numpy()
y
array([1., 1., 1., 1., 1.], dtype=float32)
```

若改变 NumPy Array 里面的值, Torch Tensor 相应元素的值也会改变.

```
1  y[0] = 3
2  y
3  array([3., 1., 1., 1., 1.], dtype=float32)
4
5  x
6  tensor([3., 1., 1., 1., 1.])
```

把 NumPy ndarray 转成 Torch Tensor 的代码如下.

```
1  import numpy as np
2
3  x = np.ones(5)
4  y = torch.from_numpy(x)
5  np.add(x, 2, out=x)
6  x
7  [3. 3. 3. 3. 3.]
8  y
9  tensor([3., 3., 3., 3., 3.], dtype=torch.float64)
```

使用 ".to" 方法, Tensor 可以被移动到别的 device 上.

```
1   x = torch.ones(5)
2   device = torch.device("cpu")
3   if torch.cuda.is_available():
4       device = torch.device("cuda")
5   y = torch.ones_like(x, device=device)
6   x = x.to(device)
7   z = x + y
8   print(z)
9   print(z.to("cpu", torch.double))
10  tensor([2., 2., 2., 2., 2.])
11  tensor([2., 2., 2., 2., 2.], dtype=torch.float64)
```

在 GPU 上的张量不能使用 ".data.numpy" 方法, 只有放回 CPU 才可以.

```
1  y.to("cpu").data.numpy() # 或
2  y.cpu().data.numpy()
3  array([1., 1., 1., 1., 1.], dtype=float32)
```

2. 用 NumPy 实现神经网络训练

接下来, 使用几种方法分别实现两层神经网络的训练, 介绍 PyTorch 框架在深度学习中的使用. 模型的结构为一个全连接 ReLU 神经网络, 只有一个隐藏层, 为简化起见, 没有偏置. 具体地,

(1) 输入 x,

(2) 隐藏层 $h = x \cdot w1$, $a = \max\{0, h\}$,

(3) 输出 $y = a \cdot w2$.

我们先使用 NumPy 来完成神经网络前向传播 (forward pass)、损失 (loss) 和反向传播 (backward pass) 过程, 作为进阶到 PyTorch 对比参照. 具体地, 代码如下.

```
1   import torch
2   import numpy as np
3
4   import random
5   N, D_in, H, D_out = 64, 1000, 100, 10
6
7   random.seed(42)
8   w1_star = np.random.randn(D_in, H)
9   w2_star = np.random.randn(H, D_out)
10  x = np.random.randn(N, D_in)
11  h = x.dot(w1_star)
12  h_relu = np.maximum(h, 0)
13  y = h_relu.dot(w2_star)
14
15  w1 = np.random.randn(D_in, H)
16  w2 = np.random.randn(H, D_out)
17  learning_rate = 1e-6
18  for it in range(500):
19      # 前向传播
20      h = x.dot(w1)
21      h_relu = np.maximum(h, 0)
22      y_pred = h_relu.dot(w2)
23
24      # 损失计算
25      loss = np.square(y_pred - y).sum()
26      print(it, loss)
27
28      # 反向传播及其中每层的梯度计算
```

```
29    grad_y_pred = 2.0 * (y_pred - y)
30    grad_w2 = h_relu.T.dot(grad_y_pred)
31    grad_h_relu = grad_y_pred.dot(w2.T)
32    grad_h = grad_h_relu.copy()
33    grad_h[h<0] = 0
34    grad_w1 = x.T.dot(grad_h)
35
36    # 更新权重 w1 和 w2
37    w1 -= learning_rate * grad_w1
38    w2 -= learning_rate * grad_w2
```

3. 使用 PyTorch Tensors 手动编写训练过程

下面使用 PyTorch Tensors 来完成神经网络前向传播、损失计算, 以及反向传播. 一个 PyTorch Tensors 很像一个 NumPy 的 ndarray. 但是它和 NumPy ndarray 最大的区别是, PyTorch Tensors 可以在 CPU 或者 GPU 上运算. 如果想要在 GPU 上运算, 就需要把 Tensor 换成 cuda 类型. 具体代码如下.

```
1    import torch
2    import numpy as np
3
4    import random
5    N, D_in, H, D_out = 64, 1000, 100, 10
6
7    random.seed(42)
8    w1_star = torch.randn(D_in, H)
9    w2_star = torch.randn(H, D_out)
10
11   x = torch.randn(N, D_in)
12
13   h = x.mm(w1_star)
14   h_relu = h.clamp(min=0)
15   y = h_relu.mm(w2_star)
16
17   w1 = torch.randn(D_in, H)
18   w2 = torch.randn(H, D_out)
19
20   learning_rate = 1e-6
21   for it in range(500):
22       # 前向传播
```

```
23    h = x.mm(w1)
24    h_relu = h.clamp(min=0)
25    y_pred = h_relu.mm(w2)
26
27    # 损失计算
28    loss = (y_pred - y).pow(2).sum().item()
29    print(it, loss)
30
31    # 反向传播及其中每层的梯度计算
32    grad_y_pred = 2.0 * (y_pred - y)
33    grad_w2 = h_relu.t().mm(grad_y_pred)
34    grad_h_relu = grad_y_pred.mm(w2.t())
35    grad_h = grad_h_relu.clone()
36    grad_h[h<0] = 0
37    grad_w1 = x.t().mm(grad_h)
38
39     # 更新权重 w1 和 w2
40    w1 -= learning_rate * grad_w1
41    w2 -= learning_rate * grad_w2
```

4. 使用 PyTorch autograd 编写训练过程

PyTorch 的一个重要功能就是 autograd, 也就是说只要定义了前向神经网络, 计算了损失函数之后, PyTorch 可以通过 autograd 自动求导计算模型所有参数的梯度.

一个 PyTorch 的 Tensor 被表示成计算图中的一个节点. 如果 w 是一个 Tensor, 并且参数 w.requires_grad = True, 那么 w.grad 是储存着 w 当前梯度的一个属性, 常常是 loss 的梯度向量. 使用 PyTorch 的 autograd 编写训练过程具体代码如下.

```
1   import torch
2   import numpy as np
3
4   import random
5   N, D_in, H, D_out = 64, 1000, 100, 10
6
7   random.seed(42)
8   w1_star = torch.randn(D_in, H)
9   w2_star = torch.randn(H, D_out)
10
```

```
11  x = torch.randn(N, D_in)
12  h = x.mm(w1_star)
13  h_relu = h.clamp(min=0)
14  y = h_relu.mm(w2_star)
15
16  w1 = torch.randn(D_in, H)
17  w2 = torch.randn(H, D_out)
18
19  learning_rate = 1e-6
20  for it in range(500):
21      # 前向传播
22      y_pred = x.mm(w1).clamp(min=0).mm(w2)
23
24      # 损失计算
25      loss = (y_pred - y).pow(2).sum() # 同时产生计算图
26      print(it, loss.item())
27
28      # 反向传播
29      loss.backward()
30
31       # 更新权重 w1 和 w2
32      with torch.no_grad():
33          w1 -= learning_rate * w1.grad
34          w2 -= learning_rate * w2.grad
35          w1.grad.zero_()
36          w2.grad.zero_()
```

5. 使用 PyTorch 的 nn 库完成训练

现在使用 PyTorch 中 nn 这个库来搭建网络. 用 PyTorch 的 autograd 来构建计算图和计算梯度.

```
1  import torch
2  import numpy as np
3
4  import random
5  N, D_in, H, D_out = 64, 1000, 100, 10
6
7  random.seed(42)
8  w1_star = torch.randn(D_in, H)
9  w2_star = torch.randn(H, D_out)
```

```
10
11   x = torch.randn(N, D_in)
12   h = x.mm(w1_star)
13   h_relu = h.clamp(min=0)
14   y = h_relu.mm(w2_star)
15
16   model = torch.nn.Sequential(
17       torch.nn.Linear(D_in, H, bias=False),
18       torch.nn.ReLU(),
19       torch.nn.Linear(H, D_out, bias=False),
20   )
21
22   torch.nn.init.normal_(model[0].weight)
23   torch.nn.init.normal_(model[2].weight)
24
25   # model = model.cuda()
26
27   loss_fn = nn.MSELoss(reduction='sum')
28
29   learning_rate = 1e-6
30   for it in range(500):
31       # 前向传播
32       y_pred = model(x) # model.forward()
33
34       # 损失计算
35       loss = loss_fn(y_pred, y) # 计算图
36       print(it, loss.item())
37
38       # 反向传播
39       loss.backward()
40
41       # 更新权重 w1 和 w2
42       with torch.no_grad():
43           for param in model.parameters():
44               param -= learning_rate * param.grad
45
46       model.zero_grad()
```

　　我们可以不用手动更新模型的权重参数, 而是使用 optim 这个包来帮助我们更新参数. optim 这个包提供了各种不同的模型优化方法, 包括 SGD+momentum、

RMSProp、Adam 等.

```
1   import torch
2   import numpy as np
3
4   import random
5   N, D_in, H, D_out = 64, 1000, 100, 10
6
7   random.seed(42)
8   w1_star = torch.randn(D_in, H)
9   w2_star = torch.randn(H, D_out)
10
11  x = torch.randn(N, D_in)
12  h = x.mm(w1_star)
13  h_relu = h.clamp(min=0)
14  y = h_relu.mm(w2_star)
15
16  model = torch.nn.Sequential(
17      torch.nn.Linear(D_in, H, bias=False),
18      torch.nn.ReLU(),
19      torch.nn.Linear(H, D_out, bias=False),
20  )
21
22  torch.nn.init.normal_(model[0].weight)
23  torch.nn.init.normal_(model[2].weight)
24
25  # model = model.cuda()
26
27  loss_fn = nn.MSELoss(reduction='sum')
28  learning_rate = 1e-6
29  optimizer = torch.optim.SGD(model.parameters(), lr=learning_rate)
30
31  for it in range(500):
32      # 前向传播
33      y_pred = model(x) # model.forward()
34
35      # 损失计算
36      loss = loss_fn(y_pred, y) # 计算图
37      print(it, loss.item())
38
```

```
39      optimizer.zero_grad()
40      # 反向传播
41      loss.backward()
42
43      # 更新模型参数
44      optimizer.step()
```

6. 使用 PyTorch 继承 nn.Module 类完成训练

我们可以自定义一个模型, 这个模型继承自 nn.Module 类. 如果需要定义一个比 Sequential 模型更加复杂的模型, 就可以定义 nn.Module 类的子类.

```
1   import torch
2   import numpy as np
3
4   import random
5   N, D_in, H, D_out = 64, 1000, 100, 10
6
7   random.seed(42)
8   w1_star = torch.randn(D_in, H)
9   w2_star = torch.randn(H, D_out)
10
11  x = torch.randn(N, D_in)
12  h = x.mm(w1_star)
13  h_relu = h.clamp(min=0)
14  y = h_relu.mm(w2_star)
15
16  class TwoLayerNet(torch.nn.Module):
17      def __init__(self, D_in, H, D_out):
18          super(TwoLayerNet, self).__init__()
19          # 定义模型架构, 即需要更新权重参数的层
20          self.linear1 = torch.nn.Linear(D_in, H, bias=False)
21          self.linear2 = torch.nn.Linear(H, D_out, bias=False)
22
23      def forward(self, x):
24          y_pred = self.linear2(self.linear1(x).clamp(min=0))
25          return y_pred
26
27  model = TwoLayerNet(D_in, H, D_out)
28
29  loss_fn = nn.MSELoss(reduction='sum')
```

```
30  learning_rate = 1e-6
31  optimizer = torch.optim.SGD(model.parameters(), lr=learning_rate)
32
33  for it in range(1000):
34      # 前向传播
35      y_pred = model(x) # model.forward()
36
37      # 损失计算
38      loss = loss_fn(y_pred, y) # 计算图
39      print(it, loss.item())
40
41      optimizer.zero_grad()
42      # 反向传播
43      loss.backward()
44
45      # 更新模型参数
46      optimizer.step()
```

10.4.2　图像分类的 PyTorch 实现

到目前为止, 我们使用随机生成的数据显示了不同水平下的网络定义、损失计算和网络权重优化的 PyTorch 实现. 本节则考虑一个图像分类任务的实际数据例子.

对于视觉任务, PyTorch 创建了一个包, 名字叫作 torchvision, 其包含了针对 Image net、CIFAR10、MNIST 等常用数据集的数据加载器 (data loaders), 即 torchvision.datasets 和 torch.utils.data.DataLoader, 还有对图片数据变换的操作. 这对初学者提供了极大的便利, 可以避免手动编写样本数据处理代码.

在这个实例中, 使用了 CIFAR10 数据集, 它有如下的类别: "飞机""汽车""鸟""猫""鹿""狗""青蛙""马""船""卡车". 在 CIFAR10 里面的图片数据大小是 $3 \times 32 \times 32$, 即 3 通道彩色图, 大小是 (32×32) 像素. 利用这些图片数据, 我们将训练一个图片分类器. 完成该任务的主要步骤如下:

(1) 通过 torchvision 加载 CIFAR10 里面的训练和测试数据集, 并对数据进行标准化;

(2) 定义卷积神经网络;

(3) 定义损失函数;

(4) 利用训练数据训练网络;

(5) 利用测试数据测试训练好的网络.

1. 加载并标准化 CIFAR10

首先加载必要的计算库.

```
1  import torch
2  import torchvision
3  import torchvision.transforms as transforms
```

torchvision 数据集加载完后的输出是范围在 $[0, 1]$ 的 PILImage. 需将其标准化为范围在 $[-1, 1]$ 的张量.

```
1  transform = transforms.Compose(
2      [transforms.ToTensor(),
3       transforms.Normalize((0.5, 0.5, 0.5), (0.5, 0.5, 0.5))])
4
5  trainset = torchvision.datasets.CIFAR10(root='./data', train=True,
       download=True, transform=transform)
6  trainloader = torch.utils.data.DataLoader(trainset, batch_size=4,
       shuffle=True, num_workers=2)
7
8  testset = torchvision.datasets.CIFAR10(root='./data', train=False,
       download=True, transform=transform)
9  testloader = torch.utils.data.DataLoader(testset, batch_size=4,
       shuffle=False, num_workers=2)
10
11 classes = ('plane', 'car', 'bird', 'cat', 'deer', 'dog', 'frog', 'horse',
       'ship', 'truck')
```

加载完数据后, 尝试可视化部分训练数据 (图 10.10).

```
1  import matplotlib.pyplot as plt
2  import numpy as np
3
4  def imshow(img):
5      img = img / 2 + 0.5
6      npimg = img.numpy()
7      plt.imshow(np.transpose(npimg, (1, 2, 0)))
8      plt.show()
9
10 dataiter = iter(trainloader)
11 images, labels = dataiter.next()
```

```
12
13   imshow(torchvision.utils.make_grid(images))
14   print(' '.join('%5s' %'classes[labels[j]] for j in range(4)))
```

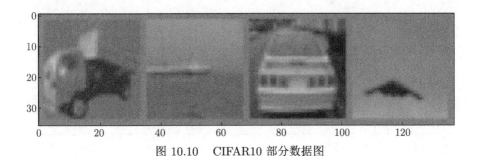

图 10.10   CIFAR10 部分数据图

2. 定义卷积神经网络

```
1    import torch.nn as nn
2    import torch.nn.functional as F
3
4    class Net(nn.Module):
5        def __init__(self):
6            super(Net, self).__init__()
7            self.conv1 = nn.Conv2d(3, 6, 5)
8            self.pool = nn.MaxPool2d(2, 2)
9            self.conv2 = nn.Conv2d(6, 16, 5)
10           self.fc1 = nn.Linear(16 * 5 * 5, 120)
11           self.fc2 = nn.Linear(120, 84)
12           self.fc3 = nn.Linear(84, 10)
13
14       def forward(self, x):
15           x = self.pool(F.relu(self.conv1(x)))
16           x = self.pool(F.relu(self.conv2(x)))
17           x = x.view(-1, 16 * 5 * 5)
18           x = F.relu(self.fc1(x))
19           x = F.relu(self.fc2(x))
20           x = self.fc3(x)
21           return x
22
23   net = Net()
```

3. 定义损失函数和优化器

这里使用了分类模型常用的交叉熵损失和随机梯度下降优化方法.

```
1  import torch.optim as optim
2
3  criterion = nn.CrossEntropyLoss()
4  optimizer = optim.SGD(net.parameters(), lr=0.001, momentum=0.9)
```

4. 训练网络

我们只需要遍历数据迭代器, 并将输入传给网络和优化器.

```
1  for epoch in range(2):
2      running_loss = 0.0
3      for i, data in enumerate(trainloader, 0):
4          inputs, labels = data
5
6          optimizer.zero_grad()
7
8          outputs = net(inputs)
9          loss = criterion(outputs, labels)
10         loss.backward()
11         optimizer.step()
12
13         running_loss += loss.item()
14         if i % 2000 == 1999: # print every 2000 mini-batches
15             print('[%d, %5d] loss: %.3f' % (epoch + 1, i + 1, running_loss
                   / 2000))
16             running_loss = 0.0
17
18 print('Finished Training')
```

输出为

```
1  [1,  2000] loss: 2.201
2  [1,  4000] loss: 1.866
3  [1,  6000] loss: 1.656
4  [1,  8000] loss: 1.579
5  [1, 10000] loss: 1.501
6  [1, 12000] loss: 1.467
7  [2,  2000] loss: 1.419
```

```
8    [2, 4000] loss: 1.368
9    [2, 6000] loss: 1.371
10   [2, 8000] loss: 1.317
11   [2, 10000] loss: 1.343
12   [2, 12000] loss: 1.293
13   Finished Training
```

5. 使用测试数据测试训练好的网络

在训练集上对神经网络训练了 2 个 epoch 后, 进一步检查网络是否学到了一些预测能力. 这可以通过预测神经网络输出的标签, 并和样本的正确标签 (ground-truth) 进行对比. 首先, 列出真实图片 (图 10.11).

```
1    dataiter = iter(testloader)
2    images, labels = dataiter.next()
3
4    imshow(torchvision.utils.make_grid(images))
5    print('GroundTruth: ', ' '.join('\%5s' \% classes[labels[j]] for j in
        range(4)))
```

图 10.11　CIFAR10 真实数据图

```
1    GroundTruth:  cat ship ship plane
```

而由训练后神经网络预测上面的实例是

```
1    outputs = net(images)
2    _, predicted = torch.max(outputs, 1)
3
4    print('Predicted: ', ' '.join('%5s' % classes[predicted[j]] for j in
        range(4)))
```

输出为

```
1  Predicted: cat  car ship plane
```

结果是 4 幅图片预测对了 3 幅.

10.4.3　VAE 的 PyTorch 实现

有了 PyTorch 使用方法的基础, 本节介绍基于 MNIST 手写数字数据集的 VAE PyTorch 代码实现. 由于 PyTorch 首次加载 MNIST 数据集时需要去网络中下载, 常常断开链接, 影响初学者的使用.

因此, 本节考虑先把数据集下载到本地某个文件夹中, 继承 PyTorch 中 torch.utils.data 中的 Dataset 类, 手动编写加载 MNIST 数据集的子类, 然后按照以下代码加载本地数据集. 假设已将 MNIST 数据集下载存放在当前目录 (即打开 jupyter notebook 的根目录) 下的 data 文件夹中, 四个文件名分别为: train-images-idx3-ubyte.gz、train-labels-idx1-ubyte.gz、10k-images-idx3-ubyte.gz、t10k-labels-idx1-ubyte.gz.

首先, 导入需要的库.

```
1   import torch
2   import torch.nn as nn
3   import torch.nn.functional as F
4   import torchvision
5   import torchvision.transforms as transforms
6   from torchvision.utils import save_image
7   from torch.utils.data import Dataset, DataLoader
8   import matplotlib.pyplot as plt
9   import pickle
10  import gzip
11  import os
12  import numpy as np
```

通过继承 torch.utils.data 中的 Dataset 类, 手动编写加载数据集的类.

```
1   class DownDataset(Dataset):
2       def __init__(self, folder, data_name, label_name,transform=None):
3           (train_set, train_labels) = self.load_data(folder, data_name,
                 label_name)
4           self.train_set = train_set
5           self.train_labels = train_labels
6           self.transform = transform
7
```

```
8    def __getitem__(self, index):
9        img, target = self.train_set[index], int(self.train_labels[index])
10       if self.transform is not None:
11           img = self.transform(img)
12       return img, target
13
14   def __len__(self):
15       return len(self.train_set)
16
17   def load_data(self,data_folder, data_name, label_name):
18       with gzip.open(os.path.join(data_folder,label_name), 'rb') as
             lbpath:
19           y_train = np.frombuffer(lbpath.read(), np.uint8, offset=8)
20       with gzip.open(os.path.join(data_folder,data_name), 'rb') as
             imgpath:
21           x_train = np.frombuffer(
22           imgpath.read(), np.uint8, offset=16).reshape(len(y_train), 28,
                 28)
23       return (x_train, y_train)
```

使用定义的新类, 加载 MNIST 数据集.

```
1    transform = transforms.Compose(
2        [transforms.ToTensor(),
3        transforms.Normalize((0.1307,), (0.3081,))])
4
5    trainset = DownDataset('./data',"train-images-idx3-ubyte.gz",
         "train-labels-idx1-ubyte.gz", transform=transform)
6
7    trainloader =
         torch.utils.data.DataLoader(dataset=trainset,batch_size=150,
         shuffle=True
8    )
9
10   testset = DownDataset('./data', "t10k-images-idx3-ubyte.gz",
         "t10k-labels-idx1-ubyte.gz", transform=transform)
11
12   testloader = torch.utils.data.DataLoader(dataset=testset, batch_size=100,
         shuffle=False
13   )
```

通过继承 nn.Module 类, 定义 VAE 神经网络.

```python
class VAE(nn.Module):
    def __init__(self):
        super(VAE, self).__init__()
        self.fc1 = nn.Linear(784, 400)
        self.fc2_mean = nn.Linear(400, 20)
        self.fc2_logvar = nn.Linear(400, 20)
        self.fc3 = nn.Linear(20, 400)
        self.fc4 = nn.Linear(400, 784)

    def encode(self, x):
        h1 = F.relu(self.fc1(x))
        return self.fc2_mean(h1), self.fc2_logvar(h1)

    def reparametrization(self, mu, logvar):
        std = 0.5 * torch.exp(logvar)
        z = torch.randn(std.size()) * std + mu
        return z

    def decode(self, z):
        h3 = F.relu(self.fc3(z))
        return torch.sigmoid(self.fc4(h3))

    def forward(self, x):
        mu, logvar = self.encode(x)
        z = self.reparametrization(mu, logvar)
        return self.decode(z), mu, logvar
```

定义损失函数.

```python
def loss_function(recon_x, x, mu, logvar):
    BCE_loss = nn.BCELoss(reduction='sum')
    reconstruction_loss = BCE_loss(recon_x, x)
    KL_divergence = -0.5 * torch.sum(1+logvar-torch.exp(logvar)-mu**2)
    print(reconstruction_loss, KL_divergence)

    return reconstruction_loss + KL_divergence
```

训练模型前的设置.

```
1  if not os.path.exists('./img'):
2      os.mkdir('./img')
3
4  vae = VAE()
5  optimizer = torch.optim.Adam(vae.parameters(), lr=0.0003)
```

定义训练模型函数并进行训练.

```
1  def train(epoch):
2      vae.train()
3      all_loss = 0.
4      for batch_idx, (inputs, targets) in enumerate(trainloader):
5          inputs, targets = inputs.to('cpu'), targets.to('cpu')
6          real_imgs = torch.flatten(inputs, start_dim=1)
7
8          gen_imgs, mu, logvar = vae(real_imgs)
9          loss = loss_function(gen_imgs, real_imgs, mu, logvar)
10
11         optimizer.zero_grad()
12         loss.backward()
13         optimizer.step()
14
15         all_loss += loss.item()
16         print('Epoch {}, loss: {:.6f}'.format(epoch,
                   all_loss/(batch_idx+1)))
17         if (batch_idx + 1) % 400 == 0:
18             save_image(inputs, './img/VAEreal_images-{}.png'.format(epoch
                   + 1))
19             fake_images = gen_imgs.view(-1, 1, 28, 28)
20             save_image(fake_images,
                   './img/VAEfake_images-{}.png'.format(epoch + 1))
21
22 for epoch in range(2):
23     train(epoch)
```

在 2 个 epoch 的训练后, 得到的训练模型重构生成的图片如图 10.12 所示. 可见只经过 2 个 epoch 的训练, 重构的图片已经比较清晰了.

接下来, 利用训练好的 VAE 模型, 通过潜变量生成 96 幅手写数字图片.

```
1  z= torch.randn(96, 20)
```

```
2   gen_imgs=vae.decode(z)
3   gen_images = gen_imgs.view(-1, 1, 28, 28)
4   save_image(gen_images, './img/VAEgen_images-{}.png'.format(2))
```

输出结果图如图 10.13 所示. 可见生成的图片相对于直接根据真实图片重构的图片还是比较模糊的.

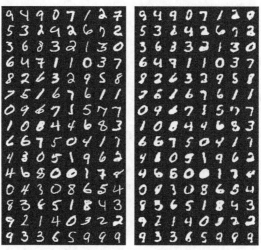

(a) 真实图片   (b) 重构图片

图 10.12   VAE 重构效果图

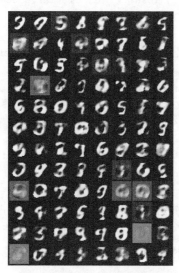

图 10.13   VAE 生成效果图

10.4.4 GAN 的 PyTorch 实现

本节介绍 GAN 在 MNIST 手写数字数据集上的 PyTorch 代码实现, 可以和 VAE 进行比较. 本节代码在装载数据方面与 VAE 有非常相似之处, 主要不同之处在于神经网络模型、损失函数和优化设置等方面.

首先, 导入需要的库.

```
1  import torch.autograd
2  import torch.nn as nn
3  from torch.autograd import Variable
4  from torchvision import transforms
5  from torchvision.utils import save_image
6  import os
7  import torchvision
8  from torch.utils.data import Dataset, DataLoader
9  import matplotlib.pyplot as plt
10 import pickle
11 import gzip
12 import numpy as np
```

创建存放生成图片的文件夹和一些超参数设置.

```
1  if not os.path.exists('./img'):
2      os.mkdir('./img')
3
4  def to_img(x):
5      out=0.5*(x+1)
6      out=out.clamp(0,1)
7      out=out.view(-1,1,28,28)
8      return out
9
10 batch_size=128
11 num_epoch=20
12 z_dimension=100
```

通过继承 torch.utils.data 中的 Dataset 类, 手动编写加载数据集的类, 这里代码和 VAE 中 DownDataset 类的定义完全相同, 故略去.

使用定义的 DownDataset 类, 加载 MNIST 训练数据集.

```
1  transform = transforms.Compose(
2      [transforms.ToTensor(),
```

```
3        transforms.Normalize((0.1307,), (0.3081,))])
4
5   mnist = DownDataset('./data', "train-images-idx3-ubyte.gz",
        "train-labels-idx1-ubyte.gz", transform=transform)
6
7   dataloader = torch.utils.data.DataLoader(dataset=mnist,
        batch_size=batch_size, shuffle=True
8   )
```

通过继承 nn.Module 类, 定义 discriminator 神经网络.

```
1   class discriminator(nn.Module):
2       def __init__(self):
3           super(discriminator,self).__init__()
4           self.dis=nn.Sequential(
5               nn.Linear(784,256)
6               nn.LeakyReLU(0.2)
7               nn.Linear(256,256)
8               nn.LeakyReLU(0.2)
9               nn.Linear(256,1)
10              nn.Sigmoid()
11          )
12      def forward(self, x):
13          x=self.dis(x)
14          x = x.squeeze(-1)
15          return x
```

通过继承 nn.Module 类, 定义 generator 神经网络.

```
1   class generator(nn.Module):
2       def __init__(self):
3           super(generator,self).__init__()
4           self.gen=nn.Sequential(
5               nn.Linear(100,256)
6               nn.ReLU(True)
7               nn.Linear(256,256)
8               nn.ReLU(True)
9               nn.Linear(256,784)
10              nn.Tanh()
11          )
12      def forward(self, x):
```

```
13      x=self.gen(x)
14      x = x.squeeze(-1)
15      return x
```

创建对象和设置一些基本损失及优化器.

```
1   D=discriminator()
2   G=generator()
3   if torch.cuda.is_available():
4       D=D.cuda()
5       G=G.cuda()
6   criterion = nn.BCELoss()
7   d_optimizer=torch.optim.Adam(D.parameters(),lr=0.0003)
8   g_optimizer=torch.optim.Adam(G.parameters(),lr=0.0003)
```

开始训练.

```
1   for epoch in range(num_epoch):
2       for i,(img, _) in enumerate(dataloader):
3           num_img=img.size(0)
4           img = img.view(num_img, -1)
5           real_img = Variable(img)#.cuda()
6           real_label = Variable(torch.ones(num_img))#.cuda()
7           fake_label = Variable(torch.zeros(num_img))#.cuda()
8           real_out = D(real_img)
9           d_loss_real = criterion(real_out, real_label)
10          real_scores = real_out
11          z = Variable(torch.randn(num_img, z_dimension))#.cuda()
12          fake_img = G(z)
13          fake_out = D(fake_img)
14          d_loss_fake = criterion(fake_out, fake_label)
15          fake_scores = fake_out
16
17          d_loss = d_loss_real + d_loss_fake
18          d_optimizer.zero_grad()
19          d_loss.backward()
20          d_optimizer.step()
21
22
23          z = Variable(torch.randn(num_img, z_dimension))#.cuda()
24          fake_img = G(z)
```

```
25          output = D(fake_img)
26          g_loss = criterion(output, real_label)
27          g_optimizer.zero_grad()
28          g_loss.backward()
29          g_optimizer.step()
30
31          if (i+1)%100==0:
32              print('Epoch[{}/{}],d_loss:{:.6f},g_loss:{:.6f} '
33                  'D real: {:.6f},D fake: {:.6f}'.format(
34                  epoch,num_epoch,d_loss.data.item(),g_loss.data.item(),
35                  real_scores.data.mean(),fake_scores.data.mean()
36              ))
37      real_images=to_img(real_img.cpu().data)
38      save_image(real_images, './img/GANreal_images-{}.png'.format(epoch+1))
39      fake_images = to_img(fake_img.cpu().data)
40      save_image(fake_images, './img/GANfake_images-{}.png'.format(epoch+1))
```

在 20 个 epoch 的训练后, 得到生成模型 G, 由 G 通过潜变量生成 96 幅手写数字图片.

```
1   z = Variable(torch.randn(96, z_dimension))#.cuda()
2   GANfake_img = G(z)
3   fake_images = to_img(GANfake_img.cpu().data)
4   save_image(fake_images, './img/GANfake_images-{}.png'.format(0))
```

输出结果图如图 10.14 所示.

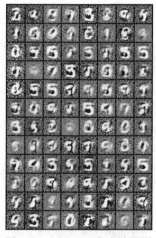

图 10.14   GAN 生成效果图

第 11 章　深度强化学习

11.1　深度强化学习的主要任务

深度强化学习 (deep reinforcement learning, DRL) 是人工智能领域的一个新的研究热点, 它以一种通用的形式将深度学习的感知能力与强化学习的决策能力相结合, 并能够通过端对端的学习方式实现从原始输入到输出的直接控制. 自提出以来, 在许多需要感知高维度原始输入数据和决策控制的任务中, 深度强化学习方法已经取得了实质性的突破. 本章主要阐述了深度强化学习的几类基本方法及其应用, 包括基于策略梯度的深度强化学习、基于值函数的深度强化学习和两者组合的深度强化学习等.

强化学习 (reinforcement learning, RL) 作为机器学习领域另一个研究热点, 已经广泛应用于工业制造、仿真模拟、机器人控制、优化与调度、游戏博弈等领域 (Sutton and Barto, 1998). RL 的基本思想是通过最大化智能体从环境中获得累积奖赏值, 以学习到完成目标的最优策略. 因此, RL 方法更加侧重于学习解决问题的策略, 被认为是迈向通用人工智能 (artificial general intelligence, AGI) 的重要途径. 而在 DRL 发展的最初阶段, DQN (deep Q-learning) 算法主要被应用于 Atari 2600 平台中的各类 2D 视频游戏中. 随后, 研究人员分别从算法和模型两方面对 DQN 进行了改进, 使得智能体在 Atari 2600 游戏中的平均得分提高了 3 倍, 并在模型中加入记忆和推理模块, 成功地将 DRL 应用场景拓宽到 3D 场景下的复杂任务中. AlphaGo 围棋算法结合深度神经网络和蒙特卡罗树搜索 (Monte Carlo tree search, MCTS), 成功地击败了围棋世界冠军. 此外, DRL 在机器人控制、计算机视觉、自然语言处理和医疗等领域的应用也都取得了一定的成功.

11.2　强化学习的基本概念

当我们思考学习的本质时, 首先想到的可能是我们通过与环境互动来学习的想法. 当婴儿玩耍、挥舞手臂或环顾四周时, 他没有明确的老师, 但他确实与环境有直接的感觉运动联系. 运用这种联系会产生大量关于因果关系、行为后果以及为了实现目标该做什么的信息. 在我们的一生中, 这种互动无疑是我们了解环境和我们自己的主要来源. 无论是学习开车还是交谈, 我们都敏锐地意识到环境对

我们所做的事情的反应, 并且我们试图通过行为来影响所发生的事情. 从互动中
学习是几乎所有学习和智力理论的基础理念.

强化学习是学习如何将环境目前的状态映射到行动, 以便最大化数值化的奖
励信号. 学习者不会被告知要采取哪些行动, 而是必须通过尝试来发现哪些行动
产生的回报最大. 在最有趣和最具挑战性的情况下, 行动不仅会影响直接的回报,
还会影响下一时刻的环境状态, 并通过这种状态影响所有后续的回报. 这两个特
征——试错搜索和延迟奖励是强化学习最重要的两个特征.

11.2.1 强化学习的基本模型

在构建强化学习的基本模型时, 首先涉及的两个对象包括智能体 (agent) 和
环境 (environment), 它们都可以看成函数. 智能体观察环境输出的不同状态, 做
出一定的行动 (action), 这个行动会作为环境新的输入, 对环境造成一定影响和改
变, 同时智能体会从新的环境中获得奖赏 (reward), 训练过程循环上述步骤. 从这
样的互动中, 自然引出几个重要的概念和强化学习基本模型.

策略函数常记为 π, 指智能体在某个状态 s 时, 所要做出行动上的选择, 定义
为 $a = \pi(s)$, 寻找这个函数是 RL 中最主要的任务. 策略是随机的, 指最终采取的
动作是根据每个动作的条件概率分布 $P(a|s)$ 抽样决定的. 如果策略是确定性的,
则采取 $P(a|s)$ 值最大对应的动作.

奖赏描述了智能体学习的反馈. 智能体每一次和环境交互, 环境都返回一个
奖赏值, 常用 r 表示, 其常由学习任务本身决定和设计. 奖赏值可以告诉智能体目
前采取的行动有多好, 智能体与环境交互的过程见图 11.1, 其中下标 t 表示时刻,
在一个完整的交互过程中交互的最大时间步数记为 T, 一个完整的交互过程称作
一个回合 (episode). 值得注意的是, 在强化学习任务中, 不是追求每一时间步的
奖赏最大化, 而是累积奖赏 $R = \sum_{t=1}^{T} r_t$ 最大.

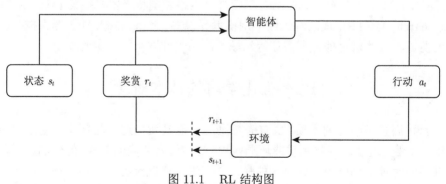

图 11.1   RL 结构图

11.2.2 价值函数

奖赏 r_t 描述的是评判步交互中的即时收益. 而价值函数 (value function) 则定义的是从长期看某种状态或某种状态和行动组合下完成一个 episode 所涉及的后面所有平均奖赏的好坏. 一个状态 s 在给定策略函数 π 下的价值记为 $V^\pi(s)$; 在给定策略函数 π, 在状态 s 下采取动作 a 的长期期望价值记为 $Q^\pi(s, a)$, 它们具体定义如下.

定义 G_t 为 t 时刻及其之后时长为 N 的一个 episode (例如一场游戏) 内的累积奖赏值:

$$G_t = \sum_{n=0}^{N} \gamma^n r_{t+n}. \tag{11.2.1}$$

在给定策略函数 π 下状态 s 的价值:

$$V^\pi(s) = \mathbb{E}^\pi(G_t | s_t = s). \tag{11.2.2}$$

在给定策略函数 π 下状态 s 的长期期望价值:

$$Q^\pi(s, a) = \mathbb{E}^\pi(G_t | s_t = s, a_t = a), \tag{11.2.3}$$

其中 $0 < \gamma \leqslant 1$ 是长期收益的折扣因子, 反映了随着时间距离增大影响率减小的速度.

有了以上几个概念, 我们接下来可以介绍强化学习中的核心任务.

11.3　基于策略梯度的深度强化学习

同其他机器学习任务的结构一致, 我们首先介绍 DRL 任务在策略梯度方法下对应的三个步骤. 但强化学习和有监督学习的一个显著不同之处在于其训练数据是通过智能体和环境互动过程产生的, 因此, 我们首先通过一个例子来给出 DRL 具体产生数据的过程, 然后给出接下来的三步.

例 11.3.1　Space Invaders 是一款历史悠久的经典射击游戏系列, 玩家以 2D 点阵图构成的太空船操作, 在充满外星侵略者的太空中进行一连串的抵抗任务. 玩家除了能左右平移太空船来闪躲敌人, 还可以躲在掩体后面避免敌人的自杀攻击. 如果让智能体作为玩家来进行游戏, 其过程如下.

这个游戏里面, 智能体可以采取的行动 (actions) 有三个, 即向左移动、向右移动、射击. 游戏开始时, 智能体首先会看到一幕初始画面 s_1(输入), 这个 s_1 其实就是一个像素张量, 因为它是彩色的, 所以是一个三维的张量. 智能体看到这个画面以后, 就要在目前的参数 w 下决定采取哪个行动 $a_1 = \pi_w(s_1)$, 现在有三个行动可以选择, 即输出 $a_1 \in \{左移, 右移, 射击\}$. 比如, 它决定右移, 在这个行动和外星人自身活动共同改变环境产生新的画面 s_2 的同时, 还会根据游戏设定得到一个奖赏 (reward), 这个奖赏就是画面左上角的分数值. 往右移不会杀死外星人, 所以得到的奖赏 $r_1 = 0$. 接着, 智能体看到 s_2 之后, 继续完成和前一时间步相同的过程, 得到 a_2 和 r_2. 例如, $a_2 = $ 射击, 且产生的后果是杀死了一个 5 分的外星人, 则 $r_2 = 5$, 这时画面又发生新的变化, $\cdots$, 这个过程会继续进行下去, 直到游戏的终止条件满足时, 如当所有的外星人被消灭或者智能体的太空飞船被摧毁. 从这个游戏的开始到结束, 就是一个回合. 在这样一个回合里 (假设用了 T 步) 得到的一个数据序列或称为轨道 (trajectory) τ:

$$\tau = \{s_1, a_1, r_1, s_2, a_2, r_2, s_3, a_3, r_3, \cdots, s_T, a_T, r_T\}, \tag{11.3.1}$$

而在这样一个回合中的累积奖赏为

$$R(\tau) = \sum_{i=1}^{T} r_i, \tag{11.3.2}$$

智能体要做的事情就是不断地玩这个游戏, 学习在平均意义下, 能最大化奖赏累积分值. 这里所指的平均意义是指由于每个回合产生的轨道 τ 具有随机性, 因此最大化的目标是对所有可能的 $R(\tau)$ 的期望

$$\bar{R}_w = \sum_{\tau} R(\tau) P(\tau|w). \tag{11.3.3}$$

通过上面这个简单的例子, 已经可以看出强化学习有两个困难之处.

(1) 奖赏作为反馈信息存在延迟. 如在上面的例子中, 只有射击才可能得到正面的奖赏, 但是如果智能体只知道射击会得到奖赏, 最后训练学习出来的决策函数就是它只会做射击的动作. 对它而言, 左右移动没有任何奖赏. 但事实上, 往左往右移动的动作, 对射击能否得到正值奖赏是有关键影响的. 即虽然这些左右移动两种可能的动作本身没有办法让智能体直接得到任何奖赏, 但它有可能帮助智能体在未来得到更多的奖赏分值. 这就像规划未来一样, 智能体需要有这种远见和视野, 才能把电子游戏玩好. 在下围棋里面, 有时候也是一样的, 短期的牺牲可以换来最好的结果.

(2) 智能体需要有探索的能力. 因为智能体采取行动后会影响之后它所看到 (输入) 的东西, 所以智能体要学会去探索这个世界. 比如说在上例中, 如果智能体只知道左右移动, 不知道射击会得到奖赏, 也不知道击杀最上层的外星人可以得到很高的奖赏, 就不会有最好的结果. 所以要让智能体去尝试它没有做过的行为,

这个行为可能会有好的结果也会有坏的结果. 但是探索没有做过的行为在 RL 里面也是一种重要的行为.

接下来介绍基于策略梯度深度强化学习的三个步骤. 当我们知道获得训练数据的模式之后, 如何根据最大化期望累积奖赏的目标去训练一个最好的策略 (或称行动) 函数 π_{w^*} 呢? 这个 π_{w^*} 的输入就是智能体看到的状态 s, 它的输出就是智能体要采取的行动 a. 我们要透过奖赏 r 来帮自己找这个 π_{w^*}, 具体有以下三个步骤.

第一步是定义模型, 也就是决定候选函数的形式. 假设候选函数是神经网络的架构, 对应的强化学习就是一个深度强化学习. 如果一个神经网络作为一个行动函数, 这个神经网络的输入就是 s, 可以通过一个向量或者一个张量来描述. 输出就是智能体现在可以采取的行动的编码. 例如, 在例 11.3.1 中, 输入是一幅图像, 输出就是三维向量, 其元素分别代表采取行动左移、右移、射击的概率.

强化学习中是如何根据这个输出向量 (是一个概率分布) 决定这个智能体要采取哪个行动呢? 通常的做法是把状态图像输入到给定权重参数 w 对应的神经网络中, 它就会输出每个行动所对应的概率, 可以采取概率值最高的行动, 比如说第一维对应的左移. 另一种做法是, 根据输出的概率分布向量随机抽样决定采取哪种行动, 可以一定程度下考虑强化学习任务需要的探索能力. 这里使用神经网络作为候选行动函数的好处通常认为是其具有一般性.

第二步是定义目标函数, 决定一个行动函数的优劣. 强化学习的目标函数和监督学习中的损失函数定义有紧密联系, 但存在显著的不同. 在监督学习中, 怎样决定一个预测函数的优劣呢? 以手写数字识别任务为例, 把手写数字图像输入神经网络, 看它的输出结果和真实标签是否一致, 根据输出结果和真实标签的差异可以得到一个样本上的损失作为优劣程度的度量. 而强化学习有所不同, 评价一个行动函数的优劣度量计算相对复杂. 具体而言, 假设现在有一个智能体, 这个智能体对应的行动函数就是一个神经网络, 权重参数是 $w \in W$, 即一个行动函数可以表示为 $\pi_w(s)$. 我们让这个智能体实际地去玩一个游戏, 在一个回合游戏中得到的总的奖赏为 $R_w(\tau) = \sum_{i=1}^{T} r_i$. 每次玩的时候, $R_w(\tau)$ 都会有不一样的取值. 因为, 首先若行动函数输出值得到方式是采取随机抽样决定的, 看到同样的画面它也会采取不同的行动. 所以就算是同一个神经网络架构, 同一组权重参数, 每次玩的时候得到的 $R_w(\tau)$ 也会不一样. 再者游戏本身也有随机性, 即使采取同一个行动, 智能体看到的后续的状态值每次也可能都不一样. 所以 $R_w(\tau)$ 是一个随机变量. 因此, 我们不是去最大化每次玩游戏时的 $R_w(\tau)$, 而是去最大化 $R_w(\tau)$ 的期望值 $\bar{R}_w = \sum_{\tau} R(\tau) P(\tau|w)$. 这个期望值就衡量了某一个行动函数的优劣, 好的行动函数对应奖赏期望值就应该要比较大.

上述目标函数是总体意义下的目标表达式, 在实际中一般无法计算. 因此, 我

们可以通过让智能体去玩 N 场游戏, 获得 N 个过程样本 $\{\tau^1, \tau^2, \cdots, \tau^N\}$, 就好像从 $P(\tau|w)$ 中去抽取 N 个 τ. 然后, 样本版本的目标函数为

$$\tilde{R}_w = \frac{1}{N} \sum_{n=1}^{N} R(\tau^n). \tag{11.3.4}$$

第三步, 挑选最好的行动函数. 方法可以使用梯度上升法. 这里也分别从总体和样本两个版本角度进行讨论. 首先, 在总体版本下, 优化问题可以写成

$$w^* = \arg\max_{w \in \mathcal{W}} \bar{R}_w, \tag{11.3.5}$$

这里 $\bar{R}_w = \sum_{\tau} R(\tau) P(\tau|w)$. 注意到 $R(\tau)$ 是由任务本身设定的函数, 和神经网络权重参数 w 无关, 则相应的梯度表达式为

$$\nabla \bar{R}_w = \sum_{\tau} R(\tau) \nabla P(\tau|w). \tag{11.3.6}$$

因为 $\nabla P(\tau|w)$ 是未知的, 且上面表达式中没有概率分布 $P(\tau|w)$ 这一项, 上式既不可以直接计算, 也不能通过抽样方法近似计算. 为解决这一困难, 我们对梯度表达式进行适当的变形:

$$\nabla \bar{R}_w = \sum_{\tau} R(\tau) \nabla P(\tau|w) = \sum_{\tau} P(\tau|w) R(\tau) \nabla \ln P(\tau|w). \tag{11.3.7}$$

此时, 我们可以样本版本的梯度去近似总体版本的梯度:

$$\nabla \bar{R}_w = \sum_{\tau} R(\tau) P(\tau|w) \nabla \ln P(\tau|w) \approx \frac{1}{N} \sum_{n=1}^{N} R(\tau^n) \nabla \ln P(\tau^n|w). \tag{11.3.8}$$

在马尔可夫假设下, 我们可以更具体地给出梯度计算公式. 此时, 注意到

$$P(\tau|w) = p(s_1) p(a_1|s_1, w) p(r_1, s_2|s_1, a_1) p(a_2|s_2, w) p(r_2, s_3|s_2, a_2) \cdots$$
$$= p(s_1) \prod_{t=1}^{T} p(a_t|s_t, w) p(r_t, s_{t+1}|s_t, a_t),$$

这里 $p(s_1)$ 是初始状态出现的概率函数, 接下来 $p(a_1|s_1, w)$ 表示 s_1 状态下采取行动 a_1 的条件概率, 然后 $p(r_1, s_2|s_1, a_1)$ 表示在状态 s_1 采取行动 a_1 时会得到某个奖赏 r_1, 并转到另一个状态 s_2 的条件概率, 以此类推. 其中 $p(s_1)$ 和

$p(r_t, s_{t+1}|s_t, a_t)$ 与 w 是无关的, 只有 $p(a_t|s_t, w)$ 跟 w 有关系. 通过取对数, 连乘转为累加, 关于 w 求梯度并删去梯度为 0 的项, 可得

$$\nabla \ln P(\tau|w) = \sum_{t=1}^{T} \ln p(a_t|s_t, w). \tag{11.3.9}$$

因此

$$\nabla \bar{R}_w \approx \frac{1}{N} \sum_{n=1}^{N} R(\tau^n) \nabla \ln P(\tau^n|w) = \frac{1}{N} \sum_{n=1}^{N} \sum_{t=1}^{T^n} R(\tau^n) \nabla \ln p(a_t^n|s_t^n, w). \tag{11.3.10}$$

为了直观上理解上面梯度表达式, 可以根据上式写出其对应的目标函数, 形式上为

$$\bar{R}_w \approx \frac{1}{N} \sum_{n=1}^{N} \sum_{t=1}^{T^n} R(\tau^n) \ln p(a_t^n|s_t^n, w). \tag{11.3.11}$$

为了上式尽可能大, 当我们在某一回合游戏 τ^n 中, 在 s_t^n 状态下采取行动 a_t^n 最终产生的累积奖赏 $R(\tau^n)$ 是正的, 我们希望通过梯度上升法调整 w 使得 $p(a_t^n|s_t^n, w)$ 越大越好. 反之, 如果 $R(\tau^n)$ 是负的, 我们希望通过梯度上升法调整 w 使得 $p(a_t^n|s_t^n, w)$ 越小越好. 这可以帮助我们理解强化学习这一概念的含义. 注意, 某个时间点的 $p(a_t^n|s_t^n, w)$ 是乘上这一回合游戏的累积奖赏 $R(\tau^n)$, 而不是这个时间点的奖赏 r_t^n. 这显示了强化学习考虑到奖赏延迟的现象.

目标函数中 $p(a_t^n|s_t^n, w)$ 取对数则起到标准化消除异质性的作用. 这一点, 可以先通过重写梯度表达式

$$\nabla \bar{R}_w \approx \frac{1}{N} \sum_{n=1}^{N} \sum_{t=1}^{T^n} R(\tau^n) \nabla \ln p(a_t^n|s_t^n, w) = \frac{1}{N} \sum_{n=1}^{N} \sum_{t=1}^{T^n} R(\tau^n) \frac{\nabla p(a_t^n|s_t^n, w)}{p(a_t^n|s_t^n, w)}. \tag{11.3.12}$$

可以看到梯度 $\nabla p(a_t|s_t, w)$ 又除以了 $p(a_t|s_t, w)$ 这一项. 因为若不然, 梯度表达式为

$$\frac{1}{N} \sum_{n=1}^{N} \sum_{t=1}^{T^n} R(\tau^n) \nabla p(a_t^n|s_t^n, w), \tag{11.3.13}$$

其对应的目标函数为

$$\frac{1}{N} \sum_{n=1}^{N} \sum_{t=1}^{T^n} R(\tau^n) p(a_t^n|s_t^n, w). \tag{11.3.14}$$

下面举例说明针对这个目标函数, 有些情况下会产生不合理的优化效果. 例如, 假设某个状态 s 在轨道 $\tau^3, \tau^5, \tau^8, \tau^{16}$ 中采取了不同的行动, 获得了不同的奖赏值, 则会偏好出现频率比较多的行动对应的权重参数, 但是频率较多的行动有时并不好. 出现这种状况的一种情形是, 在轨道 τ^3 中, 状态 s 下采取行动左移时对应的 $R(\tau^3) = 2$, 而状态 s 下采取行动右移时对应的 $R(\tau^5) = 1, R(\tau^8) = 1, R(\tau^{16}) = 1$, 但智能体会把这项对应的 $p(a|s, w)$ 调高. 梯度 $\nabla p(a_t^n|s_t^n, w)$ 除以 $p(a_t^n|s_t^n, w)$ 这一项则起到了标准化的效果.

上述梯度上升法的另一个可能的问题是, $R(\tau^n)$ 总是正的. 在理想的状态下, 这件事情不会构成任何问题. 假设有三个行动 $\{a_1, a_2, a_3\}$ 最终得到累积奖赏都是正的, 但有大有小, 假设 a_1 和 a_3 的 $R(\tau^n)$ 比较大, a_2 的 $R(\tau^n)$ 比较小, 经过更新参数之后, 理论上还是会让 a_2 出现的概率变小, a_1 和 a_3 出现的概率变大, 因为会做归一化. 但是实际操作中, 我们通过抽样来决定最终采取的行动, 所以有可能只采样到 a_2 和 a_3, 这样 a_2 和 a_3 概率都会增加, a_1 没有采样到, 概率就自动减少, 这样就产生问题了.

因此, 我们就希望 $R(\tau^n)$ 有正有负. 这可以通过将 $R(\tau^n)$ 替换成 $R(\tau^n) - b$ 来避免, b 需要自己设计, 例如取 $b = \frac{1}{N} \sum_{n=1}^{N} R(\tau^n)$. 此时的梯度表达式为

$$\nabla \bar{R}_w \approx \frac{1}{N} \sum_{n=1}^{N} \sum_{t=1}^{T^n} (R(\tau^n) - b) \nabla \ln p(a_t^n|s_t^n, w). \tag{11.3.15}$$

除了上述的技巧, 我们还有以下一些梯度计算时的改进方法.

首先, 是对不同时间点的决策行动分配合适的权重, 来反映对应的决策行动真实的优劣. 实现这种意图的一个梯度表达式如下

$$\nabla \bar{R}_w \approx \frac{1}{N} \sum_{n=1}^{N} \sum_{t=1}^{T^n} \left(\sum_{k=t}^{T^n} r_k^n - b \right) \nabla \ln p(a_t^n|s_t^n, w), \tag{11.3.16}$$

这里权重表达式 $\sum_{k=t}^{T^n} r_k^n$ 考虑的是从当前 t 时刻及以后的累积奖赏值作为决策行动 a_t^n 的优劣程度大小. 更进一步, 可以考虑随着时间的推移, 当前 t 时刻的决策行动 a_t^n 影响作用逐渐减小的情况, 相应的梯度表达式可以写为

$$\nabla \bar{R}_w \approx \frac{1}{N} \sum_{n=1}^{N} \sum_{t=1}^{T^n} \left(\sum_{k=t}^{T^n} d^{k-t} r_k^n - b \right) \nabla \ln p(a_t^n|s_t^n, w), \tag{11.3.17}$$

这里 $0 < d \leqslant 1$ 是折扣因子.

如果我们考虑梯度中的权重是依赖于 s_t^n, a_t^n 的函数 $A^w(s_t^n, a_t^n)$ 形式, 则会进一步改进训练过程, $A^w(s_t^n, a_t^n)$ 称作优势函数 (advantage function), 其表示在相同状态 s_t^n 下, 某动作 a_t^n 相对于平均而言的优势, 我们在后面介绍强化学习的其他方法中还会详细讨论.

11.4 基于值函数的深度强化学习

基于值函数的强化学习方法和前面介绍基于策略的方法区别在于其不是直接学习一个策略函数来决定行动. 基于值函数的强化学习方法是首先学习一个当前决策函数 π 优劣的评价函数, 然后利用这个评价函数生成一个优于当前决策函数 π 的新决策函数 π'. 通过不断更新获得最终的决策函数.

在 11.2 节, 我们已经给出了两个值函数 $V^\pi(s)$ 和 $Q^\pi(s,a)$ 的定义. $V^\pi(s)$ 表示一个整体的决策函数 π 输入状态 s 后将会得到的累积奖赏的期望值. 估计 $V^\pi(s)$ 的两种主要方法分别是基于 Monte-Carlo (MC) 的方法和时序差分 (temporal-difference, TD) 方法. 这些方法各有优缺点, TD 方法的估计量具有高偏差 (bias) 低方差 (variance) 的特点, 相反, MC 方法的估计量具有低偏差高方差的特点, 后面我再给出具体说明.

11.4.1 值函数的估计方法

1. 值函数估计的 MC 方法

首先我们介绍值函数估计的 MC 方法. 若用神经网络来定义值函数 $V^\pi(s)$ 的形式, 在给定某个决策函数 π 下, 让智能体和环境进行交互的一个回合里得到的一个轨道数据为

$$\tau = \{s_1, a_1, r_1, s_2, a_2, r_2, s_3, a_3, r_3, \cdots, s_T, a_T, r_T\}.$$

从值函数的定义看到其条件期望的形式, 一个自然的方法是将累积奖赏值 $G_t = \sum_{n=0}^N \gamma^n r_t$ 作为值函数 $V^\pi(s_t)$ 的标签值, $t = 1, 2, \cdots, T - N$. 因此, 使用常见的有监督深度学习方法可以提供一种值函数 $V^\pi(s)$ 的估计.

2. 值函数估计的 TD 方法

MC 方法需要每回合的环境互动直到交互活动终止才能获得累积奖赏. 为了不受这种收集数据方式约束的限制, 我们可以考虑 TD 方法, 其只需要一场很长游戏中的某些连续时间段的数据即可. TD 方法主要是基于下面的等式关系:

$$V^\pi(s_t) = V^\pi(s_{t+1}) + r_t. \tag{11.4.1}$$

因此, 实际当中可以通过构造 $V^{\pi_w}(s_t)$ 和 $V^{\pi_w}(s_{t+1}) + r_t$ 之间的损失, 使用神经网络的优化算法给出值函数 $V^{\pi}(s)$ 的估计.

从以上两种方法的估计过程可以看出, MC 方法的标签 $G_t = \sum_{n=0}^{N} \gamma^n r_t$ 是很多项的和, 常常有较大的方差. 而 TD 方法中标签 r_t 只有一项, 会有较小的方差. 考虑到整个优化的过程, 近似值函数 $V^{\pi_w}(s)$ 与真实的值函数 $V^{\pi}(s)$ 之间一直存在误差, 可以证明估计量 $V^{\pi_w}(s_{t+1}) + r_t$ 和真实值 $V^{\pi}(s_t)$ 存在偏差. 而 MC 方法则可以证明是无偏的.

前面对 TD 方法和 MC 方法的介绍可以发现它们是两个极端: TD 方法高偏差低方差, 而 MC 方法无偏差高方差. λ-return 方法是一种试图在偏差和方差之间找到平衡点的方法, 有兴趣的读者可以参考有关文献. 此外, 另一个值函数 $Q^{\pi}(s_t, a_t)$ 也可以上述方法进行估计.

11.4.2 Q-Learning

Q-Learning 是基于值函数强化学习的一种代表方法. 其基本思路是: 通过价值函数的更新, 来更新策略, 通过更新的策略来产生新的状态和即时奖励, 进而更新价值函数. 一直进行下去, 直到价值函数和策略都收敛. 算法流程如图 11.2 所示.

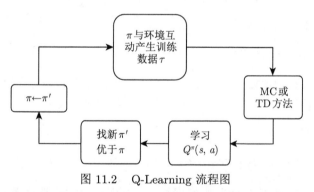

图 11.2   Q-Learning 流程图

为了进一步说明 Q-Learning 的流程图, 我们首先给出决策 π' 优于 π 的定义.

定义 11.4.1   称决策 π' 优于 π, 如果对任意状态 s, 都有 $V^{\pi'}(s) \geqslant V^{\pi}(s)$. 我们有下面的结论.

定理 11.4.1   若定义

$$\pi'(s) = \arg\max_{a} Q^{\pi}(s, a), \tag{11.4.2}$$

则决策 π' 优于 π.

证明   记 r'_t 是使用决策 π' 在状态 s'_t 作为输入得到的即时收益. 根据 $\pi'(s)$,

$V^\pi(s)$ 和 $Q^\pi(s,a)$ 的定义, 有

$$V^\pi(s) = Q^\pi(s, \pi(s)) \leqslant \arg\max_a Q^\pi(s,a) = Q^\pi(s, \pi'(s)).$$

因此, 再根据 $V^\pi(s)$ 和 $Q^\pi(s,a)$ 的定义,

$$
\begin{aligned}
V^\pi(s) &\leqslant Q^\pi(s, \pi'(s)) \\
&= \mathbb{E}[r_t' + V^\pi(s_{t+1})|s_t' = s, a_t = \pi'(s_t')] \\
&\leqslant \mathbb{E}[r_t' + Q^\pi(s_{t+1}', \pi'(s_{t+1}'))|s_t' = s, a_t = \pi'(s_t')] \\
&= \mathbb{E}[r_t' + r_{t+1}' + V^\pi(s_{t+2}')|s_t' = s, a_t = \pi'(s_t')] \\
&\leqslant \cdots \leqslant V^{\pi'}(s).
\end{aligned}
$$

证毕.

在给出 Q-Learning 算法前, 还需要介绍算法中用到的几点技巧. 首先是会用到所谓的目标网络 (target network). 这指的是, 在学习 Q 函数的时候, 利用了 TD 的方法, 即在理想状态下, 我们有关系式

$$Q^\pi(s_t, a_t) = r_t + Q^\pi(s_{t+1}, \pi(s_{t+1})). \tag{11.4.3}$$

上式左边是我们想要学习的网络, 右边看成是目标网络. 在更新左边 $Q^{\pi_w}(s_t, a_t)$ 的参数 w 时, 先固定住右边的 $Q^{\pi_{w'}}(s_t, a_t)$ 中的 w'. 更新参数 w 的值一定次数后, 再使用当时的 w 替换 w'. 这样会有较好的训练效果.

其次, 在使用 $\pi'(s) = \arg\max\limits_a Q^\pi(s,a)$ 来更新决策函数时, 不能很好地实现强化学习任务中常常需要的探索能力. 一个改进的方法是使用 ϵ-贪婪法:

$$
a = \begin{cases}
\arg\sup\limits_a Q^\pi(s,a), & \text{以概率 } 1 - \epsilon, \\
\text{随机的行动}, & \text{以概率 } \epsilon.
\end{cases}
$$

另一个方法是使用 Boltzmann 探索, 即使用下面的条件概率

$$P(a|s) = \frac{\exp\{Q^\pi(s,a)\}}{\sum\limits_a \exp\{Q^\pi(s,a)\}}$$

来决定采取的行动.

第三个技巧是将决策 π 和环境互动的数据都先放在缓存 (buffer) 中. 然后在学习 Q 函数时, 从缓存中抽取一定量的数据进行训练. 值得注意的是, 这个缓存中可能存放了不同决策函数与环境互动的数据.

讨论完以上三个技巧, 下面介绍典型的 Q-Learning 算法 (算法 13).

算法 13 典型的 Q-Learning 算法

输入 初始化 Q-函数 Q, 目标 Q-函数 $\hat{Q} = Q$;

1: **while** w 未收敛 **do**
2:   **for** 每个时间步 t **do**
3:      使用 ϵ-贪婪法, 对给定的状态 s_t, 基于 Q 获得行动 a_t;
4:      从环境中获得奖赏 r_t, 转到状态 s_{t+1};
5:      存储 $\{s_t, a_t, r_t, s_{t+1}\}$ 到缓存区;
6:      从缓存区抽取一个批次的训练数据 $\{s_i, a_i, r_i, s_{i+1}\}_{i=1}^{N}$;
7:      赋值标签 $y = r_i + \arg\max_a \hat{Q}(s_{i+1}, a)$;
8:      更新 Q 的参数去最小化 $Q(s_i, a_i)$ 和 y 之间的损失;
9:      每经过 T 步, 重新赋值 $\hat{Q} = Q$.
10:   **end for**
11: **end while**

11.5 Actor-Critic 方法

本节讨论策略 (policy-based) 和价值 (value-based) 相结合的方法: Actor-Critic 算法. Actor-Critic 从名字上看包括两部分, 演员 (Actor) 和评价者 (Critic), 其中 Actor 就是前面介绍的策略函数, 负责确定采取哪种行动 (Action) 并和环境交互. 而 Critic 使用我们之前讲到的价值函数, 负责评估 Actor 的表现, 并指导 Actor 下一阶段的动作. 在 Actor-Critic 中知名的是被称为 A3C 的方法. 本节主要介绍这一类方法.

11.5.1 A2C 和 A3C 方法

在基于策略函数的强化学习方法中, 我们重点讨论了梯度计算表达式

$$\nabla \bar{R}_w \approx \frac{1}{N} \sum_{n=1}^{N} \sum_{t=1}^{T^n} (G_t^n - b) \nabla \ln p(a_t^n | s_t^n, w),$$

这里 $G_t^n = \sum_{k=t}^{T^n} d^{k-t} r_k^n$ 是多个随机变量和的形式, 具有很大的不稳定性. 为了减少这种不稳定性, 一个想法是用 G_t^n 的期望值来替代 $\mathbb{E}(G_t^n)$. 关键的问题是我们是否有好的方法来估计它的期望值. 注意到正好我们有

$$\mathbb{E}(G_t^n | s_t^n, a_t^n) = Q^{\pi_w}(s_t^n, a_t^n), \tag{11.5.1}$$

则在上面的梯度表达式中, 就用 $Q^{\pi_w}(s_t^n, a_t^n)$ 替代 G_t^n. 进一步注意到

$$V^{\pi_w}(s_t^n) = \mathbb{E}(Q^{\pi_w}(s_t^n, a_t^n)), \tag{11.5.2}$$

在上面的梯度表达式中, 就用 $V^{\pi_w}(s_t^n)$ 替代 b, 得到基本的 Actor-Critic 方法对应的梯度计算表达式:

$$\nabla \bar{R}_w \approx \frac{1}{N} \sum_{n=1}^{N} \sum_{t=1}^{T^n} \left(Q^{\pi_w}(s_t^n, a_t^n) - V^{\pi_w}(s_t^n) \right) \nabla \ln p(a_t^n | s_t^n, w). \tag{11.5.3}$$

使用上述表达式的一个缺点是, 我们需要同时估计值函数 Q 和 V, 面临双重的估计误差. 为了达到只估计一个值函数的目的, 我们注意到有关系式:

$$Q^{\pi_w}(s_t^n, a_t^n) = \mathbb{E}[r_t + V^{\pi_w}(s_{t+1}^n)], \tag{11.5.4}$$

然后, 实验表明可以直接用 $r_t + V^{\pi_w}(s_{t+1}^n)$ 替代 $Q^{\pi_w}(s_t^n, a_t^n)$ 达到只需要估计一个值函数 V 的目的, 且具有好的结果, 这就称作优势 Actor-Critic (advantage Actor-Critic, A2C), 更新决策函数参数对应的梯度表达式为

$$\nabla \bar{R}_w \approx \frac{1}{N} \sum_{n=1}^{N} \sum_{t=1}^{T^n} \left(r_t + V^{\pi_w}(s_{t+1}^n) - V^{\pi_w}(s_t^n) \right) \nabla \ln p(a_t^n | s_t^n, w). \tag{11.5.5}$$

A2C 算法流程如图 11.3 所示. A2C 算法实际操作中的一个常用技巧是决策函数和值函数对应神经网络前面的层可以共享参数, 结构简图如图 11.4 所示.

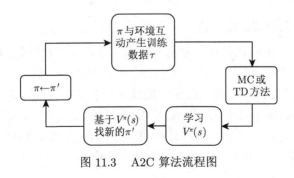

图 11.3 A2C 算法流程图

　　另一个技巧是对决策函数网络的输出加上熵不能太小的约束正则化, 帮助决策函数能够保留探索不同行动的能力.

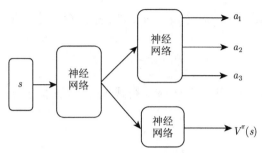

图 11.4   A2C 共享参数网络图

著名的 A3C 全称为异步优势动作评价算法 (asynchronous advantage Actor-Critic), 是对前面技术的优化, 能加快训练的收敛速度. A3C 中有一个 Global Network, 是一个公共的神经网络模型, 这个神经网络包括 Actor 网络和 Critic 网络两部分的功能. 然后, 还包含有 n 个 worker 线程, 每个线程里有和公共的神经网络一样的网络结构, 每个线程会独立地和环境进行交互得到经验数据, 这些线程之间互不干扰, 独立运行. 每个线程和环境交互到一定量的数据后, 就计算在自己线程里的神经网络损失函数的梯度, 但是这些梯度却并不更新自己线程里的神经网络, 而是去更新公共的神经网络. 也就是 n 个线程会独立地使用累积的梯度分别更新公共部分的神经网络模型参数. 每隔一段时间, 线程会将自己的神经网络的参数更新为公共神经网络的参数, 进而指导后面的环境交互. 可见, 公共部分的网络模型就是我们要学习的模型, 而线程里的网络模型主要是用于和环境交互使用的, 这些线程里的模型可以帮助线程更好地和环境交互, 拿到高质量的数据帮助模型更快收敛. 另一个作用是考虑在神经网络训练时, 异步的方法能近似地保证数据是独立同分布的, 打破数据之间的相关性, A3C 的方法便是其中表现非常优异的异步强化学习算法, 详细过程这里略去.

11.5.2   路径导数策略梯度方法

我们在使用 Critic 的传统方法时只是给一个决策行动评估的值的大小, 利用评估的值, 采取增加倾向于评估值大的 Action 的概率. 但是如果我们想 Critic 不但给出对于行动的评价, 而且给出智能体下一步的建议呢? 路径导数策略梯度 (pathwise derivative policy gradient, PDPG) 法给出了一个既能评价行动, 又能给出指导智能体的算法, 应用到连续控制的环境中时得到了很好的表现.

具体地, 考虑行动 a 是一个连续向量值. 在 Q-Learning 中我们需要解下面的优化问题:

$$\pi'(s) = \arg\max_a Q^\pi(s, a).$$

一种观点是, 当以上优化问题求解有困难时, 我们通过学习一个决策函数 (神经网络) 来解这个最大化问题. 另一种观点是该方法可以知道什么样的决策行动是优的. 具体的模型如图 11.5 所示. 图 11.5 中模型的目标是学习一个决策函数 π, 输入一个状态 s 能输出一个 a 使得 $Q(s,a)$ 越大越好. 决策函数 π 和 Q-函数连在一起构成一个大的神经网络, 其和 GAN 的结构相同, π 对应生成器, Q 对应判别器. 此时, 我们可以给出完整的 PDPG 算法结构图 (图 11.6). 有了上面的框架图, 将前面 Q-Learning 算法稍做修改可以得到 PDPG 算法. 可以从算法 14 看出 PDPG 和 GAN 的算法十分相似.

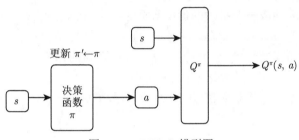

图 11.5　PDPG 模型图

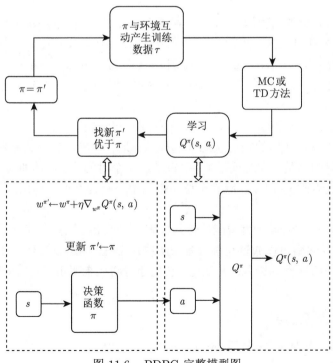

图 11.6　PDPG 完整模型图

算法 14　PDPG 算法

输入　初始化 Q-函数 Q, 目标 Q-函数 $\hat{Q} = Q$; 决策函数 π, 目标决策函数 $\hat{\pi} = \pi$;

1: **while** w 未收敛 **do**
2: 　**for** 每个时间步 t **do**
3: 　　使用熵正则化方法, 对给定的状态 s_t, 基于 π 获得行动 a_t;
4: 　　从环境中获得奖赏 r_t, 转到状态 s_{t+1};
5: 　　存储 $\{s_t, a_t, r_t, s_{t+1}\}$ 到缓存区;
6: 　　从缓存区抽取一个批次的训练数据 $\{s_i, a_i, r_i, s_{i+1}\}_{i=1}^{N}$;
7: 　　赋值标签 $y = r_i + \hat{Q}(s_{i+1}, \hat{\pi}(s_{i+1}))$;
8: 　　更新 Q 的参数去最小化 $Q(s_i, a_i)$ 和 y 之间的损失;
9: 　　更新 π 的参数, 最大化 $Q(s_i, \pi(s_i))$;
10: 　　每经过 T 步, 重新赋值 $\hat{Q} = Q$, 重新赋值 $\hat{\pi} = \pi$.
11: 　**end for**
12: **end while**

11.6　强化学习的 PyTorch 实现

本节简单介绍如何使用 PyTorch 在 OpenAI Gym 的任务集上训练一个深度 Q-Learning 学习 (DQN) 智能体. 这里借鉴了 PyTorch 文档中关于强化学习的实例, 参见 https://pytorch.org/tutorials/intermediate/reinforcement_q_learning. html. 特别地, 在代码的基础上, 列举了其主要模块的解释. 在本书介绍的安装和打开 PyTorch 环境下, 可以实现整个过程.

该智能体只有两种动作可以选择: 左移或右移来使其上的杆保持直立.

当智能体观察环境的当前状态并选择动作时, 环境将转换为新状态, 并返回指示动作结果的奖赏. 在这项任务中, 每增加一个时间步, 奖赏加 1, 如果杆子和竖直方向角度落在 $[-12, 12]$ 或大车移动距离中心超过 2.4 个单位, 环境就会终止任务.

Cartpole 任务的设计为智能体输入代表环境状态 (位置、速度等) 的 4 个实值. 然而, 神经网络可以通过观察场景来解决这个任务, 所以该代码使用以车为中心的一块屏幕图片作为输入. 事实上, 它们通过将当前帧和前一个帧之间的差来表示状态.

11.6.1　导入必需的包

需要 gym 作为环境 (使用 pip install gym 安装).

```
1   import gym
2   import math
3   import random
4   import numpy as np
5   import matplotlib
6   import matplotlib.pyplot as plt
7   from collections import namedtuple
8   from itertools import count
9   from PIL import Image
10
11  import torch
12  import torch.nn as nn
13  import torch.optim as optim
14  import torch.nn.functional as F
15  import torchvision.transforms as T
16
17  env = gym.make('CartPole-v0').unwrapped
18
19  is_ipython = 'inline' in matplotlib.get_backend()
20  if is_ipython:
21      from IPython import display
22
23  plt.ion()
24  device = torch.device("cuda" if torch.cuda.is_available() else "cpu")
```

上述代码中, 导入各种包后, 下面语句进行创立环境.

```
1   env = gym.make('CartPole-v0')
2   env
3   <TimeLimit<CartPoleEnv<CartPole-v0>>>
```

可见, 返回的这个 env 其实是一个用 TimeLimit 包装了的环境, 以限制一个 episode 的 steps 的次数, 比如限定为 200 次. 所以, 小车保持平衡 200 步后, 就会终止任务.

```
1   env._max_episode_steps
2   200
```

而用 env.unwrapped 可以得到不受该限制的类, 不会 200 步后终止任务.

```
1  env.unwrapped
2  gym.envs.classic_control.cartpole.CartPoleEnv
```

　　get_backend() 为了得到后台的名称, 而 plt.ion() 这个函数, 使 matplotlib 的显示模式转换为交互 (interactive) 模式. 即使在脚本中遇到 plt.show(), 代码还是会继续执行.

11.6.2　回放内存设置

　　这里将使用经验回放内存来训练 DQN. 它存储智能体在不同的决策函数下执行任务过程中观察到的数据, 允许我们稍后从中随机抽样, 组成批对象的序列数据. 结果表明, 这有利于稳定和改进 DQN 训练过程. 为此, 分别定义一个元组和一个执行回放内存的类.

　　(1) Transition: 一个命名元组, 表示环境中的单个转换. 本质上它是将 (state, action) 对映射到紧随其后的 (next_state,reward) 结果, 状态是屏幕差异图像, 如下所述.

　　(2) ReplayMemory: 一个有界大小的循环缓冲区, 用于保存最近观察到的转换. 它还实现了 sample() 方法, 即从经验库中随机选择一批 Transitions, 方便直接用于训练智能体.

```
1  Transition = namedtuple('Transition', ('state', 'action', 'next_state',
       'reward'))
2
3  class ReplayMemory(object):
4
5      def __init__(self, capacity):
6          self.capacity = capacity
7          self.memory = []
8          self.position = 0
9
10     def push(self, *args):
11         if len(self.memory) < self.capacity:
12             self.memory.append(None)
13         self.memory[self.position] = Transition(*args)
14         self.position = (self.position + 1) % self.capacity
15
16     def sample(self, batch_size):
17         return random.sample(self.memory, batch_size)
18
```

```
19    def __len__(self):
20        return len(self.memory)
```

上述代码中涉及 Python 里几个用法: $*$ 号、zip() 和 namedtuple. 在 Python 里, $*$ 号代表拆分, 把 list/tuple 里的元素拆出来, 如:

```
1    tuple = (1, 2, 3)
2    tuple # (1, 2, 3)
3    *tuple # 1 2 3
4    lt = [(1,2,3), (4,5,6), (7,8,9)]
5    lt #[ (1,2,3), (4,5,6), (7,8,9) ]
6    *lt # (1,2,3) (4,5,6) (7,8,9)
```

zip() 的作用是交叉合并元素:

```
1    list(zip(*lt))
2    [(1, 4, 7), (2, 5, 8), (3, 6, 9)]
```

namedtuple 是 Python collection 里的一个类, 用法如下.

```
1    Transition = namedtuple('Transition',('state', 'action', 'next_state',
         'reward'))
2    T1 = Transition('s1', 'a1', 'ns1', 'r1')
3    T2 = Transition('s2', 'a2', 'ns2', 'r2')
4    T3 = Transition('s3', 'a3', 'ns3', 'r3')
5    transitions = (T1, T2, T3)
6    batch = Transition(*zip(*transitions))
7    batch
8
9    Transition(state=('s1', 's2', 's3'), action=('a1', 'a2', 'a3'),
         next_state=('ns1', 'ns2', 'ns3'), reward=('r1', 'r2', 'r3'))
```

在前面已经介绍了 Q-Learning, 在其基础上, 理解下面定义的 Q-Learning 学习网络.

```
1    class DQN(nn.Module):
2
3        def __init__(self, h, w):
4            super(DQN, self).__init__()
5            self.conv1 = nn.Conv2d(3, 16, kernel_size=5, stride=2)
6            self.bn1 = nn.BatchNorm2d(16)
```

```
7        self.conv2 = nn.Conv2d(16, 32, kernel_size=5, stride=2)
8        self.bn2 = nn.BatchNorm2d(32)
9        self.conv3 = nn.Conv2d(32, 32, kernel_size=5, stride=2)
10       self.bn3 = nn.BatchNorm2d(32)
11
12       def conv2d_size_out(size, kernel_size = 5, stride = 2):
13           return (size - kernel_size) // stride + 1
14       convw = conv2d_size_out(conv2d_size_out(conv2d_size_out(w)))
15       convh = conv2d_size_out(conv2d_size_out(conv2d_size_out(h)))
16       linear_input_size = convw * convh * 32
17       self.head = nn.Linear(linear_input_size, 2)
18
19   def forward(self, x):
20       x = F.relu(self.bn1(self.conv1(x)))
21       x = F.relu(self.bn2(self.conv2(x)))
22       x = F.relu(self.bn3(self.conv3(x)))
23       return self.head(x.view(x.size(0), -1))
```

nn.Conv2d(3, 16, kernel_size=5, stride=2) 代码的几个参数分别为: 输入通道数目 in_channels=3; 输出通道数目 out_channels=16; 卷积核参数 kernel_size 的类型为整型或者元组, 当卷积核是方形的时候, 只需要一个整数边长即可, 当卷积核不是方形的时候, 要输入一个元组表示高和宽; 卷积每次滑动的步长为 stride=2. nn.BatchNorm2d(16) 表示在卷积神经网络的卷积层之后添加了 BatchNorm2d 进行数据的归一化处理.

conv2d_size_out 部分的定义是为了描述线性输入连接的数量, 其取决于 Conv2d 层的输出.

11.6.3　获取状态输入

下面代码用于从环境中提取和处理渲染图像的实用程序, 使用了 torchvision 包, 这样就可以很容易地组合图像转换.

```
1   resize = T.Compose([T.ToPILImage(),
2                   T.Resize(40, interpolation=Image.CUBIC),
3                   T.ToTensor()])
4
5   def get_cart_location(screen_width):
6       world_width = env.x_threshold * 2
7       scale = screen_width / world_width
8       return int(env.state[0] * scale + screen_width / 2.0)
```

```
 9
10  def get_screen():
11      screen = env.render(mode='rgb_array').transpose((2, 0, 1))
12      _, screen_height, screen_width = screen.shape
13      screen = screen[:, int(screen_height*0.4):int(screen_height * 0.8)]
14      view_width = int(screen_width * 0.6)
15      cart_location = get_cart_location(screen_width)
16      if cart_location < view_width // 2:
17          slice_range = slice(view_width)
18      elif cart_location > (screen_width - view_width // 2):
19          slice_range = slice(-view_width, None)
20      else:
21          slice_range = slice(cart_location - view_width // 2,
22                              cart_location + view_width // 2)
23      screen = screen[:, :, slice_range]
24      screen = np.ascontiguousarray(screen, dtype=np.float32) / 255
25      screen = torch.from_numpy(screen)
26      return resize(screen).unsqueeze(0).to(device)
27
28  env.reset()
29  plt.figure()
30  plt.imshow(get_screen().cpu().squeeze(0).permute(1, 2, 0).numpy(),
31             interpolation='none')
32  plt.title('Example extracted screen')
33  plt.show()
```

gym 的核心接口是 env, 其有一些核心方法. 首先是环境重置 env.reset(), 返回状态值: [小车的位置, 小车的速度, 杆子的角度, 杆子顶端的速度]; 推进一个时间步长 env.step(), 返回: [当前观测, 奖励, 是否结束].

又比如, 重绘环境的一帧 env.render(). 下面将给出它们更详细的介绍. 在后面训练代码中会使用 env.step() 函数来对每一步进行仿真, env.step() 会返回 4 个参数:

(1) 观测 Observation (Object): 当前 step 执行后, 环境的观测.

(2) 奖励 reward (Float): 执行上一步动作后, 智能体获得的奖励 (浮点类型), 不同的环境中奖励值变化范围也不相同.

(3) 完成情况 done (Boolen): 表示是否需要将环境重置 env.reset. 当 Done 为 True 时, 就表明当前回合 (episode) 或者试验 (tial) 结束.

(4) 信息 Info (Dict): 针对调试过程的诊断信息.

在本例中, 每次执行的动作都是从环境的动作空间中随机进行选取的. gym 的环境中, 有动作空间 action_space 和观测空间 observation_space 两个空间, 用于描述有效的运动和观测的格式及范围.

```
1  import gym
2  env = gym.make('CartPole-v0')
3  env.observation_space
4  #> Box(4,)
```

从程序运行结果可以看出: observation_space 是一个 Box 类型, 给出了空间范围上下界.

```
1  import gym
2  env = gym.make('CartPole-v0')
3  env.observation_space,env.observation_space.low,env.observation_space.high
4  array([-4.8000002e+00, -3.4028235e+38, -4.1887903e-01, -3.4028235e+38],
5         dtype=float32),
```

env.state 有 4 个变量, 它们分别是: [小车的位置, 小车的速度, 杆子的角度, 杆子顶端的速度], 可以在 env.observation_space 的范围内取值.

```
1  env.reset()
2  env.state
3
4  array([-0.01809449, 0.01816591, -0.00457359, -0.02098263])
```

env.state 初始值是 4 个 $[-0.05, 0.05]$ 中的随机数.

```
1  from gym.utils import seeding
2  np_random, seed = seeding.np_random(None)
3  np_random.uniform(low=-0.05, high=0.05, size=(4,))
```

action_space 是一个离散 (discrete) 类型, 在 CartPole-v0 例子中, 动作空间表示为 $\{0, 1\}$.

```
1  env.action_space.n
2  2
```

env.step(0) 表示动作小车左移; env.step(1) 表示动作小车右移. 小车的世界, 就是 x 轴, 变量 env.x_threshold 里存放着小车坐标的最大值 (2.4), 超过这个数值, 任务结束, 每执行一次 step(), 就会奖励 1, 直到上次 Done 为 True. 小车有效世界的范围是: [−x_threshold, x_threshold], 总长度为 4.8.

```
1  world_width = env.x_threshold * 2
2  world_width
3  4.8
```

可以用 env.render() 来绘制出小车的有效世界, 对应的屏幕尺寸为高 400、宽 600. 可以看到小车世界坐标 0 点是屏幕的中点 (300 处), 小车世界转屏幕系数为

```
1  screen_width = 600
2  screen_height = 400
3  world_width = 4.8
4  scale = screen_width / world_width
```

目前小车世界坐标 x 可以用 env.state[0] 提取, 这样通过 scale, 我们就可以计算出目前小车的屏幕坐标 $x$scale. 效果如图 11.7 所示.

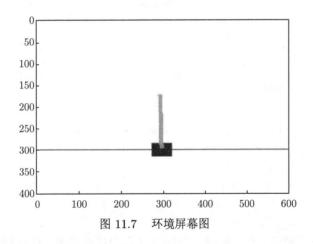

图 11.7　环境屏幕图

　　env.render() 可以绘制当前场景. 代码 env = gym.make() 使得每个 env 有自己的绘制窗口. env.reset() 初始化环境后, env.render() 会打开一个绘制窗口, 绘制当前状态, 每次 env.step() 会更新状态, 用完以后需要调用 env.close() 关闭绘制窗口. render() 有一个参数, 如果指定为 mode = 'rgb_array' 时, 不但渲染窗口, 还会返回当前窗口的像素值. 整个训练过程中, env 自己的窗口会一直存在, 每次 render() 执行就会刷新, 刷新完处于待机状态. 如果想随时关掉, 可以用 close(), 下次 render() 会自动打开.

```
1  env.reset()
2  screen = env.render(mode='rgb_array')
3  screen.shape
4  (400, 600, 3)
5
6  plt.title('init state')
7  plt.imshow(screen)
```

上述代码画出的初始屏幕图 (图 11.8) 为: 小车大概在高 160 到 320 之间, 所以整个画面可以剪切缩小尺寸. 剪切前先调整一下图片数据的顺序, 现在是高 400、宽 600、颜色通道 3, 调整为颜色通道 3、高 400、宽 600, 便于后续向网络里输入. numpy.transpose() 函数, 可以指定新的维度顺序, 如 (2, 0, 1) 就是将维度 H0, W1, C2 调整为 C2, H0, W1. 在 PyTorch 里也有对应的函数 torch.Tensor.permute().

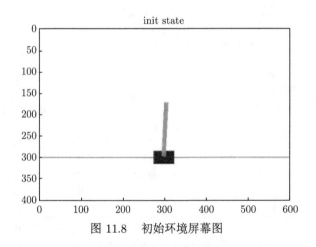

图 11.8　初始环境屏幕图

可以根据前面的介绍, 测试一个新定义截取屏幕函数, 查看截取出来的图像, 帮助理解源代码中的语句. 注意到因为 plt 接受的是 (height, width, channel), 所以我们还得把维度顺序临时调整回来. 下面的函数是有源代码 get_screen() 函数定义中的部分语句, 来说明其中语句的功能.

```
1  def CutScreen(screen):
2      Scr2 = screen.transpose((2, 0, 1))
3      ScrCut = Scr2[:, int(screen_height*0.4):int(screen_height * 0.8)]
4      view_width = int(screen_width * 0.6)
5      half_view_width = view_width // 2
```

```
6    cart_location = get_cart_location(screen_width)
7
8    if cart_location < half_view_width:
9        slice_range = slice(view_width)
10   elif cart_location > (screen_width - half_view_width):
11       slice_range = slice(-view_width, None)
12   else:
13       slice_range = slice(cart_location - half_view_width, cart_location
             + half_view_width)
14   ScrCut = ScrCut[:, :, slice_range]
15   return ScrCut
```

该函数第三行开始依次是: 将高度按照高 $40\%(400 \times 0.4 = 160)$ 到 80% $(400 \times 0.8 = 320)$ 截取; 宽度只截取 60%, 左右各截 30%, 如果小车左右还有 30% 的空间, 则从小车位置前后截 30%, 如果小车太靠左则 (或右则) 没有 30% 的空间, 则从最左侧 (或最右侧) 截取 60%.

接下来查看截取出来的图像 (图 11.9).

```
1    CS = CutScreen(screen)
2    CS = CS.transpose((1, 2, 0))
3    plt.imshow(CS)
```

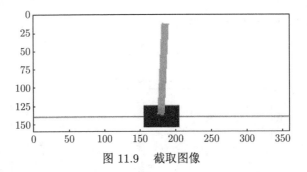

图 11.9　截取图像

为把图片转换成高为 40 的图片, 可以用 torchvision.transforms 的 Compose() 和相关方法. 目前, screen 都是 numpy 数组, 需要用 ToPILImage() 转换为 PIL, 然后才可以用 torchvision 去处理图像, 最后转换为 PyTorch 使用的 tensor 格式.

```
1    resize = T.Compose([T.ToPILImage(),
2                        T.Resize(40, interpolation=Image.CUBIC),
3                        T.ToTensor()])
```

　　而在 CutScreen (screen) 返回的屏幕的格式是 numpy 的值范围在 [0, 255] 的 int8 型数组. 而 PIL 接受的是 float32 的 tensor, 值范围为 [0.0, 1.0], 所以需要转换一下, 代码中使用的语句是:

```
1  screen = np.ascontiguousarray(screen, dtype=np.float32) / 255
2  screen = torch.from_numpy(screen)
```

这里主要考虑到后面代码使用 inplace 转换数据类型时, 要求数据是 contiguous 型, 因此用到 ascontiguousarray() 函数, 实例代码中正是使用了该方法. 另外, 注意到 pytorch.nn.Conv2d() 的输入形式为 (N, C, H, W): N 表示批量大小; C 表示通道大小; H, W 表示图片的高和宽. screen 放入 Resize() 后还需要用 unsqueeze() 增加一个维度, 这里是在 0 维之前增加一个维度, 增加前 screen 尺寸是 torch.Size([3, 40, 90]), 增加维度后, 变为 torch.Size([1, 3, 40, 90]).

　　想要用 plt 画出 get_screen() 返回的图片, 先要将其放回到 CPU, 然后去掉 batch 维度, 调换维度把颜色放到后边, 转换为 numpy 数组.

```
1  scr = get_screen().cpu().squeeze(0).permute(1, 2, 0).numpy()
```

　　可以实际看一下这个尺寸等比缩小、高为 40 的图片 (图 11.10).

```
1  plt.figure()
2  plt.imshow(scr)
3  plt.title('Extracted screen')
4  plt.show()
```

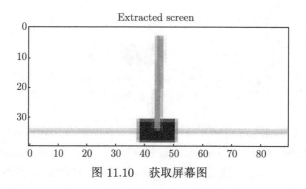

图 11.10　获取屏幕图

11.6.4　训练

　　训练过程在 PyTorch 官方文档的实例中有较为详细的描述可参考, 下面仅给出代码简要的说明.

首先是一些超参数和配置. 此部分实例化模型及其优化器, 并定义一些实用程序.

```
1   BATCH_SIZE = 128
2   GAMMA = 0.999
3   EPS_START = 0.9
4   EPS_END = 0.05
5   EPS_DECAY = 200
6   TARGET_UPDATE = 10
7
8   init_screen = get_screen() # 获取屏幕
9   _, _, screen_height, screen_width = init_screen.shape
10
11  policy_net = DQN(screen_height, screen_width).to(device)
12  target_net = DQN(screen_height, screen_width).to(device)
13  target_net.load_state_dict(policy_net.state_dict())
14  target_net.eval()
15
16  optimizer = optim.RMSprop(policy_net.parameters())
17  memory = ReplayMemory(10000)
18
19  steps_done = 0
20
21  def select_action(state):
22      global steps_done
23      sample = random.random()
24      eps_threshold = EPS_END + (EPS_START - EPS_END) * \
25          math.exp(-1. * steps_done / EPS_DECAY)
26      steps_done += 1
27      if sample > eps_threshold:
28          with torch.no_grad():
29              return policy_net(state).max(1)[1].view(1, 1)
30      else:
31          return torch.tensor([[random.randrange(2)]], device=device,
                  dtype=torch.long)
32
33  episode_durations = []
34
35  def plot_durations():
36      plt.figure(2)
```

```
37      plt.clf()
38      durations_t = torch.tensor(episode_durations, dtype=torch.float)
39      plt.title('Training...')
40      plt.xlabel('Episode')
41      plt.ylabel('Duration')
42      plt.plot(durations_t.numpy())
43
44      if len(durations_t) >= 100:
45          means = durations_t.unfold(0, 100, 1).mean(1).view(-1)
46          means = torch.cat((torch.zeros(99), means))
47          plt.plot(means.numpy())
48
49      plt.pause(0.001)
50      if is_ipython:
51          display.clear_output(wait=True)
52          display.display(plt.gcf())
```

接着, 是设置损失函数和优化器等训练模型的代码.

```
1   def optimize_model():
2       if len(memory) < BATCH_SIZE:
3           return
4       transitions = memory.sample(BATCH_SIZE)
5
6       batch = Transition(*zip(*transitions))# 转置批样本
7
8       non_final_mask = torch.tensor(tuple(map(lambda s: s is not None,
                batch.next_state)), device=device,dtype=torch.uint8)
9       non_final_next_states = torch.cat([s for s in batch.next_state
10                                      if s is not None])
11      state_batch = torch.cat(batch.state)
12      action_batch = torch.cat(batch.action)
13      reward_batch = torch.cat(batch.reward)
14
15      state_action_values = policy_net(state_batch).gather(1, action_batch)
16
17      next_state_values = torch.zeros(BATCH_SIZE, device=device)
18      next_state_values[non_final_mask] =
                target_net(non_final_next_states).max(1)[0].detach()
19
20      expected_state_action_values = (next_state_values * GAMMA) +
```

```
            reward_batch
21
22      loss = F.smooth_l1_loss(state_action_values,
            expected_state_action_values.unsqueeze(1))
23
24      optimizer.zero_grad()
25      loss.backward()
26      for param in policy_net.parameters():
27          param.grad.data.clamp_(-1, 1)
28      optimizer.step()
```

最后, 进入实际训练过程.

```
1   num_episodes = 50
2   for i_episode in range(num_episodes):
3
4       env.reset()
5       last_screen = get_screen()
6       current_screen = get_screen()
7       state = current_screen - last_screen
8       for t in count():
9
10          action = select_action(state)
11          _, reward, done, _ = env.step(action.item())
12          reward = torch.tensor([reward], device=device)
13
14          last_screen = current_screen
15          current_screen = get_screen()
16          if not done:
17              next_state = current_screen - last_screen
18          else:
19              next_state = None
20
21          memory.push(state, action, next_state, reward)
22
23          state = next_state
24
25          optimize_model()
26          if done:
27              episode_durations.append(t + 1)
28              plot_durations()
```

```
29              break
30
31      if i_episode % TARGET_UPDATE == 0:
32          target_net.load_state_dict(policy_net.state_dict())
33
34  print('Complete')
35  env.render()
36  env.close()
37  plt.ioff()
38  plt.show()
```

参 考 文 献

老大中. 2004. 变分法基础. 北京: 国防工业出版社.

李航. 2019. 统计学习方法. 2 版. 北京: 清华大学出版社.

王松桂. 1987. 线性模型的理论及其应用. 合肥: 安徽教育出版社.

王松桂, 史建红, 尹素菊, 等. 2004. 线性模型引论. 北京: 科学出版社.

周志华. 2016. 机器学习. 北京: 清华大学出版社.

Arjovsky M, Chintala S, Bottou L. 2017. Wasserstein gan. arXiv.org/abs/1701.07875.

Ba J L, Kiros J R, Hinton G E. 2016. Layer normalization. arXiv:1607.06450.

Bertsekas D P. 1999. Nonlinear Programming. 2nd ed. Belmont: Athena Scientific.

Bishop C. 2006. Pattern Recognition and Machine Learning. New York: Springer.

Boyd S, Vandenberghe L. 2004. Convex Optimization. Cambridge: Cambridge University Press.

Breiman L. 1996. Bagging predictors. Machine Learning, 26: 123-140.

Breiman L. 2001. Random forests. Machine Learning, 45: 5-32.

Cheng H T, Koc L, Harmsen J, et al. 2016. Wide and deep learning for recommender systems. Proceedings of the First Workshop on Deep Learning for Recommender Systems: 7-10.

Dempster A, Laird N, Rubin, D. 1977. Maximum likelihood from incomplete data via the EM algorithm (with discussion). Journal of the Royal Statistical Society, Series B, 39: 1-38.

Donoho, D. 2006. Compressed sensing. IEEE Transactions on Information Theory, 52(4): 1289-1306.

Douzas G, Bacao F. 2018. Effective data generation for imbalanced learning using conditional generative adversarial networks. Expert Systems with Applications, 91: 464-471.

Efron B, Hastie T. 2016. Computer Age Statistical Inference. New York: Cambridge University Press.

Fan J, Gijbels I. 1996. Local Polynomial Modelling and Its Applications. London: Chapman and Hall.

Freund Y. 1995. Boosting a weak learning algorithm by majority. Inform. and Comput., 121: 256-285.

Friedman J. 2001. Greedy function approximation: A gradient boosting Machine. Annals of Statistics, 29(5): 1189-1232.

Friedman J, Hastie T, Tibshirani R. 2000. Additive logistic regression: A statistical view of boosting (with discussion). Annals of Statistics, 28: 337-407.

Gareth J, Daniela W, Trevor H, et al. 2013. An Introduction to Statistical Learning: With Applications in R. Berlin: Springer.

Géron A. 2019. Hands-On Machine Learning with Scikit-Learn, Keras, and TensorFlow. 2nd ed. Sebastopol: O'Reilly Media, Inc.

Goodfellow I J, Pouget-Abadie J, Mirza M, et al. 2014. Generative adversarial networks. Advances in Neural Information Processing Systems, 3: 2672-2680.

Green P J, Silver B W. 1993. Nonparametric Regression and Generalized Linear Models: A roughness penalty approach. London: Chapman and Hall/CRC.

Gu C. 2013. Smoothing Spline ANOVA Models. 2nd ed. New York: Springer.

Hastie T, Tibshirani R, Friedman J. 2009. The Elements of Statistical Learning: Data Mining, Inference and Prediction. 2nd ed. New York: Springer.

Hastie T, Tibshirani R, Wainwright M. 2015. Statistical Learning with Sparsity: The LASSO and Generalizations. New York: Chapman and Hall/CRC.

Kingma D, Welling M. 2013. Auto-encoding variational bayes. arXiv:1312.6114.

Laurent C, Pereyra G, Brakel P, et al. 2015. Batch normalized recurrent neural networks. arXiv preprint arXiv:1510.01378.

Lecun Y, Bottou L. 1998. Gradient-based learning applied to document recognition. Proceedings of the IEEE, 86(11): 2278-2324.

Li C, Xu K, Zhu J, et al. 2017. Triple generative adversarial nets. Advances in Neural Information Processing Systems: 4088-4098.

McCullagh P, Nelder J A. 1989. Generalized Linear Models. 2nd ed. London: Chapman and Hall/CRC.

Mirza M, Osindero S. 2014. Conditional generative adversarial nets. arXiv.org/pdf/14 11.1784.

Reed S, Akata Z, Yan X, et al. 2016. Generative adversarial text to image synthesis. arXiv:1605.05396.

Rosenblatt F. 1958. The perceptron: A probabilistic model for information storage and organization in the brain. Psychological Review, 65: 386-408.

Rumelhart D E, Hinton G E, Williams R J. 1986. Learning representations by back-propagating errors. Nature, 323: 533-536.

Schapire R, Freund Y, Bartlett P, et al. 1998. Boosting the margin: A new explanation for the effectiveness of voting methods. Ann. Statist., 26: 1651-1686.

Schapire R E. 1990. The strength of weak learnability. Machine Learning, 5: 197-227.

Schapire R E, Singer Y. 1998. Improved boosting algorithms using confidence-rated predictions. In Proceedings of the Eleventh Annual Conference on Computational Learning Theory.

Sutton R, Barto A. 1998. Reinforcement Learning: An Introduction. London: MIT Press.

Zhu J, Zou H, Rosset S, et al. 2009. Multi-class adaboost. Statistics and Its Interface, 2(3): 349-360.

Zhu J Y, Park T, Isola P, et al. 2017. Unpaired image-to-image translation using cycle-consistent adversarial networks. arXiv:1703.10593.